Bodo W. Jaxtheimer

modellieren

Bodo W. Jaxtheimer

modellieren

Arbeitstechniken
Abgußverfahren
Plastische
Anatomie

Südwest Verlag
München

ISBN 3 517 00744 7
Überzugentwurf: Design Team, München
Gesamtherstellung: Welsermühl, Wels/Oberösterreich

Inhaltsverzeichnis

Plastik

Im Bereich der bildenden Kunst ist das Wort Plastik gleichbedeutend mit Bildhauerkunst und Sammelbegriff für bildhauerische Arbeiten sämtlicher Gattungen. Im Deutschen existiert es seit dem 18. Jahrhundert, übernommen vom französischen »plastique«, zurückgehend auf das griechische Adjektiv »plastikós« im Sinn von formbar, bildsam (aus weicher Masse). Das entspräche also unserem Begriff Modellieren. Ein Künstler, der sich in dieser Weise betätigt, wird jedoch nicht Modelleur, sondern ebenfalls Bildhauer genannt, obwohl er gänzlich anders vorgeht als einer, der Figuren aus Stein oder Holz aushaut. Ausschließlich Plastiken dieser Art kommt die Bezeichnung Skulpturen zu, nach dem lateinischen »scalpere«, gleich ritzen, schneiden und meißeln.

Das Wort modellieren – im 18. Jahrhundert aus dem Italienischen beziehungsweise Lateinischen entlehnt – enthält den Begriff Modell, mit der Bedeutung Muster, Form, Vorbild. Tatsächlich ist eine modellierte Plastik zwar das künstlerische Original, sie hat aber in dieser Form nur kurze Zeit Bestand, so daß sie in Gips, Bronze oder eine andere geeignete Masse abgegossen werden muß, um Dauerhaftigkeit zu erlangen.

Plastisches Darstellen entspricht einem mindestens ebenso tiefgehenden menschlichen Urtrieb wie Zeichnen und der Umgang mit Farben. Mit Kleinplastiken hat auch die erste künstlerische Betätigung der Menschheit vor vermutlich 30 000 Jahren begonnen, und von der Antike bis zum hohen Mittelalter stand die Bildhauerei in weit höherem Ansehen als Malerei und Grafik. Dennoch scheuen sich die meisten künstlerisch interessierten Laien, plastische Versuche zu wagen: Die Materie ist nicht so ohne weiteres zur Hand wie Papier und Zeichenstift, mit denen in wenigen Sekunden Linien entstehen können, die bildlich etwas ganz klar ausdrücken. Mit plastischem Material geht das bei weitem nicht so rasch. Obendrein müssen der künstlerischen Arbeit meist einige handwerkliche Verrichtungen vorausgehen wie zum Beispiel der Gerüstbau beim Modellieren. Holz- oder Steinplastiken erfordern einige Fachkenntnisse, die kaum ohne praktische Anleitung zu erwerben sind, sowie ein handfestes Instrumentarium. Und jedesmal dauert es einige Zeit, ehe man sich vom Holzklotz oder Steinquader an den eigentlichen Beginn herangearbeitet hat.

Die ganze Sache bekommt erst ein weniger abschreckendes Gesicht, wenn Sie den Mut und etwas Geduld aufbringen, unbekümmert an die handwerklichen Vorbereitungen heranzugehen. Es zeigt sich dann, daß zumindest der Gerüstbau selbst für größere Modellierarbeiten keinesfalls schwieriger ist als die meisten Bastelarbeiten. Voraussetzung ist nur, daß Sie einen kleinen, richtig ausgewählten Vorrat an Werkzeug und Material anlegen, der durchaus nicht kostspieliger ist als ordentliches Mal- und Zeichengerät. Sie können dann gar nicht widerstehen und mit wachsender Übung wird die Vorarbeit zur ungetrübten Vorfreude wie das Planen und Packen für eine verheißungsvolle, abenteuerliche Reise.

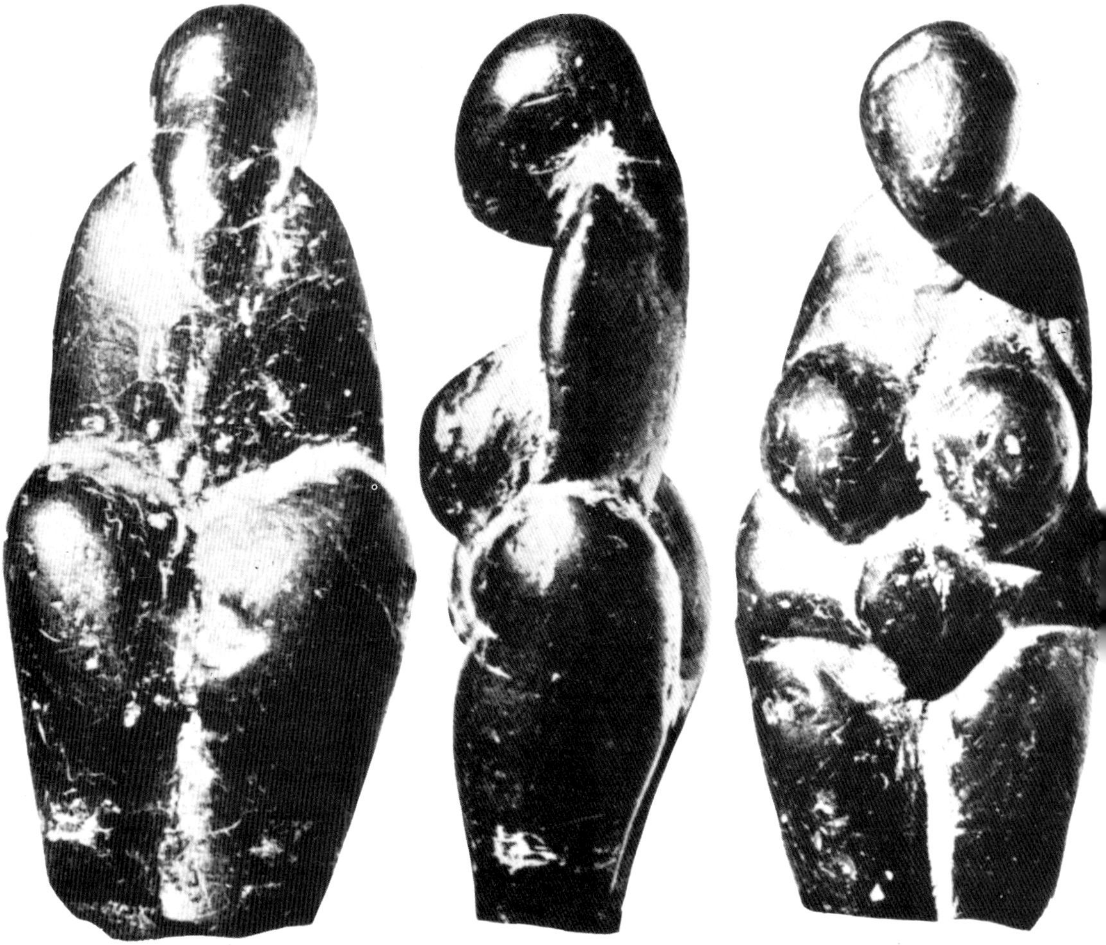

Weibliche Figur aus Speckstein, Höhe 4,7 cm, Fundort: Höhle Barma grande bei Mentone in Südfrankreich. Die nicht genau bestimmbare Entstehungszeit liegt zwischen –25 000 und –12 000 (Musée des Antiquités Nationales in St.-Germain-en-Laye). Die Figur zeigt offenbar nach sexuellen Wunschvorstellungen übertriebene Formen.

Da wir nun von Kind an ziemlich einseitig auf zweidimensionales Darstellen festgelegt sind, muß unser plastisches Empfinden erst wieder aktiviert und deshalb einiges bedacht werden. Urgestalt der Schöpfung und zugleich der Plastik ist die Kugel. Ihre Masse wird von der kleinstmöglichen Oberfläche umschlossen und diese geometrische Definition ist auch das Leitmotiv aller Plastik. Nur die pralle, straffe Form wirkt, nicht die unbestimmte, weitschweifige! Eine Plastik ist auch ebensowenig einseitig wie die Kugel. Nur der Betrachter wählt einzelne Ansichten, die ihm besonders zusagen, für den Bildhauer ist das Ganze rundherum gleichermaßen wichtig. Es wäre auch grundfalsch, wenn er eine »Seite« nach der anderen behandeln würde. Plastiken entstehen vielmehr ebenso gleichzeitig nach allen Richtungen wie eine Pflanze wächst, eine Wolke sich ausdehnt oder zusammenballt. Anders ist es beim Relief, das zwar zur Plastik gehört, aber stets an eine Fläche gebunden ist und infolgedessen – ähnlich wie eine Zeichnung oder Malerei – nur einseitige Schilderungen des Motivs erlaubt.

Die Plastik kann – im Gegensatz zur zweidimensionalen Kunst – nur etwas Körperlich-greifbares wiedergeben, nicht den Raum. So selbstverständlich das auch ist, es kann nicht oft genug bedacht werden, besonders bei der Komposition. Der Betrachter konzentriert sich am ehesten auf die Darstellung, wenn ihre Gestik oder Bewegung etwas in sich Ruhendes oder ein nur auf ihren Standpunkt bezogenes Geschehen wiedergibt. Eine derartige Komposition ist nicht an einen bestimmten Ort gebunden. Führen jedoch Blick oder Haltung vom Standpunkt weg, so braucht die Figur einen Gegenpol. Sie wird dann nur am vorbestimmten Ort sinnvoll erscheinen, weil der umgebende Raum in die Komposition einbezogen ist. Sehr häufig erleben Sie das bei Barockplastiken, und es kann sein, daß eine derart aufgefaßte Figur ärgerlich oder komisch wirkt, wenn sie aus dem ursprünglichen Zusammenhang genommen wird. Stellen Sie sich vor, das Luftbrücke-Monument in Berlin wäre gegen ein Hochhaus oder einen Berg gerichtet – oder die antike griechische Statue »Betender Knabe« stünde in einem sehr niedrigen Raum! Bei beiden Werken gehört die Unendlichkeit des Himmels zur Komposition.

So, wie Bilder meistens Rahmen verlangen, die sie von der Umgebung isolieren, gehört zur Plastik gewöhnlich ein Sockel. Gleichzeitig hat er die Funktion eines Fundaments für die Standfestigkeit der Figur, er kann sogar Teil der Komposition werden. Beim Porträt zum Beispiel ist es möglich, durch den Sockel Haltung und Statur des gar nicht wiedergegebenen Körpers zu interpretieren.

In welchen Dimensionen eine Figur auch entsteht, immer ist die Wirkung von einer gewissen Großzügigkeit abhängig. Man kann sogar sagen: je kleiner die Abmessungen, um so monumentaler die Ausführung. Sehr eindrucksvoll zeigen das eine Reihe berühmter Porzellanminiaturen des 18. Jahrhunderts und vielleicht noch mehr die weit über 4000 holzgeschnitzten Figuren und der köstliche Zierat am Chorgestühl der Kathedrale in Amiens aus dem 16. Jahrhundert. Man merkt das oft erst, wenn man sich die kleinen Gestalten um ein Vielfaches vergrößert vorstellt oder Makro-Aufnahmen von ihnen betrachtet. Mehr noch als für die Grafik und Malerei gilt für die Plastik, daß eine geniale Linie, ein zusammengeraffter Schwung eindrucksvoller wirkt als detaillierte Vielfalt.

Grundsätzlich verlangt also die Plastik knappste Einzel- wie Gesamtformen. Die flüchtige Skizze liegt zwar durchaus im Wesen der Modelliertechnik, doch nur so-

Renée Sintenis (1888–1965), Fußballspieler, Bronze, Höhe 40 cm (Bremen, Kunsthalle).

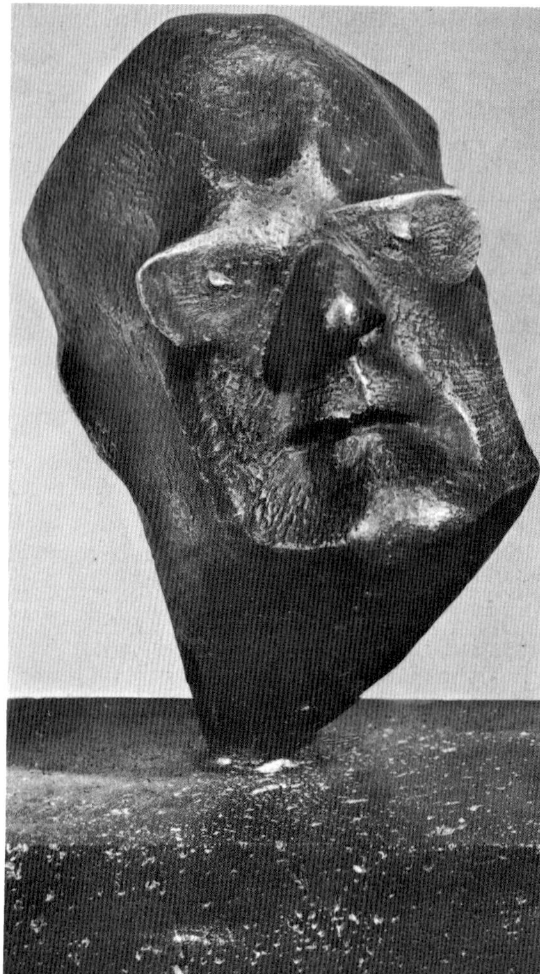

Oben: Bernhard Heiliger (geb. 1915), Porträt Kurt Martin, Beton. Die Kopfneigung und der Halsanschnitt interpretieren das Nachdenklich-kritische der Haltung, die man sich unwillkürlich sitzend vorstellt. Besonders interessant ist die Behandlung der Augenpartie mit Brille, deren plastische Wiedergabe sonst kaum noch versucht wurde, obwohl sie bei manchen Menschen physiognomisch kaum wegzudenken ist.

Rechte Seite: Franz Anton Bustelli, Der stürmische Liebhaber (um 1760), Nymphenburger Porzellanminiatur, farbig glasiert (München, Nationalmuseum). Der darunterstehende, etwa auf das Doppelte des Originals vergrößerte Ausschnitt zeigt die »monumentale« Großzügigkeit der Formenausbildung.

lange sie sich auf relativ kleine Formate beschränkt und der Reiz eher im Malerischen als im Plastischen gesucht wird. In der Epoche des Impressionismus entstanden allerdings auch monumentale Figuren mit malerisch behandelter Oberfläche, am großartigsten von Rodin. Genau besehen, bedeutete dies aber nur die vorher nie versuchte Konsequenz einer Arbeitstechnik, wie sie sich aus dem feucht-erdigen Material Ton von selbst ergeben kann, über einem Kern prallster Formen. In Holz und Stein ist derartiges undenkbar und wenn es dennoch versucht wird, so dürfte es zu einer »Mache« führen, die mit Kunst nicht verwechselt werden sollte. So hat jeder Werkstoff seine eigenen strengen Gesetze, die Sie sich aneignen müssen, bevor Sie die Konzeption auf ein bestimmtes Material festlegen.

Wie beim Zeichnen und Malen ist es meiner Ansicht nach auch bei intensiverer Beschäftigung mit Bildhauerei das einzig Richtige, mit dem Studium von Naturformen zu beginnen – ganz gleich, welche künstlerischen Ideen Ihnen vorschweben mögen. Dieses Studium sollten Sie beim Modellieren zunächst mit solcher Intensität betreiben, als gäbe es nichts anderes. Denn es existiert keine visionäre, ausgedachte oder erträumte Form, die von der Natur nicht längst vorgebildet worden wäre, und alle diese Formen sind plastisch! Es gibt in der Natur nichts Zweidimensionales.

Wer die ganze Vielfalt der Naturformen wirklich zu begreifen sucht, spürt in zunehmendem Maß, welche Empfindungen jede einzelne in uns zu wecken vermag – unabhängig vom Zweck, den sie als lebendes Gebilde zu erfüllen hat, oder von den Umständen, die zu ihrer Gestalt geführt haben. Und wenn sie dreidimensional nachgebildet wird, kann sie auch ertastet werden und dadurch viel unmittelbarer auf unser Empfinden wirken als

nur durch Anschauen, das ohne eine gewisse Distanz nicht möglich ist. Die Künstler des alten China haben das viel besser gewußt als wir mit all unserer modernen Tiefenpsychologie. Sie erfanden Formen (Vasen, Handhaben von Gebrauchsgegenständen, Spielzeuge für Erwachsene und vieles andere), deren Schönheit beim Nachfühlen mehr noch als beim Anblick empfunden wird, und die im Grunde genommen sämtlich Stilisierungen oder subtilste Grundformen von Naturgebilden sind.

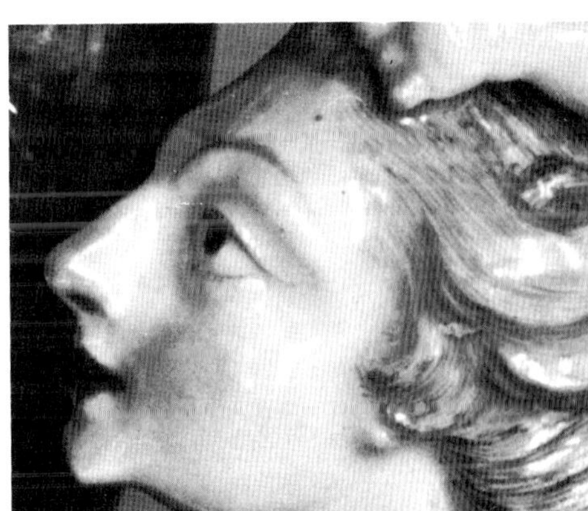

Modellieren

Die einfachste bildhauerische Technik ist das Modellieren: der Aufbau plastischer Formen aus knetbarem Material wie feuchter Tonerde, Plastilin und Wachs, eventuell auch aus einer der neueren, selbsterhärtenden Substanzen, die seit einiger Zeit in verschiedensten Zusammensetzungen angeboten werden. Ferner rechnen Gipsbrei und Stuckmörtel zu den »klassischen« Modelliermassen.

Die charakteristische Arbeitsweise beim Modellieren besteht im Zusammenfügen einer Figur aus kleinen Masseklumpen – im Gegensatz zum »Hauen« aus dem Holz- oder Steinblock, von dem immer nur weggenommen werden kann. Indessen geschieht auch diese Arbeit meist nach einem zumindest skizzenhaft modellierten Entwurf.

Beim modellierenden Aufbau plastischer Gebilde tasten Sie sich gewissermaßen von innen her an die endgültige Form heran, und sie bleibt bis zum Schluß sowohl durch Anfügen wie durch Wegnehmen korrigierbar. Beim Schnitzen oder Meißeln geht man vom rechteckig zugerichteten Quader aus und arbeitet sich von außen an die beabsichtigte Form heran. Eine Korrektur durch Ankitten weggenommenen Materials ist nur in seltenen Ausnahmefällen möglich. Fragt man einen versierten Schnitzer oder Steinbildhauer, was er bei derartigen Versehen tun würde, lautet die Antwort stets: »Sie kommen nicht vor.« Und so ist es auch. Denn er arbeitet ja meist nach einem Tonmodell, und wenn er sich dennoch einmal gänzlich »verhauen« hat, beginnt er lieber noch einmal von vorn.

Alle Plastik entsteht nicht nur nach dem Augenschein, sondern ebenso mit Hilfe des Tastsinnes. Beim Modellieren erleben Sie das am unmittelbarsten, denn Sie arbeiten – wieder im Gegensatz zum Schnitzen und Meißeln – hauptsächlich mit den Fingern. Dieses zwangsläufige Betasten und Nachfühlen weckt in Ihnen erst das rechte plastische Empfinden, zumal Sie das Gebilde nie einseitig, sondern nur rundherum wachsen lassen können. Dabei wechseln Sie unwillkürlich ständig den Blickwinkel und die Augenhöhe. Das bewahrt Sie zugleich vor all den optischen Täuschungen, die den Maler oder Zeichner sooft narren, weil er immer nur von einem einzigen Blickpunkt ausgehen kann. Wenn Sie diesen Unterschied erst einmal recht erlebt haben, kann es geschehen, daß Ihnen Modellieren alsbald leichter erscheint als zweidimensionales Darstellen.

Im übrigen dient Modellieren nicht nur dem plastischen Studium. Für so manchen Meister blieb es allzeit die einzige und endgültige Technik: Am häufigsten begegnen Sie Plastiken aus Bronze und diese sind stets handwerklich hergestellte Abgüsse von Gipsmodellen, die zunächst vom Tonmodell abgegossen werden. Dafür genügt meist das Verfahren mit »verlorener Form«, das auch erlaubt, Gipsnegative mit wetterbeständigem Material auszugießen wie »Kunststein«. Diese hochwertige Betonmischung eignet sich beispielsweise gut für Gartenplastiken. Voraussetzung sind allerdings relativ großzügige Formen und eine glatte Oberfläche des Tonmodells.

Modelliermaterial

Vom guten Ton

Die einfachste und bildsamste Materie zum Modellieren ist entsprechend aufbereiteter Ton. Fassen Sie ihn an und drücken ihn kräftig zusammen, so spüren Sie keinen großen Widerstand. Nehmen Sie aber ein kleines Stück behutsam zwischen die Fingerspitzen, so fühlen Sie bei ganz leisem Druck einen gar nicht so geringen, fast ein wenig federnden Widerstand. Ton erscheint dann als etwas Lebendiges. Seine pralle Weichheit stellt sich zum Kampf mit den elastischen Kissen der Fingerkuppen, wölbt sich unter ihrem abwälzenden Druck und verharrt augenblicklich, wenn er aufhört – stets bereit, den Zweikampf wieder aufzunehmen. Kosten Sie ihn fair aus, also mit zartestem Gegendruck nur. Formen Sie mit Daumen, Zeige- und Mittelfinger kleine Kugeln, Würfel oder anderes. So begreifen Sie allmählich, was für ein wundervolles Material guter Ton ist.

Plastisch treibbares Metall wird beim Bearbeiten müde und bedarf ab und zu einer glühenden Ermunterung im Feuer. Stein springt und zermürbt unter dem widersinnig geführten Meißel, Holz reißt und splittert, wenn das Schnitzeisen gegen seinen Wuchs geht, und was einmal von Stein oder Holz weggenommen wurde, läßt sich nicht mehr ersetzen. Ton aber bleibt immer schmiegsam, alles Verlorene kann neu entstehen und das Entstandene abermals in einem größeren, zusammenfassenden Schwung untergehen. Seine Nachgiebigkeit erlaubt rasche und skizzierende Arbeitsweise ebenso wie feinste Ausformung und Ziselierung. Unbestimmte Andeutungen sind ebenso möglich wie die klare, endgültige Form, an der nicht mehr zu deuteln ist.

Hauptbestandteil der fast überall vorkommenden Tonerde ist das weiße Aluminiumoxid. Als Beimengungen finden sich gewöhnlich Sand, Kalk und weitere Metalloxide. Von ihnen hängen Konsistenz und Farbe des Tones ab, die Konsistenz außerdem vom Wassergehalt. Völlig trokkener Ton bildet steinharte Klumpen oder – zerrieben – ein mehr oder weniger feines Pulver. Je nach der hinzugefügten Wassermenge entsteht ein zäher bis breiiger Schlamm, in solchem Zustand findet sich Ton in der Natur.

Roher, eben der Erde entnommener Ton ist nicht sogleich modellierfähig, selbst wenn er zufällig die rechte Wassermenge enthält. Er muß erst gründlich durchgeknetet werden, um geschmeidig und »bildsam« zu sein. Diese Arbeit mit gleichzeitigem Regulieren des Wassergehalts ist von Hand so mühsam auszuführen, daß man sie lieber einer Knetmaschine überläßt. Am besten kommen Sie zurecht, wenn Sie fertig zubereiteten Modellierton kaufen, der in idealer Konsistenz billig zu haben ist.

Unter dem Begriff »Modellierton« erhält man stets einen »fetten«, das heißt wenig Sand enthaltenden »langen« Ton, der äußerst geschmeidig und dehnbar ist. Bei »mageren« oder »kurzen« Sorten verhält es sich umgekehrt, sie werden – je nach natürlicher oder durch Beigaben erzielter Zusammensetzung vorwiegend in der keramischen Industrie verwendet, von der Ziegelfabrik bis zur Töpferei. Denn Ton jeder Art sintert durch »Brennen« in Spezialöfen bei Temperaturen von 600 bis über 1000 Grad zu harten »Scherben« zusammen, die zwar mehr oder weniger zerbrechlich bleiben, sich jedoch nie wieder zu einer weichen Masse aufschwemmen lassen. Beim Brennen verändert Ton auch sein Aussehen. So werden zum Beispiel die graugelben Ziegelformstücke im Ofen leuchtend rot. Es spielt sich das gleiche ab wie beim Glühen gelben Okkers: aus Eisenhydroxid wird nach Verdampfen der Wasserbestandteile das rote Eisenoxid.

Leider können Sie in üblicher Weise modellierte Figuren nicht brennen lassen, selbst wenn Sie einen speziell dafür geeigneten Ton verwenden. Die Figuren müßten obendrein ohne Gerüst und hohl aufgebaut werden, und zwar möglichst dicht, damit die Tonmassen beim Brand gut zusammenbacken. Erstens ist ein solcher Aufbau nur in wenigen Fällen möglich und sehr mühsam, zweitens müßten Sie auf das gewohnte lockere und flotte Antragen kleiner und kleinster Tonbrokken verzichten, das aber einzig und allein zur allmählich sich steigernden Durchbildung und Präzisierung der Form führen kann. Die Wiedergabe Ihrer Arbeiten in keramischem Material ist jedoch mittels eines Abgußverfahrens möglich (s. S. 126).

Fertigen Modellierton erhalten Sie in handlichen, mehrere Kilo schweren Quadern. Von Anfang an müssen Sie darauf bedacht sein, den Wassergehalt konstant zu halten. Packen Sie die Quader luftdicht in Plastikfolien oder in speziell dafür hergestellte Plastikkübel mit dicht schließendem Deckel, und bedecken Sie den Ton darin noch mit einem angefeuchteten Tuch. In einen größeren Kübel gehen etwa 25 kg. Kaufen Sie immer reichlich ein, denn nichts ist ärgerlicher, als wenn Sie Ihre Arbeit unterbrechen müssen, weil der Ton nicht reicht und beim Nachkauf die passende Tönung womöglich nicht vorrätig ist. Ermitteln Sie die notwendige Menge, indem Sie die beabsichtigte Figur in einen einfachen stereometrischen Körper hineindenken: In einen Zylinder oder Quader. Wenn Sie dessen Rauminhalt in Kubikdezimeter berechnen und mit 2,5 multiplizieren – dem spezifischen Gewicht des Modelliertones –, dann nennt Ihnen das Resultat die mehr als ausreichende Menge in Kilogramm, die Sie vorrätig haben sollten.

Ton hält sich unbegrenzt und bleibt stets gebrauchsfähig, ja er wird sogar durch häufige Bearbeitung immer »plastischer« – vorausgesetzt, daß Sie ihn nicht austrocknen ließen. Dem beugen Sie durch Besprühen mit Wasser vor: notfalls mittels einer Fixativspritze, bequemer mit einem Pumpaufsatz für Flaschen oder einer ausgedienten Pumpsprühdose, wie sie beispielsweise mit Fensterputzmitteln im Handel sind. Dieses Ansprühen ist auch während und nach der Arbeit notwendig. Denn an der Luft, und mehr noch in der Hand, verdunstet der Ton viel Wasser. Haben Sie die begonnene Arbeit von allen Seiten gründlich, aber nicht triefend naß besprüht, warten Sie, bis das Wasser eingesogen ist und der Ton wieder matt aussieht. Erst dann können weitere Anträge gut haften. Ebenso halten Sie es, bevor die Figur behutsam in Plastikfolie gehüllt wird, um sie ruhen zu lassen.

Ähnlich wird Vorratston behandelt. Ist er einmal zu trocken geworden, muß er vor der Verwendung öfters besprüht und eventuell in handlichen Partien durchgeknetet werden. Mit zu trockenem oder schmierig-nassem Ton ist das Modellieren eine unerfreuliche Quälerei, und oft genug scheitert schon der erste Aufbau an der unsachgemäßen Tonkonsistenz.

Vernachlässigen Sie eine begonnene oder vollendete Figur, wird der Ton nicht nur hart, er bekommt auch Schwundrisse. Denn beim Trocknen verliert Ton an Volumen, außen mehr als innen, wo das Wasser nicht so rasch verdunsten kann.

Nur sehr magerer, poröser Ton trocknet unter Umständen gleichmäßig und ohne Risse, schwindet auch weniger als fetter. Sind die Risse nicht allzu stark, dann können Sie diese durch häufiges Besprühen in etwa halbstündigen Abständen weitgehend wieder schließen. Dennoch müssen Sie das Ganze nochmals überarbeiten, weil die Risse vom meist unterschiedlichen Quellen allein keine innere Haftung bekommen. Eine völlig trokkene, durch und durch gerissene Figur ist freilich kaum noch so weit zu regenerieren, daß sie sich abgießen läßt.
Bevor Sie mit der Arbeit beginnen, zerteilen Sie einen der eingekauften Quader in faustgroße Stücke, um die Antragbrokken bequemer abpflücken zu können. Dieses Zerteilen geschieht nach altem Brauch mit einem dünnen Messingdraht, an dem zwei Holzstücke als Handgriffe befestigt sind. Es geht natürlich auch mit einem großen Messer.

Plastilin

Die sorgsame Pflege, wie sie Modellierton verlangt, wird überflüssig, wenn Sie an seiner Stelle Plastilin verwenden. Allerdings ist dies fast der einzige Vorteil, den diese Substanz gutem Ton voraus hat. Plastilin, fälschlich auch Ölton genannt, enthält keine Tonerde, sondern setzt sich im wesentlichen aus Mineralwachs, Schwefel und Mineralöl zusammen. Hinzu kommen gegebenenfalls Pigmentfarben. Am umfangreichsten wird Plastilin in der Industrie benutzt, um originalgroße Formmodelle herzustellen, zum Beispiel bei der Entwicklung von Auto-Karosserien. Es kann in sehr unterschiedlichen Härtegraden hergestellt werden, außerdem hängt die Härte von der umgebenden Temperatur ab. Bildhauer-Plastilin hat bei normaler Raumtemperatur, also bei etwa 20 Grad, die Konsistenz und Klebfähigkeit gebrauchsfertigen, fetten Modelliertones. Bei zirka 30 Grad, zum Beispiel unter minutenlanger Einwirkung der Handwärme und an heißen Sommertagen, wird es fast schon zu weich und schmierig. Strahlen Sie es mit einem Heizgerät an, beginnt es breiartig zu fließen, und schließlich kann man Plastilin anzünden: Halten Sie ein auf Draht gespießtes Klümpchen in die Streichholzflamme, so verbrennt es rußend. Übrig bleibt ein wenig graue, mehlartig zerreibbare Asche.
Plastilin ist in allen Schul- und Zeichenbedarfsgeschäften zu haben. Mit den kleinen, meist mehrere grelle Farbtöne enthaltenden Sortimenten können Sie aber kaum etwas anfangen. Das ohnehin recht kostspielige Material beziehen Sie preiswerter in Rollen zu je 5 Kilo über ein größeres Fachgeschäft für Mal- und Zeichenutensilien. Aber auch dann kostet das Kilo immer noch mindestens das Zehnfache von Modellierton. Das spezifische Gewicht liegt um 2,1. Am besten verwenden Sie eine hellgraue oder graugelbliche Tönung, denn weiße, grellbunte oder sehr dunkle Färbungen lassen die plastische Form nicht gut erkennen.
Plastilin dunkelt im Licht innerhalb weniger Wochen nach, besonders bei direkter Sonnenbestrahlung. Es beginnt mit fleckigen Verfärbungen, die optisch sehr störend wirken. Die Form bleibt dagegen jahrelang beständig, die Masse wird jedoch allmählich lederartig hart, schwindet ein wenig und ist zur Weiterverwendung nicht mehr geeignet. Gut gebrauchsfähig bleibt Plastilin nur innerhalb weniger Monate nach der Herstellung. Deshalb empfiehlt es sich, immer nur die im Augenblick notwendige Menge einzukaufen, die Rollen einzeln in Plastikfolie zu packen und bis zum Gebrauch dunkel zu lagern. Auch die Figur muß während der Arbeitspausen mit einem lichtundurchlässigen Tuch verhüllt werden.

In der Modelliertechnik gibt es zwischen Plastilin und Ton keinen Unterschied. Jedoch hinterläßt die Arbeit mit der Schlinge in Plastilin helle Spuren, die recht störend wirken. Sie verschwinden, wenn Sie diese Partien sehr dünn mit Paraffinöl bestreichen, mittels eines billigen, weichen Haarpinsels. Notwendig ist das vor allem, wenn Sie die Figur in einem Zwischenstadium oder vor dem Abguß fotografieren wollen. Vor der Weiterarbeit muß das Öl einziehen (meist stundenlang), bis jeder Glanz verschwunden ist, sonst haften weitere Anträge nicht. Auch bewirkt das Paraffinöl zuweilen schwärzliche Verfärbungen, vor allem bei oberflächlicher Feinarbeit. Große Schwierigkeiten bereitet Plastilin schließlich beim Gipsabguß mit verlorener Form. Sie sind nur zu umgehen, wenn Sie die Negativform in Siliconkautschuk herstellen.

Ton kontra Plastilin

Ton ist zweifellos das angenehmste Modelliermaterial. Wer damit umgeht, denkt sicherlich einmal an die Schöpfungslegende: Es ist Erde, die Sie anfassen und die einen leichten, eigentümlichen Geruch ausströmt, den ich immer als anregend empfunden habe. Ton verlangt zwar sorgfältige Pflege, mit ihr verbindet sich aber auch die Möglichkeit, seine Konsistenz ganz nach Wunsch abzuwandeln. So meine ich zum Beispiel, daß der Ton Michelangelos wesentlich strenger gewesen ist als der, den Rodin benutzte. Ton ist auch am einfachsten in Gips abzugießen: er sprengt die »verlorene« Negativform im Wasser von selbst auseinander. Erfreulich ist auch sein sehr geringer Preis, und hinzu kommt, daß er als Substanz unveränderlich ist, bei entsprechender Pflege oder Aufbereitung immer wieder verwendet werden kann und dabei sogar an Qualität gewinnt.

Plastilin ist teuer, riecht unerfreulich, ist den Händen nicht sonderlich angenehm und verschmiert die Werkzeuge, so daß man sie häufig mit einem Lappen abreiben muß. Seine einmal festgelegte Konsistenz ist willkürlich nicht zu verändern, sie schwankt vielmehr je nach Raumtemperatur. Außerdem bleibt das Material nur wenige Monate gebrauchsfähig, wodurch seine Verwendung noch kostspieliger wird. Fast unentbehrlich ist Plastilin für kleinere Entwurfsskizzen, die man bei der Ausführung in Ton, Gips oder Stuck ständig vor Augen haben möchte, sowie für Arbeiten, die Sie nicht regelmäßig betreuen können.

Das Modellieren in Ton, verbunden mit einfachen, alterprobten Verfahren des Gipsabgusses, kostet von sämtlichen bildkünstlerischen Hobbys am wenigsten. Dabei mag es dem, der sparen muß, eine Genugtuung sein, daß bis in die jüngste Zeit selbst größte Meister selten mit anderem Material gearbeitet haben. Die Ausdrucksfähigkeit von Ton ist mit anderen Modelliermassen nur bis zu gewissem Grad zu erreichen, geschweige denn zu übertreffen.

Wenn Sie es sich jedoch leisten, aus dem Modellieren das wohl kostspieligste künstlerische Hobby zu machen, dann rate ich natürlich zu Plastilin und der Verwendung von Siliconkautschuk beim Abguß. Sie haben dann — abgesehen vom wesentlich umständlicheren und zeitraubenden Abformen in Kautschuk, womit Sie allerdings die Möglichkeit mehrerer Abgüsse gewinnen — vieles bequemer und können die Arbeit wochenlang ruhen lassen, ohne sich darum zu kümmern. Doch wer tut das schon ohne zwingende Umstände! Auch wenn Sie nicht in der Lage sind, Tag für Tag an einer begonnenen Arbeit tätig zu sein, ist es doch ein Vergnügen und überdies sehr nützlich, sie täglich ein paar Minuten anzuschauen und gleichzeitig die Tonpflege zu erledigen. Dabei entdecken Sie Fehler oder neue Möglichkeiten zur Steigerung des Ausdrucks meist sicherer als während der Modellierarbeit. Notieren Sie alles in Worten oder mit einigen skizzierenden Strichen, denken Sie darüber nach. Derart ausgefüllte »schöpferische Pausen« sind oft förderlicher als andauernde Emsigkeit.

Wenn Sie keinen besonderen Werkraum haben, wäre noch folgendes zu bedenken, ehe Sie sich für Ton oder Plastilin entscheiden: Es ist kaum zu vermeiden, daß beim Modellieren Ton- oder Plastikbrocken herunterfallen und zertreten werden. Ton verursacht keinerlei nachhaltige Verschmutzungen, nicht einmal auf Teppichen, wenn Sie diese Stellen völlig trocknen lassen und danach erst abbürsten und absaugen. Plastilin hingegen hinterläßt bei längerer Einwirkung Ölflecke, die mit Reinigungsbenzin zu entfernen sind. Bringen Sie es jedoch niemals direkt mit Plastilin in Berührung, sonst ist die Schmiererei »vollkommen«. Entfernen Sie es zunächst durch Bürsten, auf glattem Boden läßt es sich mit einer Spachtel abschaben, ebenso Ton. Am unempfindlichsten gegen Plastilin ist Linoleum, und wenn's geht, legen Sie Ihren Arbeitsplatz damit aus. Nehmen Sie es dann möglichst dunkel, weil darauf Abfälle besser zu erkennen sind.

Bei den folgenden Erörterungen ist einfachheitshalber nur von Ton die Rede, sie gelten jedoch in gleicher Weise für Plastilin. Nur wenn sich Unterschiede im Verhalten und bei der Anwendung des einen Materials gegenüber dem anderen ergeben, wird ausdrücklich darauf hingewiesen werden.

Tanagrafigur (München, Antikensammlung). Tanagra in Böotien war im 4. Jh. ein Zentrum für die Massenherstellung von künstlerisch meist hervorragenden Kleinplastiken (Höhe etwa 20 bis 40 cm). Sie wurden nicht gegossen wie die Porzellanminiaturen des 18. Jh.s, sondern als Einzelstücke in brennbarem Ton modelliert und durchweg farbig gefaßt. Der Aufbau geschah über einem entfernbaren Kern (Öffnung im Rücken der Figur), die offenbar unterschiedlichen Verfahren sind jedoch nicht genau überliefert.

Modelliertechnik

Wer noch nie eine rechte Anleitung zum Modellieren bekam, fängt gewöhnlich ganz falsch an, nämlich so: ein Tonklumpen erhält durch Kneten und Drücken die Grund- oder Hauptform der beabsichtigten Darstellung. Daran werden noch etwa notwendige größere Stücke gesetzt und die Detailformen durch Ziehen und Drücken, Kerben und Quetschen der Massen angestrebt. Soll zum Beispiel ein Kopf entstehen, so bekommt der Klumpen zunächst eine Eiform. Aus ihr wird die Nase herausgequetscht, die Fingerspitzen vertiefen die Augenhöhlen und zupfen die Ohrmuschel heraus. Mund- und Augenspalten entstehen mit Hilfe der Fingernägel oder eines ritzenden Instruments und schon ist man beim Zeichnen, obwohl doch Lider und Mund sehr plastisch gewölbte Formen haben. Schließlich ergibt sich aus der wohlgerundeten Eiform nach hilflosem Korrigieren ein ekkiges, ganz unplastisches Gebilde. Natürlich enttäuscht und entmutigt ein derartiges Resultat.

Zu sicheren, plastisch-bestimmten Formen gelangen Sie nur, indem Sie kleine Brocken vom Tonvorrat abpflücken und zielbewußt aneinanderfügen. Wie groß, wie klein – das ergibt sich von selbst je nach Größe der Figur und dem Stadium der Arbeit: anfangs werden die Brocken stets größer sein als bei der späteren Detaillierung. Beginnen Sie bei den folgenden Versuchen mit etwa kirschgroßen, ein wenig abgeplatteten Brocken, wie sie sich beim Abpflücken mit Daumen und angewinkeltem Zeigefinger ergeben. Das Aneinanderfügen gelingt natürlich nicht in der Hand, Sie brauchen einen festen Halt, an dem Sie antragen können: eine Platte oder eine Stange oder ein Drahtgerüst, die fest mit einer Grundplatte verbunden sind. Sie wird dann auf die Drehscheibe gesetzt.

Ihren ersten Modellierversuch unternehmen Sie am sinnvollsten wohl mit der Darstellung eines beliebigen Kopfes, etwa in halber Lebensgröße. Er hat eine relativ einfache Grundform und für Einzelheiten finden Sie in Ihrer Umgebung oder Ihrem Spiegelbild Beispiele genug. Versuchen Sie keinesfalls gleich ein Porträt! Sie würden dann ständig an

1

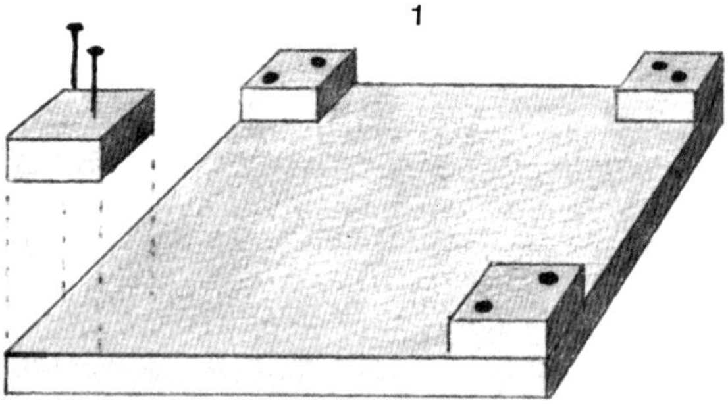

2

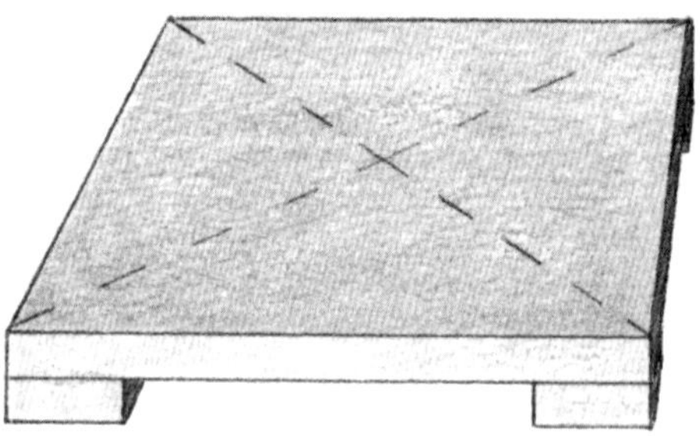

6

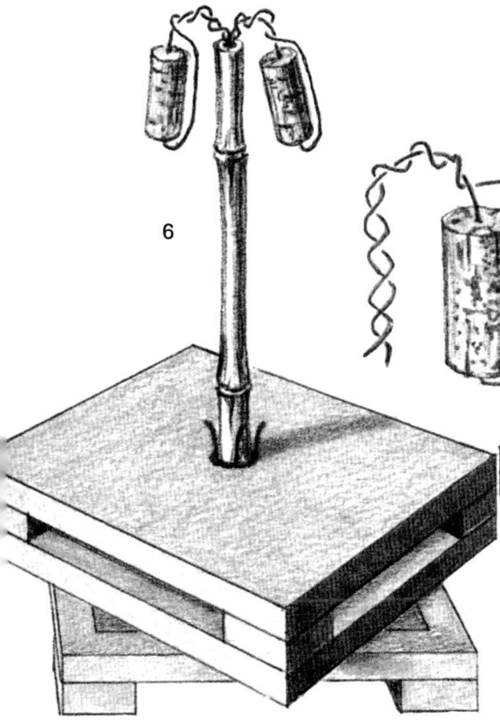

5

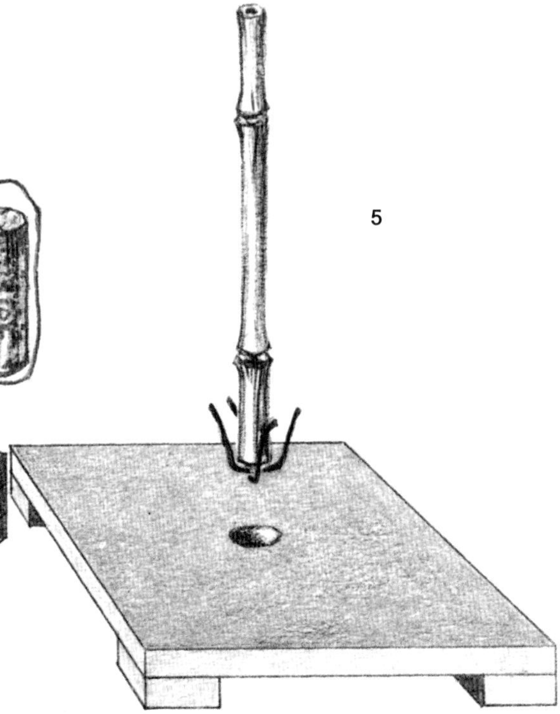

Konstruktion einer Tisch-Drehscheibe und einer für verschiedene Arbeiten verwendbaren Grundplatte, Material: Spanplatte ca. 20 mm stark, davon 3 Quadrate 30 × 30 cm und 8 Klötze 5 × 5 cm; Klarsichtfolie 25 × 25 cm ca. 0,5 mm dick; Bambus etwa 20 mm Durchmesser und 30 bis 35 cm lang; Nägel ca. 35 mm lang; Metallbolzen mit Kopf 50 mm lang; Plastikdraht 1 mm stark; Flaschenkorken oder Bambusröhrchen.
Bau: Die Klötze werden an den Ecken von zwei Platten rückwärtig aufgenagelt, eine von diesen und die dritte Platte in der Mitte (Diagonalschnittpunkt!) passend zum Bolzen durchbohrt, desgleichen die Folie. Dann wird alles lose zusammengefügt.
Die zweite Platte mit Klötzen bildet die Modellier-Grundplatte. Sie enthält in der Mitte eine Bohrung, in die der Bambus bequem hineinpaßt. Um dessen unteres Ende biegt man zwei U-förmige Haken aus Draht und verklemmt die Stange im Bohrloch (leichte Schläge mit quer gehaltenem Hammer). In das obere Stangenende werden die Kork- oder Bambusknebel mittels Drahtschlingen lose eingehängt.

3

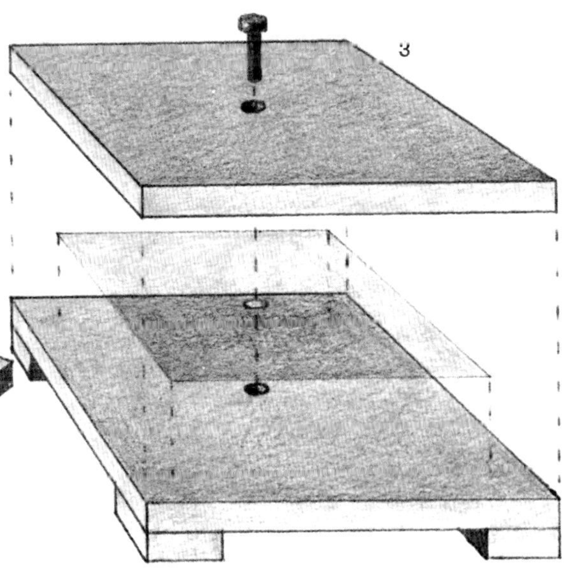

4

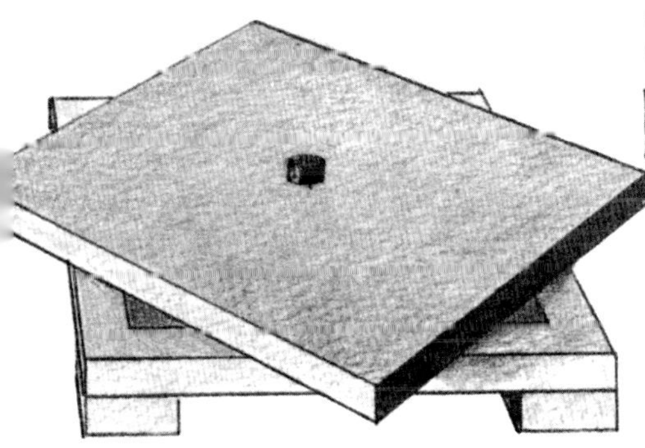

Ähnlichkeiten denken und daran ganz gewiß scheitern. Angetragen wird der Kopf an einer Gerüststange, deren oberes Ende mindestens zwei Kork- oder Bambusknebel trägt. Quetschen Sie etwas Ton dazwischen und darüber und drücken Sie alles fest zusammen, so daß ein etwa apfelgroßer Knoten fest auf und an der Stange sitzt.

Umhüllen Sie dieses unregelmäßige Gebilde nun mit kleinen Tonbrocken in der Absicht, eine Kugel zu formen. Die Anträge sollen ganz locker geschehen, so daß ein flockiger Ball entsteht. Hat er etwa die Größe einer Grapefruit, so drücken Sie die lockeren Tonpartikel ein wenig an, damit die Kugelform präziser wird. Nehmen Sie dazu ein Holzklötzchen, etwa so groß wie eine Streichholzschachtel, oder den kleinen Schlegel, wie ihn die Zeichnung zeigt. Schlagen Sie mit seiner nicht abgerundeten Fläche die Tonflocken ganz leicht zusammen und vergessen Sie nicht, immer wieder zu drehen und von allen Seiten zu kontrollieren, ob die Kugel überall ein kreisrundes Profil hat, auch von oben gesehen!

Durch das Zusammendrücken und -schlagen allein entsteht noch keine ganz glatte Form. Ihre Mängel und kleinen Vertiefungen werden durch neue Tonbrocken ausgeglichen, die nun immer kleiner geraten. Schließlich ist im Zusammenwirken mit weiterem Andrücken die beabsichtigte Kugel entstanden, an der lediglich noch die Spuren des Brockenantrags als feine Krakeluren und winzige Buckel zu erkennen sind. Lassen Sie es damit aber auch genug sein und versuchen Sie keinesfalls, die Kugel etwa durch Reiben und Wischen so glatt wie ein Stück Seife zu machen! Eine derartige Oberfläche wäre »charakterlos« und Sie sollten auch bei allen späteren Arbeiten nie daran denken, aus handwerksgerechter Arbeitsweise hervorgegangene Oberflächen nachträglich noch »verbessern« zu wollen. Sie würden damit nur den unnachahmlichen Reiz des natürlich Entstandenen zerstören.

Da die Grundform des Kopfes selten einer Kugel, sondern meist der eines Eies gleicht, muß sie zunächst nach oben und unten ausgedehnt werden. Tragen Sie also weitere Tonbrocken an, bis das ovale Profil von allen Seiten gleichermaßen dem Verhältnis von Breite zu Höhe entspricht, das der Kopf in Frontalansicht haben soll. Ritzen Sie nun mit einem Stäbchen die waagerechte Halbierungslinie des Kopfes an. Wie im Abschnitt »Anatomie« und bei den Schädelproportionen gezeigt, liegen auf ihr der Nasenansatz, die vier Lidwinkel und der vordere, obere Ohrenansatz. Diese Linie soll auch die waagerechte Kopfmitte bleiben, wenn Sie Stirn, Hinterhaupt und Kinnpartie aufwölben. In Draufsicht bildet der Schädel dann eine

Schlegel und Klötzchen, etwa 3/4 der nat. Größe. Den Schlegel läßt man gegebenenfalls von einem Tischler anfertigen.

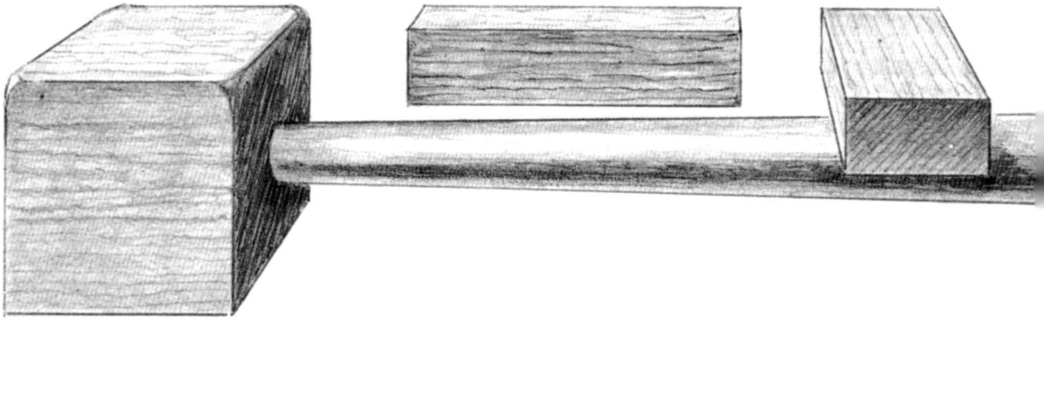

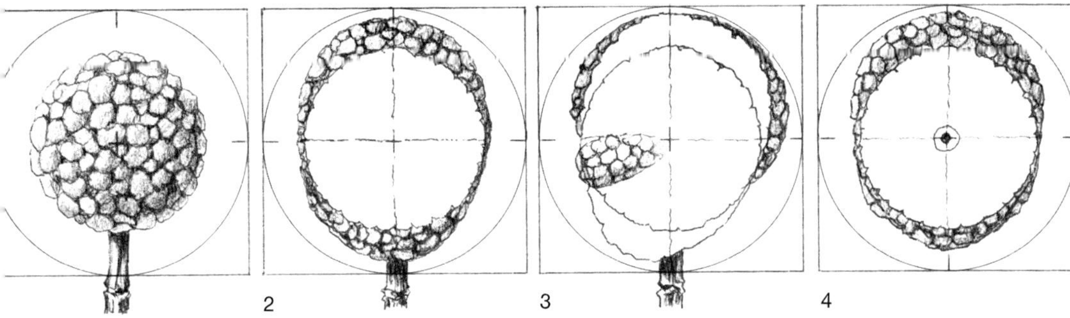

Schema für den Aufbau eines Kopfes, eingezeichnet in die Schädel-Proportionsfigur. Von links nach rechts: 1 der Kugelkern; 2 Ausweitung zur Eiform (frontal); 3 Stirn- und Hinterhaupt-Auswölbung, Antrag der Jochwülste (Profil nach links); 4 Draufsicht auf Figur 3 (Front nach unten gerichtet).

zweite, waagerechte Eiform mit der Spitze nach vorn. Markieren Sie deshalb jetzt auch die senkrechte Halbierungslinie durch die Nasenwurzel, und zwar so, daß die Linie über einer Mittellinie der Grundplatte verläuft. Die zweite, rechtwinklig zur ersten gezogene Mittellinie gibt Ihnen dann eine sichere Orientierung für die Ohransätze und gesamte Profilausbildung des Kopfes. Gleichzeitig mit der Stirn-Hinterhauptwölbung tragen Sie einen zweiten plastischen Schwung an, der die beiden Jochbeine über den Oberkiefer hinweg verbindet, sowie einen dritten: das Fundament für Unterkiefer und Kinn.

Die höchsten Erhebungen all dieser Wölbungen werden zunächst durch Profilstege festgelegt. Ihre Präzisierung erreichen Sie mit einem entsprechend kleinen Klötzchen. Meinen Sie, daß die Stege einwandfrei sitzen, so werden sie verbreitert, als würden Sie steile Böschungen beiderseits zu flachen Wölbungen aufschütten. Je zwei benachbarte treffen sich schließlich in sehr stumpfen Winkeln auf der Kernoberfläche. Sie bilden flache Rinnen, die natürlichen Einbuchtungen des Kopfes schon ungefähr entsprechen: betrachten Sie das Entstandene seitlich von hinten, so gleichen die nach vorn gerichteten Profile etwa denen eines alten, zahnlosen Menschen mit starkem Fettgewebeschwund.

Sie arbeiten also nur an Aufwölbungen und kümmern sich nicht um Vertiefungen, sie entstehen von selbst. Sehen Sie zu, ob die Wölbungen auch ganz straff mit dem Klötzchen zusammengedrückt sind und glatte Schwünge bilden. Erinnern Sie sich immer wieder daran, daß die Kugel das Urbild aller Plastik ist und daß nur die klare, bestimmte Form wirkt. Wenn Ihre Arbeit im Anfangsstadium eher einer Ballung von technischen Stromlinienformen gleicht, so haben Sie es durchaus richtig gemacht.

Immer nur an Aufwölbungen zu denken und nicht ans Wegnehmen, ist ein Prinzip, das in gewisser Hinsicht für alle Plastik gilt. Sie werden nun sagen: vom Holz und Stein muß man doch wegnehmen, um eine Figur auszuhauen! Gewiß – doch auch der schnitzende, meißelnde Bildhauer geht zunächst an die Buckelhöhen heran und wölbt von dort aus allmählich in die Tiefen. Er beginnt nicht mit Löchern oder Rinnen, um dann von innen nach außen zu arbeiten.

Vergleichen Sie das bisherige Stadium Ihres ersten Versuchs mit dem Lebenden, so erkennen Sie: die formelhaft verein-

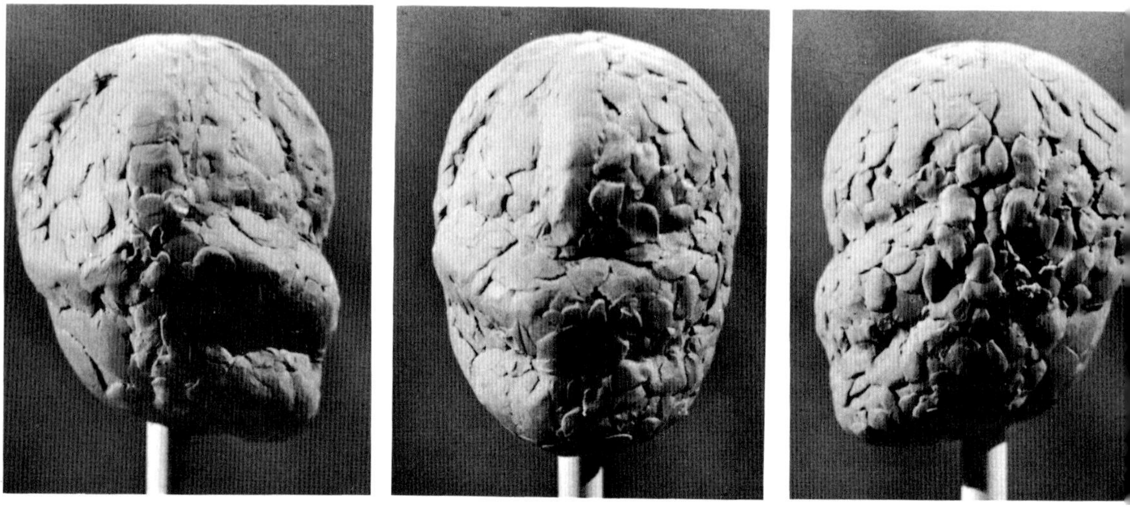

»Fundamente« der Kopfplastik. Links und Mitte: »Profilstege« der Hinterhaupt-, Stirn-, Jochbogen- und Kinnaufwölbungen. Rechts: Ausdehnung der Profilstege zu einheitlichen Wölbungen (roher Brockenantrag).

fachten Wölbungen können nur das Fundament für weitere Anträge und individuelle Formen sein. Wenn Sie dazu Gelegenheit haben, vergleichen Sie auch mit einem Skelettschädel, fassen Sie ihn an, tasten Sie seine Wölbungen nach! Das gibt Ihnen Aufschluß, auf welche Weise Sie die lebenden Formen bestimmen, vor allem, wenn Sie zum Vergleich Ihren eigenen Kopf abtasten oder den einer anderen Person. Sie erfahren dabei, wie starr und bestimmt die Skelettplastik ist und wo sie am Lebenden sichtbar und fühlbar wird, wieviel unbestimmter und veränderlicher dagegen die sanfteren Wölbungen der Weichteilplastik sind. Bei Ihrer Arbeit muß das ebenfalls zum Ausdruck kommen.

Beginnen Sie nun damit, die Jochbeinansätze vorzuziehen, den Schädel seitlich weiter auszuwölben, die Nase und die untere Kieferpartie mit dem Kinn anzulegen. Bei diesen, schon ein wenig ins Detail gehenden Arbeiten erleichtert dem Anfänger ein kleines Hilfsmittel die Statik, die symmetrische Ausbildung des Kopfes: Ohransätze, Scheitel und Kinnunterseite werden durch eingesteckte Streichhölzer markiert. Dieses »Fadenkreuz« hilft Ihnen nicht nur, die Waagerechten und Senkrechten, sondern auch die Proportionen einzuhalten, während die Plastik sich durch neue Anträge nach allen Seiten weiter ausdehnt. Ist der Kopf seitlich oder in anderer Richtung geneigt, so tut das Fadenkreuz womöglich noch wichtigere Dienste: es verhindert, daß die Gesichtshälften oder andere Partien schief oder verzerrt angelegt werden. Denn einmal tendieren wir unwillkürlich zu lotrechten Posen, zum andern finden wir die gleiche Neigungsnuance mittels der unverrückbaren Hilfe des Fadenkreuzes leichter wieder, auch das Modell.

Es wäre ganz falsch, zu früh endgültige Formen anzustreben. Der Sinn des stufenweisen Aufbaues besteht nicht nur darin, sich langsam an die endgültige Form heranzutasten. Sie begreifen so auch am besten das Wachsen Ihrer Arbeit aus geometrisch mehr oder weniger definierbaren Kernformen. Vielleicht fragten Sie sich schon: warum erst eine Kugel, wenn doch die Grundform des Kopfes eher einem Ei oder Ellipsoid gleicht? Nicht nur für den Anfänger bedeutet es jedesmal eine hervorragende Übung, alle Zwischenstufen ordentlich und präzis auszuführen. Auch der Geübtere gewinnt durch sie ein zuverlässiges Fundament, auf dem er sicher und bald auch viel rascher aufbauen kann als auf einem unregelmäßigen Klumpen. Ganz eindeutig bestätigt sich das beim Modellieren von Ganzfiguren. Es mag sein, daß der Könner flüchtiger vorgeht, daß ihm Andeutungen der Fundamente genügen, weil er sie längst sicher in seiner Vorstellung hat. Die Leichtigkeit der gekonnten Arbeitsweise entsteht aber nur auf der Grundlage beharrlicher Übungen, die nichts ausließen.

Der Aufbau der Fundamentform soll jedoch niemals so verstanden werden, als wiederhole er die Anatomie, also den Knochenbau und die Skelettmuskulatur ohne Unterhautfettgewebe. Ein Blick auf

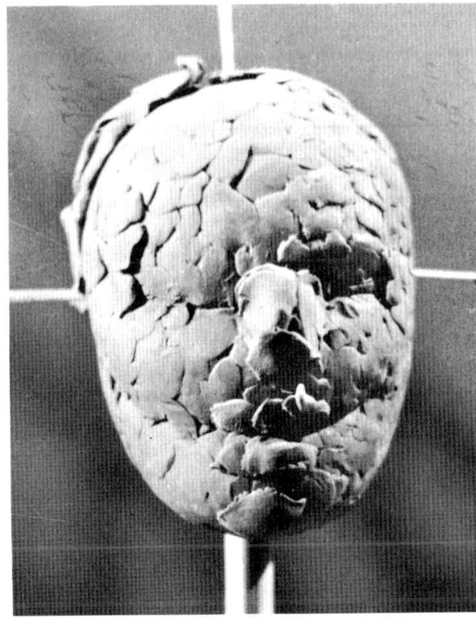

Oben: nach Glättung des Brockenantrags Anlage der Brauenwulst rechts, des Nasenfundaments und der Lippenwülste. Links unten: Beginn der Durchbildung aller Teile des Gesichtsschädels. Rechts unten: die weitere Ausarbeitung.

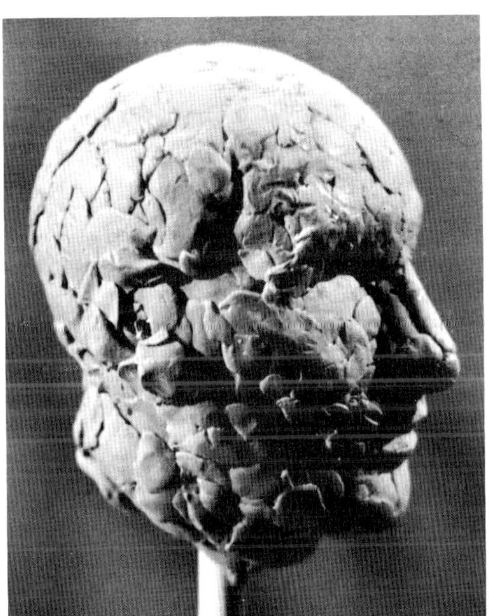

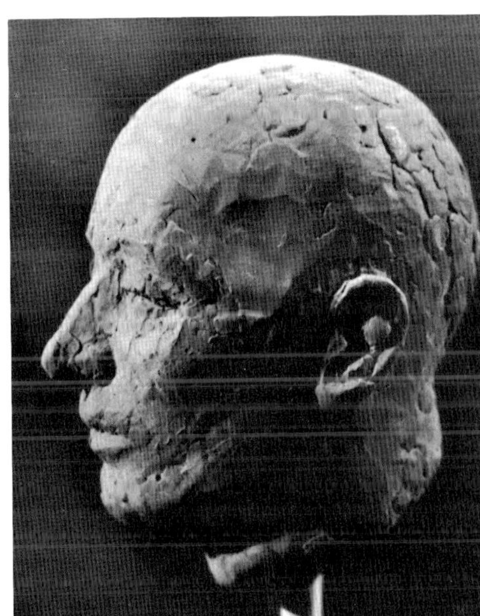

Schlußphase der Skizze. Die linke Seite vor dem Ausgleich mit kleinen Brocken und der Präzisierung mit Werkzeugen.

142 die Abbildungen zeigt Ihnen, daß die Anatomie des Kopfes ganz anders aussieht als die Fundamentform Ihrer Modellierarbeit. Sie entsteht aus plastischen Schwüngen und Buckeln, die nur hier und da schon bis zu den obersten individuellen Formen hinaufreichen. Die Fundamente werden mehr empfunden als wirklich gesehen oder ertastet, und es kann sein, daß Sie diese Grundanlage ein wenig anders auffassen als ich bei meinen Beispielen. Nehmen Sie also das Ganze nur als eine Anregung, die nicht nur abgewandelt werden kann, sondern oft sogar variiert werden muß, wenn Sie nach einem ganz bestimmten Vorbild arbeiten und dessen individuelle Gestalt wiedergeben wollen. Es geht allein darum, daß Sie sich das Prinzip des Verfahrens aneignen, das immer gilt, ob Sie nun einen Kopf, eine menschliche Figur oder ein Tier modellieren.

Das Ziel des ersten Versuchs ist erreicht, wenn die naturnahe Anlage eines Kopfes entstanden ist in der Art, wie sie die Abbildungen zeigen. Es hätte keinen Sinn, die Studie weiterzutreiben, Sie verlören sich zu leicht in Kleinlichkeiten. Allenfalls könnten Sie noch einiges versuchen, was später so oft vernachlässigt wird: die genauere Durchbildung eines Ohres, der Lidformen, der Nase, des Mundes. Die Darstellung der Augen und Haare wäre einstweilen weniger angebracht. Haarwuchs bildet wenig präzise plastische Formen, sie müssen also vereinfacht oder stilisiert werden. Der Ausdruck der Augen hängt nicht von der Plastik des Augapfels ab, sondern von der Öffnung der Lidspalte und der Dunkelheit von Iris und Pupille. Nicht selten finden Sie bei Porträts an ihrer Stelle lediglich tiefe, schat- 73
tendunkle Aushöhlungen. Haare und Augen stellten die Bildhauer aller Zeiten immer wieder vor Probleme, für deren Lösung es kein gültiges Rezept gibt und mit denen Sie sich immer aufs neue auseinanderzusetzen haben. Daher ließ ich es mit meinem ersten Beispiel bei einem Männerkopf mit Glatze und halb gesenkten Augenlidern bewenden.

Zum Abschluß Ihres ersten Versuchs möchte ich ein für allemal raten: werfen Sie möglichst keine Ihrer Arbeiten fort. Eigene Fehler erteilen einem oft die interessantesten Lehren, aber man erkennt sie vielleicht erst zu einem späteren Zeitpunkt. Da jedoch gewöhnliche Modellierarbeiten auf die Dauer keinen Bestand haben, üben Sie sich jetzt schon im Gipsabguß mit verlorener Form, damit er 105

Ihnen später auch bei wertvolleren und komplizierteren Arbeiten wohl gelingt.
Das Arbeitsprinzip beim Modellieren heißt Antragen. Es ist ganz natürlich, daß von jedem Bildhauer dabei häufig ein wenig zuviel des Guten getan wird und daß er wieder wegnehmen muß. Außerdem ergeben sich während der Arbeit selbst nach genauester Konzeption doch noch mindestens geringfügige Änderungen, und eben sie führen oft genug zur höchsten Steigerung des Ausdrucks. Ein winziges Variieren der Pose, besonders bei Ganzfiguren, mit dem entsprechenden Ausgleich der Oberflächenplastik, kann die großartigsten Überraschungen bringen.
Zum fachgerechten Abtragen dient die Modellierschlinge. Grundsätzlich nimmt man mit ihr nur Spuren weg. Das geschieht durch überkreuzendes Schaben, wobei die rechte Hand die Schlinge führt, die linke aufdrückt. Genauer gesagt, ist die Schlinge zwischen Druck und Gegendruck beider Hände fest eingespannt. Dadurch allein kommt die absolut sichere Führung zustande. Man schabt über Kreuz, weil beim Arbeiten in nur einer Richtung unweigerlich Rillen oder Gruben entstehen. Dieses Hantieren mit der Schlinge ist ein sehr eigentümlicher, nicht recht zu beschreibender Vorgang, und doch lernt es jeder von selbst, wenn er die Schlinge nur richtig anfaßt: mit kräftigem Druck und Gegendruck der beiden Hände, auch dann, wenn die wegzunehmenden Mengen winzig sind. In diesem Paradoxon liegt geradezu das kleine Geheimnis, und ich möchte behaupten: wer es begriffen hat, kann modellieren. Dann gelingt ihm die pralle Spannung der einzelnen plastischen, an sich schon präzis zusammengedrückten Buckel, indem sie auf das Notwendigste abgeflacht werden. Und es gelingen die weichen Übergänge in den Tiefen und die geschmeidige Glätte straffer Haut.
Voraussetzung ist, daß die Brockenanträge fest angedrückt oder angeklopft wurden. Ferner sollte die Schlingenschneide gezähnt sein, weil Sie an deren Spuren sicher erkennen, wie sie gearbeitet hat: wie gesagt, soll die Schlinge niemals nur

Werkzeuge in nat. Größe. Von links nach rechts: Mittlere und kleine Schlinge (mit Schema der Drahtprofile); ungeeignete Rundschlinge; drei Modellierholz-Formen, die letzten beiden mit Profilansichten

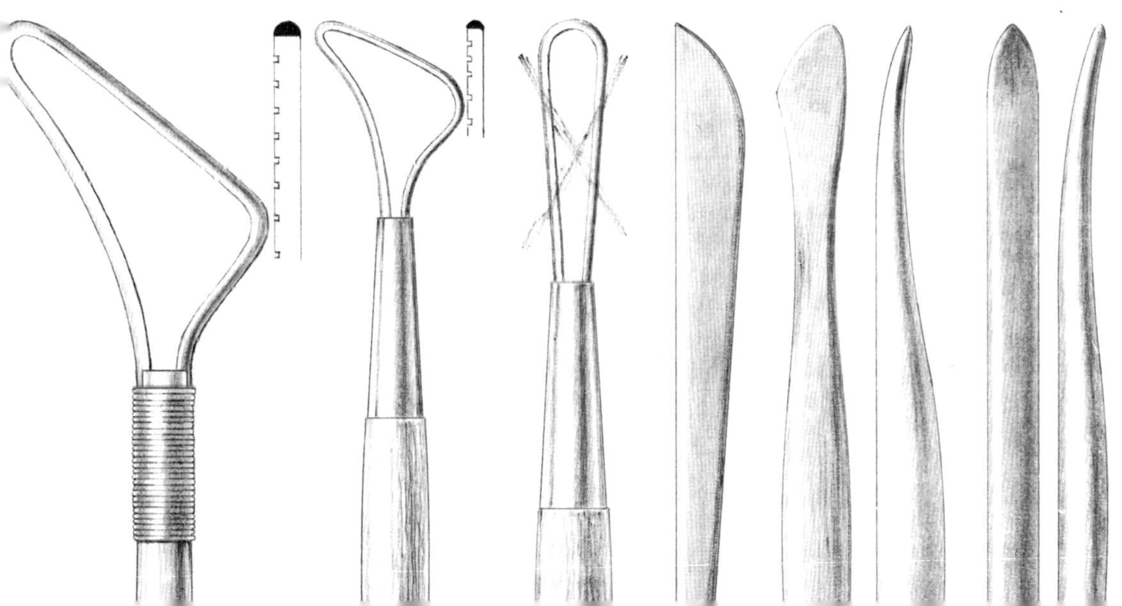

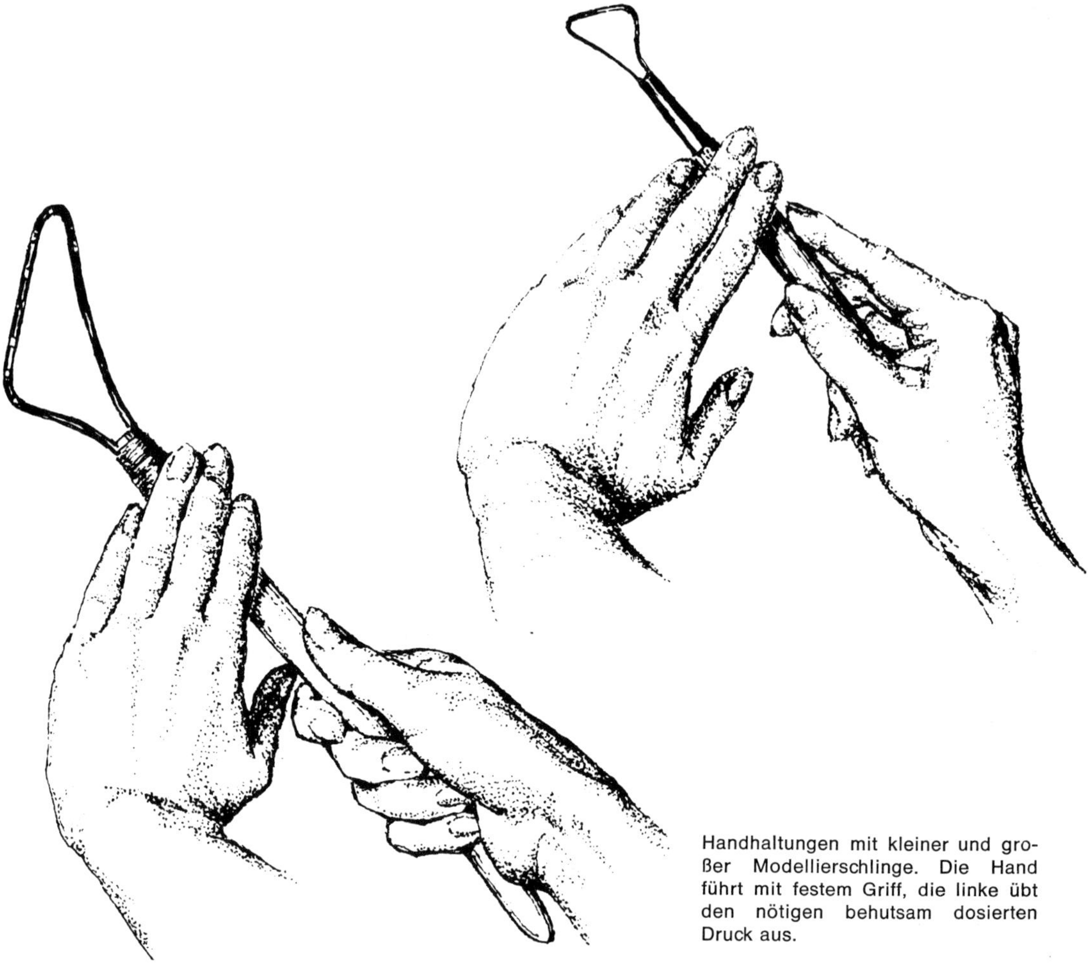

Handhaltungen mit kleiner und großer Modellierschlinge. Die Hand führt mit festem Griff, die linke übt den nötigen behutsam dosierten Druck aus.

in einer Richtung geführt werden, sondern stets über Kreuz, damit nicht etwa unplastische Abflachungen entstehen. Die Kreuzschraffuren, welche die Zähnung ähnlich hinterläßt wie die Zahneisen beim Bearbeiten von Marmor, Kalk- oder Sandstein, gehen in reizvoller Weise mit dem Krakelee der Brockenanträge zusammen. Die Kreuzschraffuren müssen durchaus nicht die gesamte Oberfläche überziehen. Sie dürfen nicht zur »Mache« werden. Es soll nur das Notwendigste getan werden, allein dadurch entsteht eine arbeitsgerechte Oberfläche, bei keiner bildhauerischen Technik sollte etwas anderes versucht werden.

Am ehesten verführen dazu die Modellierhölzer. Es ist unglaublich, welche Unzahl an Formen in jedem Fachgeschäft kistenweise angeboten werden. Wirklich notwendig sind sie nur für Miniaturen und auch dafür genügen zwei oder drei verschiedene Hölzer. Sie brauchen vor allem eines mit flachem, schrägem Ende und könnten es auch selbst aus einem passenden Stückchen Hartholz mit dem Taschenmesser zurechtschnitzen und -schleifen. Das Holz wird verwendet, als sei es ein winziger Finger, zum Beispiel, um Augen- und Mundpartien, die Nasenflügel und die Ohrmuscheln auszuformen — eben all das, wofür Ihre Finger zu

Michelangelo Buonarroti (1475–1564). Kopf des Jesuskindes aus dem unvollendeten Marmorrelief »Pitti-Madonna«, um 1505. Florenz, Nationalmuseum. Die knapp originalgroße Wiedergabe zeigt in geradezu klassischer Weise die Führung des offenbar vierzahnigen Flachmeißels – ähnlich würde beim Tonmodell eine entsprechend gekerbte Schlinge gehandhabt.

grob sind und auch die Schlinge kaum hinkommen kann. Mit dem Holz werden kleinste Tonbrocken aufgenommen und angedrückt, und Andrücken genügt auch, um zu hoch aufgebuckelte Stellen abzuflachen. Schaben würde stets unplastische Vertiefungen ergeben, und noch schlimmer wären eingezeichnete Rillen. Betrachten Sie das Modellierholz lediglich als ein zuweilen notwendiges Übel, es verdient keinen Lobgesang wie die Schlinge, die Klötzchen und der Schlegel.

Akt

Anfang und Ende aller plastischen Kunst ist die Auseinandersetzung mit dem menschlichen Körper. Sein Bau und seine Funktionen sind auch die beste Grundlage zum Verständnis der Anatomie aller bildhauerisch darstellbaren Tiere und ihrer Bewegungen. Für Ihre ersten Versuche im Aufbau menschlicher Figuren wählen Sie am besten ein einheitliches Längenmaß von 40 cm. Mit diesem Vorschlag verbinden sich folgende Vorteile:

1. Das Maß für Ihre ersten Versuchsfiguren sollte einheitlich sein, weil Sie dann nicht jedesmal neue Anfangsschwierigkeiten mit den Proportionen haben. Durch die Wiederholung etwa gleichbleibender Abmessungen gewinnen Sie eher einen Blick für innere Maßverhältnisse. Sie können dann die in verschiedensten Posen modellierten Figuren genauer miteinander vergleichen, als wenn Sie jedesmal einen anderen Maßstab wählen. Wichtig ist das vor allem auch, um die Aufbau- und Darstellungsunterschiede zwischen männlichen und weiblichen Figuren zu studieren. Schließlich erkennen Sie bei maßstabgleichen Arbeiten eher, welche Partien Ihnen immer wieder mißlingen und mit denen Sie sich dann am besten in Einzelstudien befassen. Jeder Anfänger hat solche Schwierigkeiten, je eher er sie überwindet, um so mehr wachsen Selbstvertrauen und Freude an der ganzen Arbeit.

Haben Sie keine Sorge, beim Modellieren einer Reihe maßstabgleicher Figuren einseitig zu werden: wenn Sie überhaupt erst ein Gefühl für Proportionen und Pla-

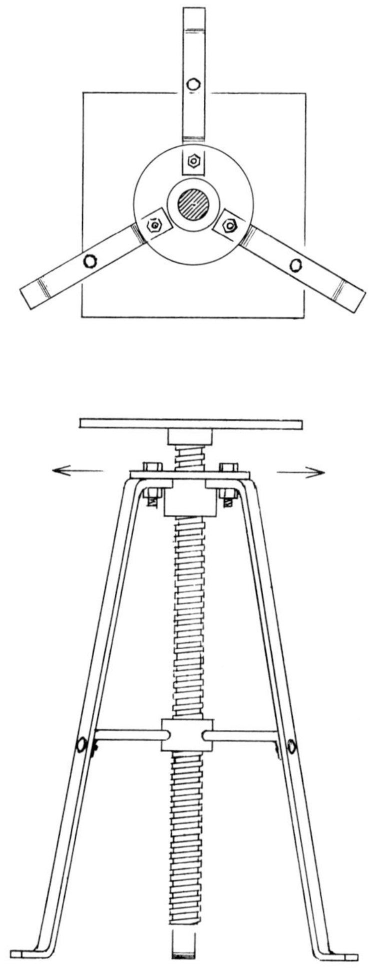

Eiserner Modellierbock, gleichzeitig Drehscheibe, zum Nachbau in einer Schlosserei (Bauprinzip: Klavierhocker). Draufsicht in Höhe der beiden Pfeile und Aufriß, Maßstab 1 : 10.

Eine passende Spindel mit zwei Gewindemuffen beschafft ein Schlosser unschwer beim Schrotthändler, die übrigen Materialien hat er gewöhnlich vorrätig: eine 5 mm starke Eisenplatte 30 × 30 cm, Bandeisen vom Querschnitt ca. 8 × 25 mm, passende Rundstäbe und Schrauben. Die Maße müssen nicht genau eingehalten werden. Es sollte bei der Konstruktion jedoch eine Höhenverstellbarkeit von etwa 70 auf 90 cm erreicht werden.

stik der einzelnen Formen haben, gelingen Ihnen andere Figurengrößen ohne weiteres.

2. Größen, die einer stehenden Figur von etwa 40 cm Höhe entsprechen, bewältigen Sie noch ohne Werkstatt, besondere Einrichtungen und zahlreiche Werkzeuge. Ein fester Tisch (wenn Sie im Stehen arbeiten, mit einer entsprechenden Kiste darauf) – eine einfache Drehscheibe von 25 bis 30 cm Kantenlänge – ein Modellierholz und eine Schlinge mit etwa 3 cm breiter Schräge – das ist alles. Für den Gerüstbau genügen Drähte, die Sie noch bequem biegen und notfalls auch noch während der Arbeit ein wenig verändern können.
Mit kleineren Figuren zu beginnen hat wenig Sinn, weil die Details zu winzig werden. Größere erfordern massivere Gerüste und Hilfsmittel, außerdem entsprechend mehr Zeit. Sie kommen besser voran, wenn Sie sich nicht endlos an einer Figur abquälen, sondern häufig von vorn anfangen und lieber Fehler stehenlassen, als sie an einer einzigen Arbeit endlos zu

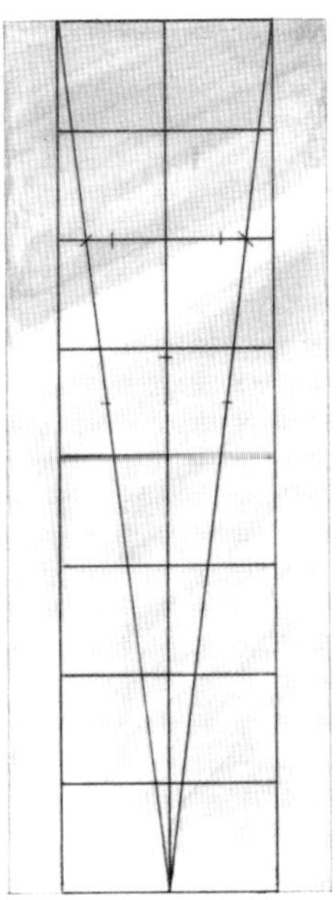

Proportionsschema auf Klarsichtfolie, ca. 1 mm. 1/5 der nat. Größe (für 40 cm hohe Figuren). Die Linien werden am besten eingeritzt und dann mit Tusche nachgezogen.

korrigieren. Durch Vergleiche wird Ihnen am ehesten klar, was noch zu verbessern ist, auch gewinnen Sie so den nötigen Abstand zu dem, was Sie bereits getan haben.
Figuren mit dem Grundmaß von etwa 40 cm Höhe können Sie auch noch relativ leicht abgießen. Je kleiner sie werden, um so heikler ist diese Arbeit. Größere erfordern immer mehr Aufwand und schließlich Fachkenntnis eines gelernten Gipsgießers.

3. Der Höhe von 40 cm liegt ein Proportionsschema mit 5 × 5 cm messenden Quadraten zugrunde – ein einprägsames Maß, besonders wenn Sie an die Verdoppelungen auf 10 und 20 cm denken, die häufig vorkommen (Körperbreite, halbe Höhe usw.). Es wäre freilich kein großer Unterschied, wenn Sie von 4 × 4 oder 6 × 6 cm großen Quadraten ausgingen. Im folgenden will ich aber bei dem Mittelmaß von 5 × 5 beziehungsweise der Höhe von 40 cm bleiben. Zeichnen Sie also nach meinen Angaben ein Proportionsschema auf steife Klarsichtfolie, dazu auch noch ein einzelnes und ein Doppelquadrat zum Anlegen bei anderen als aufrechten Figuren.
Ähnlich wie beim Kopf bilden geometrisch definierbare Körper auch die Formgrundlagen einer Aktfigur. Solche einfachen Körper denkt man in die darzustellende Gestalt hinein, etwa so, als handle es sich um die Bestandteile einer später zu drapierenden Gliederpuppe. Sie sollen zunächst einzeln modelliert und dann zu einer Schemafigur zusammengebaut werden.
Nehmen Sie als Kopf die einfache Eiform, der Hals ist ein schräg angeschnittener Zylinder, der Rumpf bis zur Taille (ohne Schultergürtel) ist ein Faß mit ovalem Querschnitt, die Beckenregion ein Kegelstumpf mit ebenfalls ovalem Querschnitt, die Oberschenkel sind langgestreckte Ke-

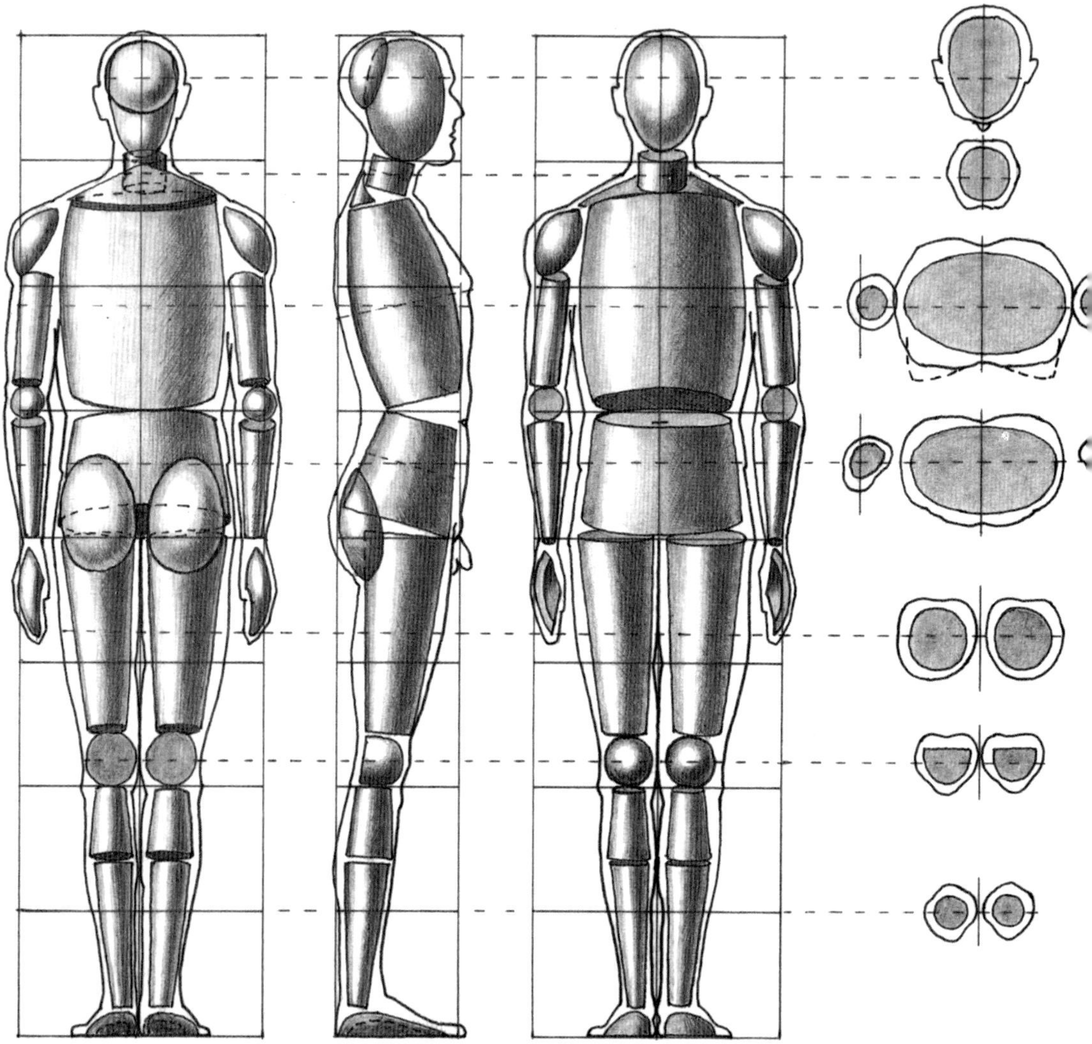

Stereometrische Formgrundlagen für Aktfiguren, eingezeichnet in natürliche Umrisse. Links: männliche Figur in Rück-, Profil- und Frontalansicht. Rechts: Horizontalquerschnitte im Bereich der Strichellinien in Draufsicht. Die Kernquerschnitt-Tonflächen sind umgeben von den natürlichen Querschnittkonturen.

gelstümpfe, die Unterschenkel setzen sich aus je zwei, mit den Grundflächen gegeneinander gerichteten Kegelstümpfen zusammen – je einem kurzen und dicken sowie einem schlanken. Der Fuß kann durch eine doppelt gewölbte Platte angedeutet werden, die Kniegelenke, Schulter- und Ellenbogengelenke durch Halb- oder Drittelkugeln. Der Oberarm ist ein Zylinder, der Unterarm ein langgestreckter Kegelstumpf, die Hand wird zu einer ovalen Platte. Nacken und Rückenschulter bilden eine dünne, gebogene Dreiecksplatte, und die Gesäßmuskulatur gleicht zwei Halbellipsoiden.

Wenn Sie etwas härteres Plastilin als das übliche bekommen können oder Ton haben, der nicht mehr ganz weich ist, so stellen Sie die Einzelformen daraus her, weil sie besser in Fasson bleiben und

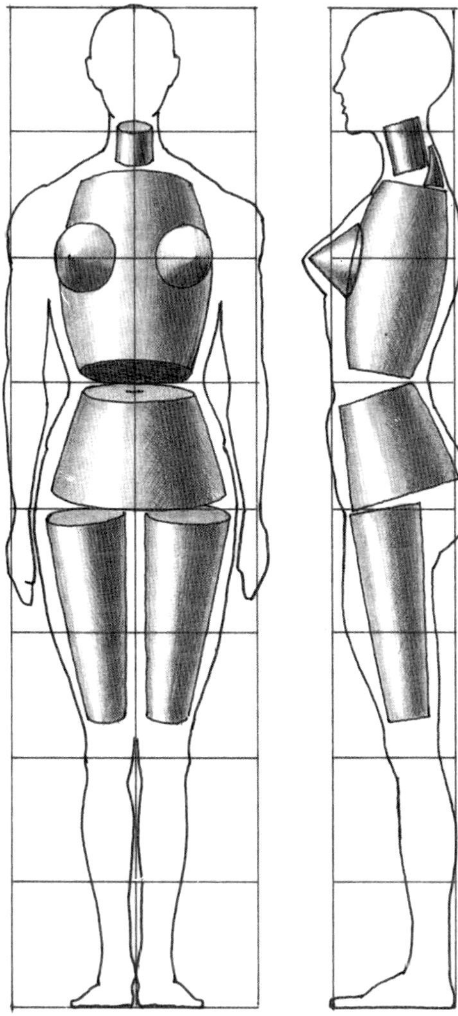

Weibliche Schema-Figuren zeigen gegenüber männlichen deutlicher ausgeprägte Faß- und Kegelstumpf-Formen.

ohnehin nicht regelrecht modelliert werden. Sie können die Stücke als Ganzes zusammenkneten oder zusammenrollen und mit dem Messer zurechtschneiden. Die Stücke sollten deshalb eher zu groß begonnen werden.

Zu klein geratene Stücke machen Sie lieber noch einmal, weil Ihnen formgerechtes Antragen bei den losen Teilen doch nicht recht gelingt. Als Maßstab dient von Anfang an das Proportionsgerüst, als Vorlage nehmen Sie die Zeichnungen zur 132f. Proportionslehre.

Da es selbst mit sehr hart gewordenem Ton kaum möglich ist, aus den Einzelteilen eine aufrechte Figur zu montieren, stellen Sie wenigstens eine liegende zusammen oder einen Torso. Als Verbindungen dienen eingesteckte Drahtstücke oder Streichhölzer. So sehen Sie, wie alles zusammengehört und können dann ohne weiteres eine aufrecht stehende Schemafigur gleich als Ganzes aufbauen und ausarbeiten.

Dazu brauchen Sie natürlich ein festes Gerüst. Als Vorübung sollten Sie zunächst einige 20 bis 30 cm hohe Haltungsfiguren aufbauen, zusammengesetzt aus teils inneren, teils äußeren Bewegungslinien. Ein entsprechendes Proportionsschema brauchen Sie dazu kaum, es geht auch ganz gut mit einzelnen maßgerecht geschnittenen Stäbchen oder nur mit dem Zentimetermaß. Für die kleinere Abmessung der Figuren genügt 1 mm starker Plastikdraht, der sich leicht biegen läßt, sowie eine Grundplatte von etwa 15 × 15 cm. Solche, gegebenenfalls auch 40 cm hohe Haltungsfiguren aus stärkerem Plastikdraht empfehlen sich immer, ehe Sie mit Vorbereitungen für die eigentliche Modellierarbeit beginnen. Vor allem fällt Ihnen dann der Gerüstbau wesentlich leichter. Er muß sehr solide ausgeführt werden und sollte endgültig sein, weil nachträgliche Haltungsänderungen schwierig und nur beschränkt möglich sind.

Während Plastikdraht-Figuren sich selbst tragen, braucht das Modelliergerüst eine feste Verankerung, zumindest bei aufrechten Posen. Sie geht von einem etwa 30 cm langen Bambus aus, diesmal eingezapft an einer Ecke der Grundplatte. Von dieser Stange führt ein haltender Draht bis zum Gerüst, das er etwa in der Kreuzgegend der Figur umschlingt.

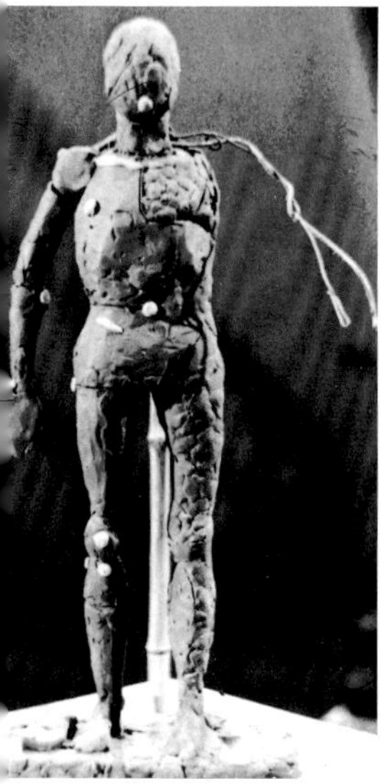
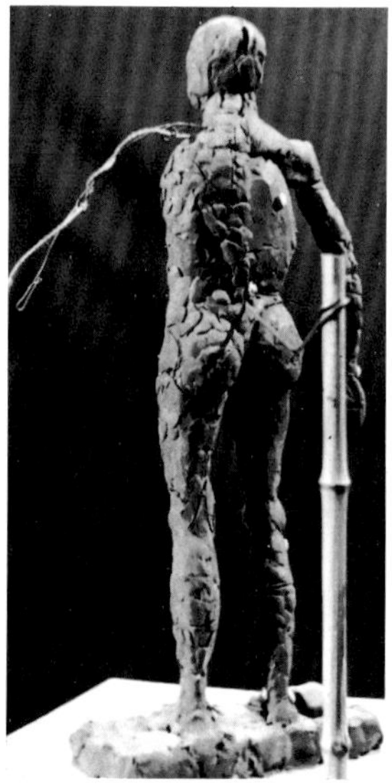

Aufbau einer männlichen und weiblichen Figur aus stereometrischen Grundformen (diese bei der weiblichen aus weißem Plastilin) mit begonnener Aufmodellierung der natürlichen Formen.

Die Fußhaken der Beindrähte müssen ebenfalls fixiert werden. Das geschieht mit kräftigen, kurzen Rundkopf-Schrauben, verchromt oder aus Messing, damit sich im Ton oder beim Gipsabguß kein Rost bilden kann. Die Beinhaken biegt man zu passenden Ösen, bringt sie in die richtige Position, zeichnet die Ösenmitte an und bohrt die Einschraublöcher ein wenig vor. Nur so gelingt das Eindrehen der Schrauben mühelos und sicher. Versuchen Sie nicht, die Ösen mit eingeschlagenen und umgebogenen Nägeln zu sichern. Erstens halten sie nie, und zweitens lassen sich die Schrauben bei eventuellen Positionsänderungen bequemer entfernen und an anderer Stelle einbohren. Erweist sich das als notwendig, wenn die Figur schon halb fertig ist, so graben Sie ziemlich große Stücke aus dem Sokkel, damit die Beindrähte ausreichend Bewegungsfreiheit haben, um die veränderte Position einzurichten.
Ein Sockel gehört eigentlich zu jeder modellierten Figur, vor allem wenn sie nachher abgegossen werden soll. Modellieren Sie den Sockel regelrecht mit Tonbrocken auf die Grundplatte als präzisen, flachen Quader. Das ist gar nicht so leicht, aber nebenbei eine nützliche Übung: wer technische Formen exakt modellieren kann, dem gelingt auch die klare Ausbildung natürlicher Formen. Der Sockel sollte nur knapp über die Ausladungen der Figur hinausragen und stets genau rechtwinklig oder kreisrund modelliert werden. Plastiken gehen mit architektonischer Strenge und Geradlinigkeit gut zusammen, nicht aber mit weichen Phantasieformen! Modellieren Sie also fürs erste einen quadratischen Sockel, dessen Kanten genau parallel zu denen der Grundplatte verlaufen, mit einer Dicke von 3 cm. Versuchen Sie, das einmal ganz genau zu machen. Legen Sie eine kleine »Richtlatte« an, also einen absolut geraden Vierkantstab oder ein Lineal, und stecken Sie

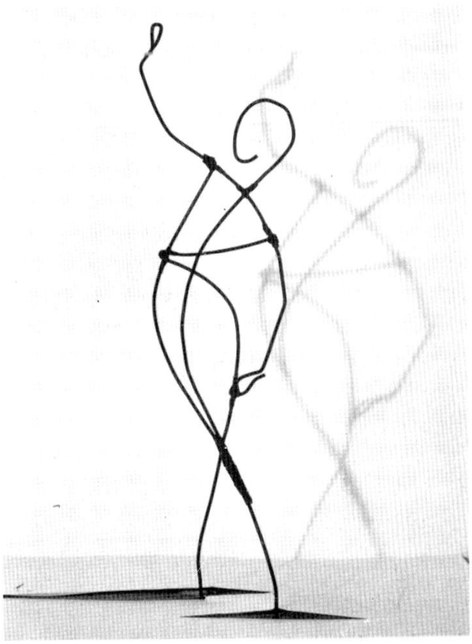

Dreidimensionale Drahtfiguren-Skizzen, 30 cm hoch, nach zeichnerischen Skizzen im Sinne der Schattenbilder. Verwendet wurde Plastikdraht mit 1 mm dicker Eisenseele, verbunden mit schmalem, zähen Klebeband. (Die angeschraubten Fußenden sind mit dünnem Papier bedeckt.) Wer etwas Erfahrung mit Metallarbeiten hat, kann diese Technik auf reizvolle Weise ausbauen und nicht nur Draht, sondern auch Bandmetall verwenden. Die Verbindungsstellen werden dann natürlich zugefeilt und angeschmiedet oder angelötet. Interessante Wirkungen ergeben sich mit patiniertem Kupfer, oxydiertem Silber oder rostüberzogenem Eisen. Voraussetzung wird aber stets die einfache Plastikdraht-Skizze sein.

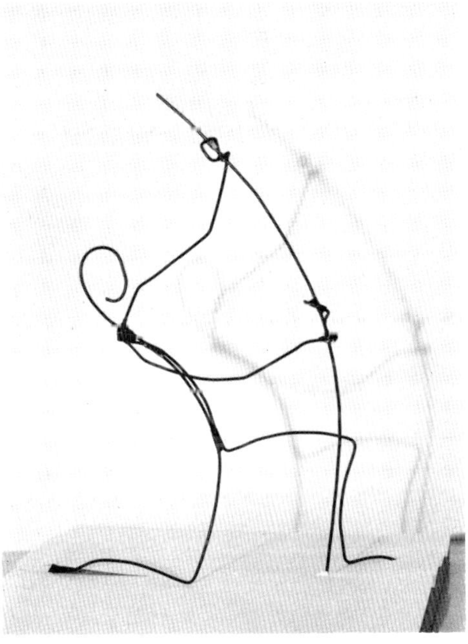

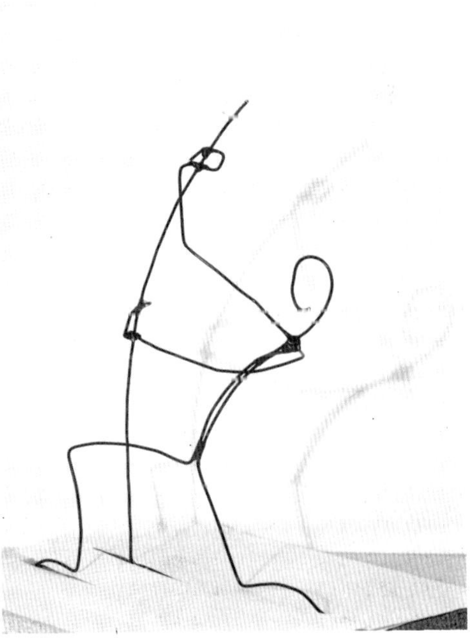

auf 3 cm markierte Streichhölzer ein, um die Dicke zu messen. Mit der kreuz und quer aufgelegten Richtplatte wird geprüft, ob die Sockeloberfläche auch tadellos eben wird. Das erreichen Sie einmal durch sorgsames Andrücken und leichtes Schlagen mit den Holzinstrumenten, zum andern kann vorsichtig mit einer möglichst großen, kreuz und quer geführten Schlinge abgenommen werden. Schmieren und Wischen ist auch bei technischen Formen »streng verboten«! Es soll immer zu sehen bleiben, daß die Sockelplatte modelliert wurde. Da die Beindrähte mit ihren Haken auf der Grundplatte aufsetzen, müssen Sie also bei den Unterschenkel-Längen die Sockeldicke zugeben, die Figurenhöhe rechnet man immer von der Sockeloberfläche ab.

Für 40 cm hohe Figuren ist 2 bis 2,5 mm starker Draht geeignet. Schwächerer würde die Figur eventuell zusammensacken lassen, stärkerer ist schwer zu biegen – wer kräftige Hände hat und genügend Übung, kann auch 3 mm starken Draht nehmen; noch dickerer wäre ungeeignet, weil er kaum noch leichte Korrekturen während der Modellierarbeit zuläßt. Wem der Gerüstbau gar zu schwer fällt, sollte bei einem freundlichen, womöglich musisch interessierten Schlosser oder Spengler ein paar Stunden in die Lehre gehen. Es lohnt sich mehr, als man glaubt, man fühlt sich nach solchem Unterricht als Fachmann und hat nur noch ein Lächeln für die ersten, oft so kümmerlich verunglückten Versuche.

Die »Drahtseele« der Figur zeichnet schematisch einige wichtige Skeletteile nach: die Wirbelsäule, das Schädelprofil, die Beckenausladung und die Beinknochen. Schulterlinie und Arme bestehen nur aus 1 mm starkem Draht in einem Stück, den eine Verschlingung in Höhe der oberen Brustwirbel an der verzwirnten Wirbelsäule festhält. Die Schulter- und Armgelenke werden durch Kreisschlingen angedeutet, ebenso die Handteller. Solche Schlingen wären auch für die Hüft- und Kniegelenke angebracht, sie müßten jedoch millimetergenau sitzen und präzis gebogen werden. Es geht aber auch ohne sie. An der Drahtseele allein würde der Ton nicht haften bleiben, sie wird deshalb ziemlich dicht mit dünnem Messingdraht oder faseriger Packschnur umwickelt. Die große Masse des Rumpfes gewinnt durch eingehängte und mit der Wirbelsäule verschnürte Korkknebel oder Stükke von Schaumstoff den notwendigen Halt.

Das so vorbereitete Gerüst wirkt nicht besonders anregend, umhüllen Sie es sogleich von unten nach oben mit gut angedrückten Tonbrocken. Denken Sie dabei noch nicht an bestimmte Formen. Bevor Sie sich damit befassen, klären Sie noch einmal die Haltung und die Stellung der Einzelformen zueinander. Das geschieht an Hand einiger zeichnerischer Skizzen von vorn, rückwärts und von der Seite gesehen. Berühmte Bildhauer haben das auch oft getan. Die Skizzen sind schon deshalb notwendig, damit Sie beim Folgenden nicht immer auf Ihr Modell angewiesen sind und in aller Ruhe weiterarbeiten können.

Nachdem also die Drahtseele eine Tonumhüllung bekommen hat, beginnen Sie mit dem Antrag der geometrischen Grundformen. Um jedes Mißverständnis auszuschließen: sie werden jetzt selbstverständlich aus kleinen Tonbrocken modelliert! Die Herstellung der vorhergehenden Einzelformen durch Kneten und Rollen war eine große Ausnahme. Gehen Sie von den dicken Stellen aus, die entsprechend Ihren Skizzen rundherum anzutragen sind. Von ihnen aus modellieren Sie dann zu den dünneren Stellen hin, und zwar möglichst gradlinig. Sie wiederholen also die bereits geübten geometrischen Grundformen in einem Ganzen. Am Ende ähnelt die Figur etwa einer mittelalterlichen Ritterrüstung. Bedenken Sie jedoch einen wichtigen Unterschied: die einstigen Rüstungen lagen *über* dem Körper, während Sie jetzt dessen *Kernformen* antragen. Das Ganze muß also überschlank bleiben, schlanker als die natürlichen Formen, die Sie anschließend aufmodellieren werden. Sie sollten zwar auf eine möglichst präzise Ausbildung der Grundformen bedacht bleiben, können aber trotzdem schon mancherlei in glatten Übergängen zusammenfassen. Beginnen Sie mit der Ausarbeitung natürlicher Formen erst, nachdem Sie bereits studienhalber zwei Grundfiguren aufgebaut hatten: eine männliche und eine weibliche.

Während Sie die bisherigen Versuche und den Gerüstbau wohl an einem Tisch sitzend ausgeführt haben, sollten Sie sich nun angewöhnen, möglichst im Stehen zu arbeiten. Sie bleiben dabei beweglicher und temperamentvoller, treten auch öfter zurück, um das Ganze zu überschauen. Gehen Sie auch ab und zu um die Figur herum, statt sie nur zu drehen: unter anderem Lichteinfall entdeckt man oft Fehler, die bei ständig gleicher Beleuchtung manchmal übersehen werden. Sitzen macht unwillkürlich ein bißchen

Gerüstbau für aufrechte Figuren von 40 cm Höhe (über dem Sockel gemessen). Maßstab 1 : 20, die Zeichnungsmaße sind bei der praktischen Ausführung also mit 5 zu multiplizieren. 1 = das Proportionsschema zum Vergleich. 2 = Plastikdraht, ca. 2,5 mm stark, U-förmig mit gleichen Schenkellängen gebogen. 3 = der Draht maßgerecht verzwirnt und gebogen, dabei ist die »Wirbelsäule« so lang zu bemessen, daß bei der nachfolgenden S-Krümmung die Kopfhöhe mit der Scheitellinie übereinstimmt. An den Unterschenkeln ist die Sockelhöhe (unterste Strichellinie) zuzugeben. Die Anbiegung der Fußösen wird erst vorgenommen, wenn die Beinstellung klar ist (6!). 4 = das Hauptgerüst im Profil, bereits auf die Grundplatte geschraubt. 5 = Frontalansicht mit Schulter- und Armskelett aus 1 mm starkem Draht. 6 = das Gerüst in Laufposition gebracht, das zurückgesetzte Bein verlangt eine Längenzugabe des Gerüstdrahtes. Die von der Kreuzbeingegend ausgehende Verankerung des Gerüstes am Bambus geschieht mit mehreren Windungen, so daß durch Auf- oder Abwickeln nachträglich noch eine Zurück- oder Vorwärtsneigung der Figur möglich bleibt.

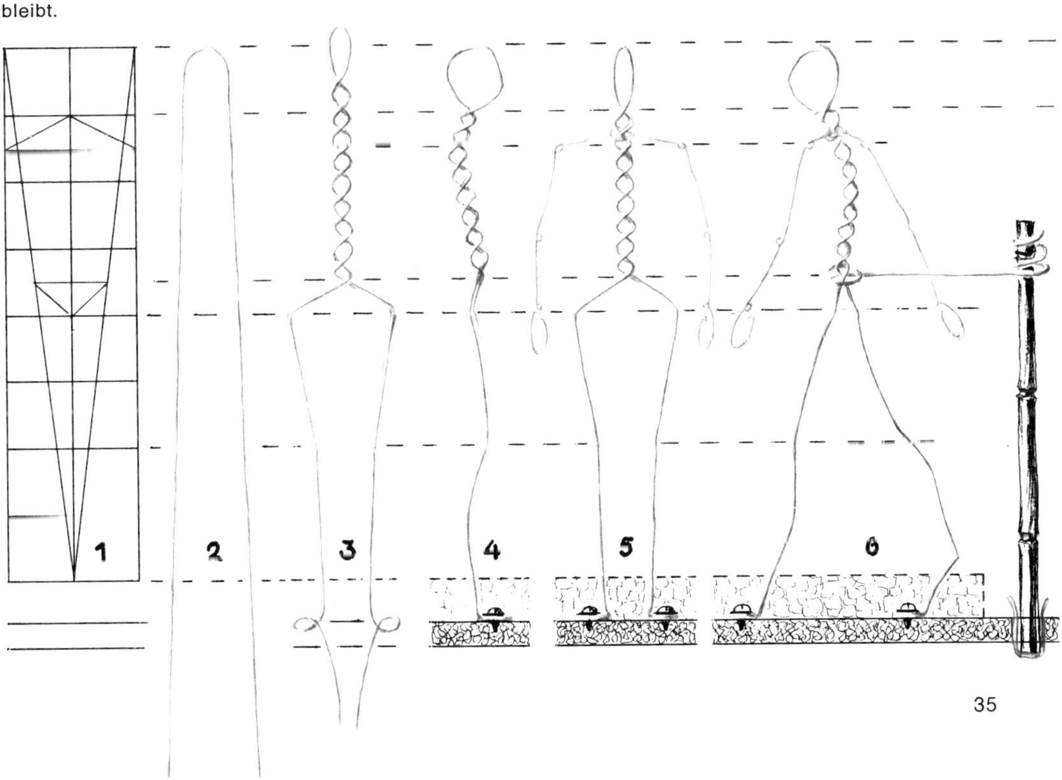

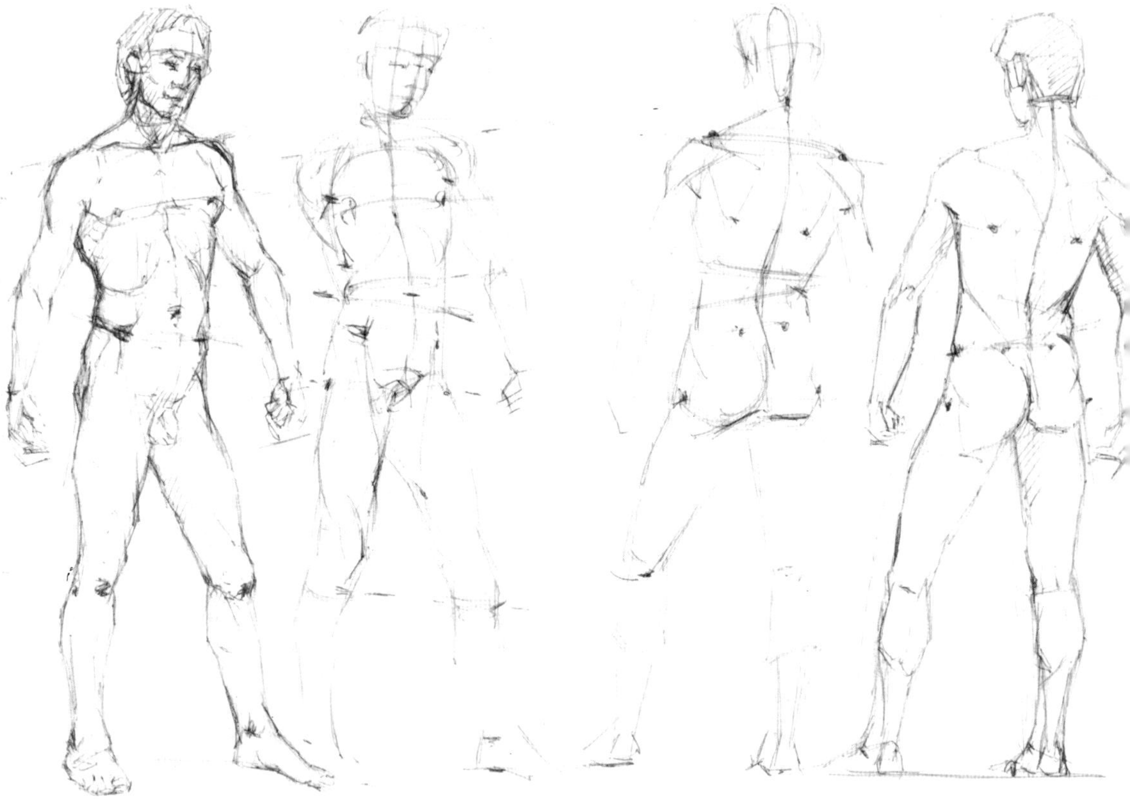

Werkzeichnung zur Anatomie-Studie. Dabei kam es natürlich nicht auf »künstlerische« Wirkungen an, sondern lediglich auf die Klärung der Haltung, Proportionen und plastischen Formbildung. Im übrigen handelt sich hier um eine »Kontrapost« genannte Stellung, das heißt, das Gewicht der Figur ruht überwiegend auf ihrem rechten »Standbein«, während das linke »Spielbein« nur leicht aufstützt. Daraus ergibt sich stets eine unwillkürliche Neigung des Oberkörpers nach außen über die Standbein-Lotrechte, um die Haltung zu stabilisieren.

faul, daran sollte man sich erinnern, wenn dauerndes Stehen zu anstrengend ist. Beim Porträt wird das Modell wahrscheinlich sitzend geduldiger sein, und da Sie den Kopf Ihres Gegenüber meistens in Augenhöhe haben müssen, können Sie nicht stehend arbeiten. Wechseln Sie jedoch zuweilen Ihren Platz und damit den Lichteinfall.

Verwenden Sie Ton, so müssen Sie bei jeder Arbeitsunterbrechung die Figur mit ein wenig Wasser ansprühen und sie in Plastikfolie hüllen, sobald der Ton das Wasser aufgesogen hat. Es dauert nicht lange, Sie erkennen den rechten Zeitpunkt, wenn der feuchte Glanz verschwunden ist. Arbeiten Sie längere Zeit hintereinander an einer Figur, womöglich in einem sehr warmen Raum, dann muß von Zeit zu Zeit das verdunstete Wasser ebenfalls durch Ansprühen ersetzt werden. Pausieren Sie dann jedesmal, bis das Wasser aufgesogen ist, sonst haften die folgenden Anträge nicht gut.

Ich gebe zu, daß es für Sie vielleicht langweilig wird, nach meiner Studien-Reihenfolge vorzugehen, daß Sie schon darauf brennen, endlich mit etwas Reizvollerem zu beginnen. Das wäre auch keineswegs zu Ihrem Nachteil: wer etwas vornimmt, was er vermutlich noch nicht recht »kann«, der weiß am Ende um so sicherer, was er noch studieren und üben muß. Wenn Sie dann wieder zum rein

Handwerklich-Technischen zurückkehren lernen Sie rascher und nachhaltiger.
Gehen Sie beim Aufbau Ihrer Figuren immer von Kernformen aus, dann gewinnen Sie auch den sichersten Anhalt für eine anatomisch richtige Oberflächenplastik. Die Kernform kann natürlich mit der Zeit etwas großzügiger und einfacher angelegt werden, jedoch proportionsgenau und so straff, daß ein klarer Unterschied zu den natürlichen Formen gewahrt bleibt. Beginnen Sie diese zu früh, womöglich nach eingehendem Studium der Anatomie, so kämen Sie kaum in absehbarer Zeit zu befriedigenden Ergebnissen. Der Anfänger stolpert dann geradezu über die verwirrende Vielfalt der Muskelformen mit ihren Verflechtungen und Überlagerungen. Er modelliert, was er weiß, und nicht, was er sieht: nämlich die oft weitgehende Nivellierung durch das Unterhaut-Fettgewebe, die eigentlich erst die Schönheit des menschlichen Körpers zur Geltung bringt. Der manchmal so bestaunte Muskelprotz mit dümmlichem Gesichtsausdruck wird niemals zu künstlerischen Darstellungen anregen.
Die anatomischen Vermerke, auf die ich 130 f.
mich in diesem Buch beschränken muß, genügen wohl, um grobe Fehler zu vermeiden. Das übrige ist – auch für den Berufsbildhauer – mehr eine Frage intensiver Beobachtung und Übung. Erst wenn ein erhebliches Können erarbeitet worden ist, faszinieren und bereichern eingehende Kenntnisse von inneren, nicht direkt sichtbaren Formen und Vorgängen. Wie für den Zeichner und Maler können sie auch für den angehenden Bildhauer nur den Sinn haben, Wichtiges von Unwichtigem zu unterscheiden, ihn freier zu machen vom Modell, aber auch dessen ganz individuelle Formen im Vergleich mit der Norm richtig einzuschätzen.

Anatomie-Studie in Plastilin, 40 cm hoch. Nach einigen flüchtig gezeichneten Haltungsskizzen wird das Gerüst aufgebaut und das stereometrische Schema in groben Zügen angetragen. Danach entstehen einige zeichnerische Gesamt- und Detailstudien zur Weiterarbeit ohne Modell, das erst dann wieder posieren sollte, wenn man die Formbildungen nicht mehr beherrscht und sie zielbewußt weiterstudieren muß. Die wichtigsten Proportionspunkte und Haltungslinien können mit weißen Plastilinauflagen markiert werden – ein ausgezeichnetes, leicht wieder abzunehmendes Hilfsmittel für den Anfänger.

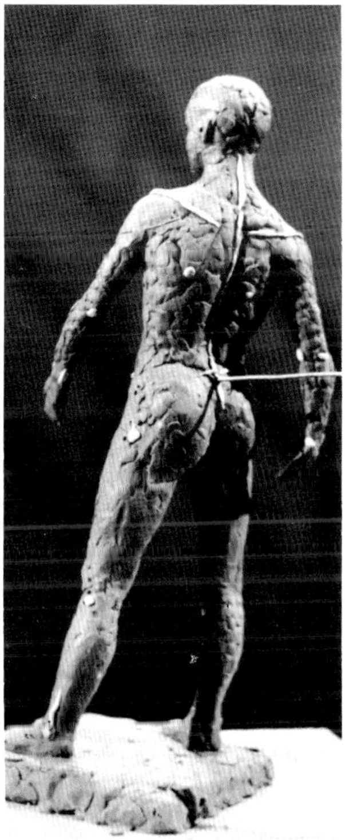

Erste Versuche zur plastischen Darstellung nackter Körper unternehmen Sie am besten fast spielerisch nur aus dem Gedächtnis. Selbst wenn Sie danach eine bestimmte Gestalt wiedergeben wollen, bemühen Sie Ihr Vorbild nicht gleich zum regelrechten Posieren unmittelbar beim Aufbau der Figur, denn die Enttäuschungen über die Unvollkommenheit des Anfangs könnten Ihnen wie Ihrem Vorbild die Lust am Weiterarbeiten nehmen. Versuchen Sie, zunächst nach zeichnerischen Gelegenheitsskizzen Ihre Figuren anzulegen. Ein Modell ist erst beim Durcharbeiten von Details notwendig, vielleicht führen Sie dann und wann eine Studie nur als Torso aus. Dazu brauchen Sie auch kein umständliches Gerüst, bei aufrechter Pose modellieren Sie um eine dünne, mitten im Grundbrett eingezapfte Bambusstange herum.

Im übrigen: haben Sie Geduld, nehmen Sie die Studien – besonders von Ganzfiguren – nicht gleich gar zu ernst. Sie verlieren sich sonst zu sehr in Einzelheiten. Viel wichtiger ist es, den Schwung am Ganzen nicht zu verlieren, öfter mit etwas Neuem und möglichst Einfachem zu beginnen. Ich weiß, daß dieser Ratschlag wahrscheinlich in den Wind gesagt ist – jeder möchte sobald wie möglich etwas Bedeutendes schaffen. Mir ist es nicht anders ergangen und deshalb kann ich aus Erfahrung bestätigen, daß jeder Versuch, anfangs gleich ausgefeilte Leistungen zustande bringen zu wollen, einen Umweg bedeutet. Bekanntlich führen jedoch auch Umwege zum Ziel . . .

Im allgemeinen ist es für den Bildhauer (ebenso wie für den Maler oder Zeichner) ohne Reiz, eine Figur in aufrechter Grundhaltung darzustellen. Oder anders gesagt: nur die ausdrucksvolle Geste reizt zur künstlerischen Gestaltung. Der sinnfälligste Ausdruck wird natürlich durch Bewegung erreicht: eine »innere«, wenn die Figur dabei in ruhiger Pose verharren kann, eine »äußere«, wenn die Figur im Begriff einer Fortbewegung oder aktiven Handlung ist. Sind solche Bewegungen nicht allzu stark, lassen sie sich ohne Schwierigkeit aus der aufrechten Grundhaltung ableiten, also auch aus einem nicht völlig starr gebauten Grundhaltungs-Gerüst.

Beim Versuch, eine in groben Zügen bereits angelegte Figur bewegter zu gestalten, ergeben sich Verlagerungen der Massen, die den Vorgängen am Lebenden ähneln: der Gerüstdraht kann in Längsrichtung ebensowenig schrumpfen oder sich ausdehnen wie das Skelett, während der Ton Dehnungen oder Stauungen mitmacht wie die Weichteile des Körpers. Der Bewegungsgrad ist natürlich nicht sonderlich groß, wenn ein bereits vorhandener Tonantrag einigermaßen erhalten bleiben soll. Kleinere Risse lassen sich wieder zusammendrücken und außerdem wird ein Übermodellieren der ganzen igur immer notwendig sein, um die verwandelten Formen zu präzisieren. Handelt es sich jedoch um grundlegende Veränderungen, dann muß ein neues Gerüst aufgebaut werden.

Vor und während solcher Experimente mit bereits angelegten Figuren sollten immer wieder zeichnerische Notizen nach dem Lebenden gemacht werden. Dabei kommt es gar nicht auf genaue Umrisse oder gar auf Perspektive, Plastik und richtige Proportionen an. Wichtig sind nur Bewegungszüge und Achsen, die die neue Pose charakterisieren. Solchen zeichnerischen Notizen wird der Aufbau einer oder mehrerer Drahtfiguren folgen. Denn keine der Linien verläuft ja in Wirklichkeit in einer Ebene wie auf dem Zeichenblatt, sondern im Raum, also dreidimensional. Das können Sie nur mit Drahtfiguren darstellen und überdies so lange an ihnen herumbiegen, bis die höchste Ausdrucksgeste erreicht ist. Danach läßt sich die angelegte Arbeit viel sicherer ändern oder

Sie sehen gleich, daß ein totaler Neubau besser zum Ziel führt. Nichts kürzt Umwege und Unsicherheiten so sehr ab, als wenn Sie möglichst viele Versuche miteinander vergleichen können, also Zeichnungen, Drahtskizzen und das bereits Modellierte. Ändern Sie dagegen ständig an einer einzigen Drahtfigur oder gar nur an der begonnenen Plastik, dann wissen Sie bald nicht mehr recht, wie es vorher war und weshalb Sie eigentlich unzufrieden wurden.

Bei zweidimensionalen Darstellungen ist es lediglich eine Frage der Auffassung oder des Geschmacks, ob man Figuren statisch ausgewogen, also standfest, wiedergibt – oder in stark bewegten Posen, in denen sie nicht einen Augenblick ruhig verharren könnten. »Umfallen« würden sie ohnehin nicht, weil sie an den Bildgrund »geheftet«, beziehungsweise mit der gleichzeitig geschilderten Umgebung eins sind. Bei freistehenden Plastiken hingegen müssen die Massen so verteilt werden, daß die Figuren nicht umzustürzen scheinen, selbst wenn die Sockel das praktisch verhindern. Das Auge will immer eine Standfestigkeit empfinden, auch wenn sie nicht wirklich vorhanden ist. Ein Gegenbeispiel mag das verdeutlichen: der schiefe Turm in Pisa ist zwar noch nicht umgefallen, doch wirkt sein Anblick sehr unbehaglich.

Die empfundene und tatsächliche Statik geht immer von einer Lotlinie aus, die entweder in einem Fußpunkt der Figur auftrifft oder, wenn sie zwei oder mehr Stützpunkte hat, im Fußpunkt der geometrischen, genauer gesagt, stereometrischen Mittellinie, die mit der Lotlinie identisch ist. Für jede Figur gibt es nur eine einzige, ganz gleich, von welcher Seite sie betrachtet wird, die Massen müssen also rings um die Lotlinie herum ausgewogen erscheinen. Wie das zu verstehen ist, zeigen Ihnen einige Untersuchungen an meisterhaften Bildwerken.

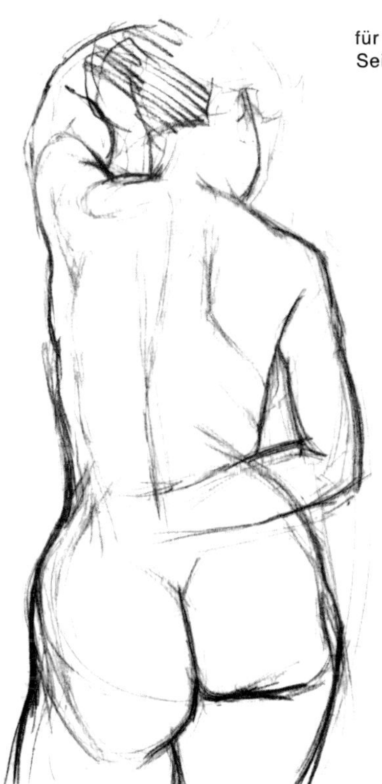

Skizzen für den Akttorso Seite 40 und 41.

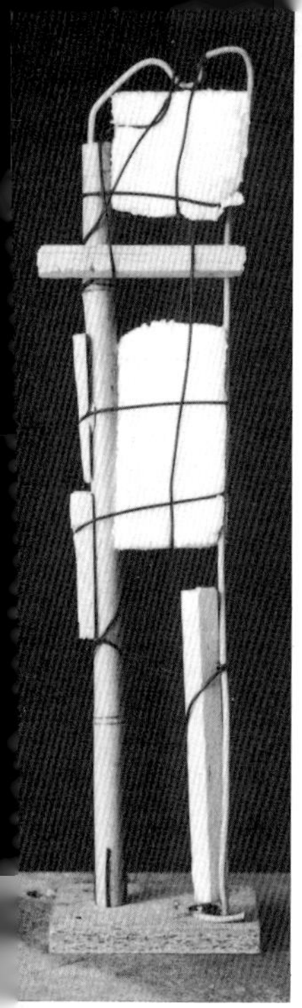

1

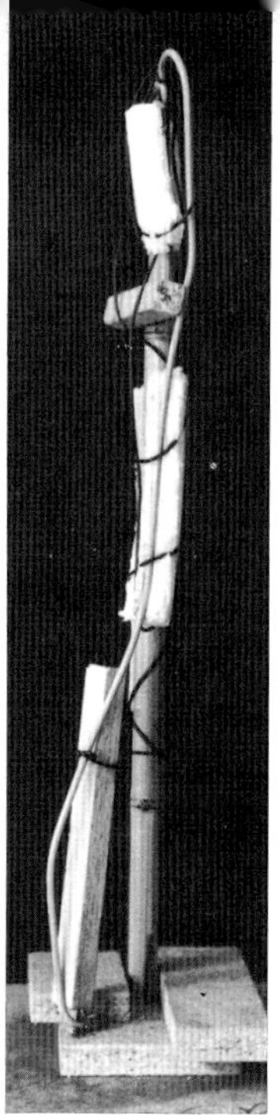

2

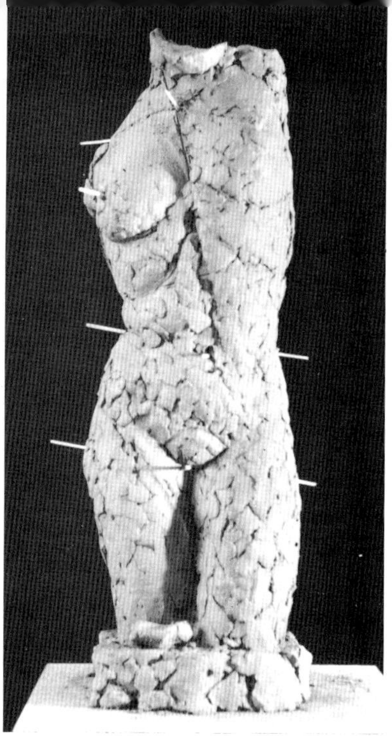

3

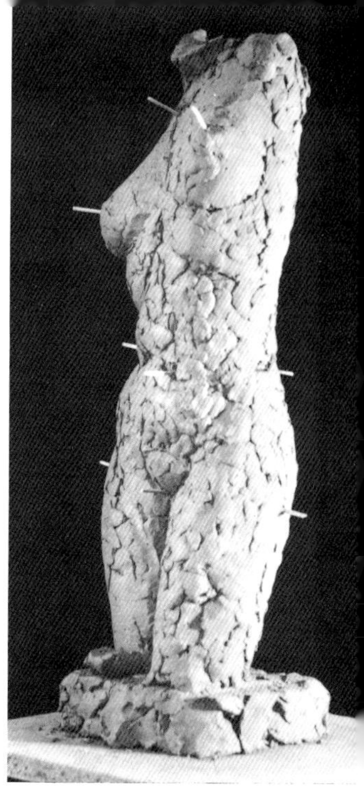

4

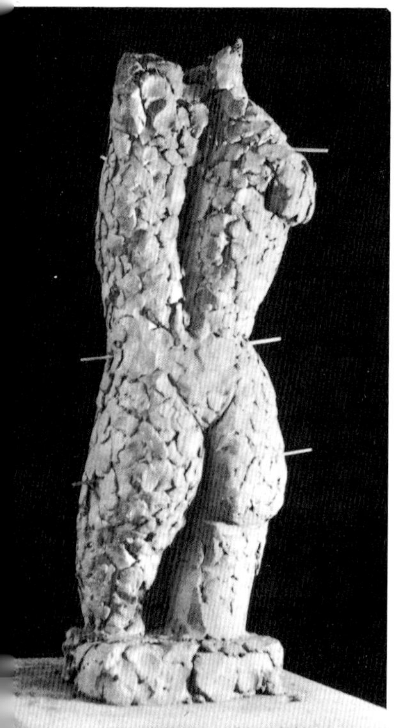

5

6

7

Die Höhe der Studie in Kontrapost-Haltung sollte etwa 55 cm betragen (einschließlich Sockel). Rechts das Standbein, links das Spielbein, der rechte Arm ist abwärts und zum Rücken gewendet, der linke angehoben und über den Hinterkopf gewinkelt. Dadurch ergibt sich eine starke, in sich ruhende Bewegung: Die rechte Flanke ist zum Gewichtsausgleich in der Taille einwärts geknickt – daher die Stauchungen der Weichteile auf dieser Seite. Die linke Flanke ist gestreckt mit entsprechender Dehnung der Weichteile, die Brustkorb und Beckenrand nur dünn überlagern. Der Kopf ist nach links geneigt und gedreht. Die Mittellinie zwischen Halsgrube und Schamfuge bildet eine S-förmige Schraubenwindung – ähnlich die Mittellinie des Rückens zwischen Nacken und Gesäßspalte. Im ganzen gesehen sind die Muskeln der rechten Körperhälfte aktiv gespannt, die der linken Seite passiv gedehnt mit weichen, lockeren Rundungen.

Abbildung 1 und 2

Das Gerüst, frontal und im Profil von rechts. Den eigentlichen Halt gibt der im verstärkten Grundbrett eingezapfte Bambus. Ein 2,5 mm starker Plastikdraht stützt die linke Körperhälfte mit dem vorgesetzten Spielbein. Dünner Draht umschnürt die als »Knebel« fungierenden Holz- und Schaumstoff-Teile. Die lose aufgelegten Klötzchen (beim Gerüstprofil) markieren annähernd die Sockelhöhe. Mit Ausnahme des Bambus erlauben alle Gerüstteile noch leichte Veränderungen während der Arbeit.

Abbildung 3, 4 und 5

Erste Anlage der Figur mit grobem Brockenantrag. Eingesteckte Streichhölzer markieren die geneigten Verbindungen zwischen den beiden Rollhügeln und seitlichen Beckenrändern (beziehungsweise den Tailleneinbuchtungen), ferner die rechte Schulterhöhe und die Lage und Richtung der Brustwarzen.

Abbildung 6, 7 und 8

Die fertige Studie. Verwendet wurde fetter, mit Schamottemehl durchsetzter Ton, der eine skizzenhaft-lockere Oberfläche begünstigt. Bei der Formpräzisierung mit Schlingen ergeben sich kaum Zähnungs-, sondern vielmehr Schleifspuren durch mitgerissene Schamottekörnchen. Der Gipsabguß erfolgte mittels »verlorener Form« (Seite 105).

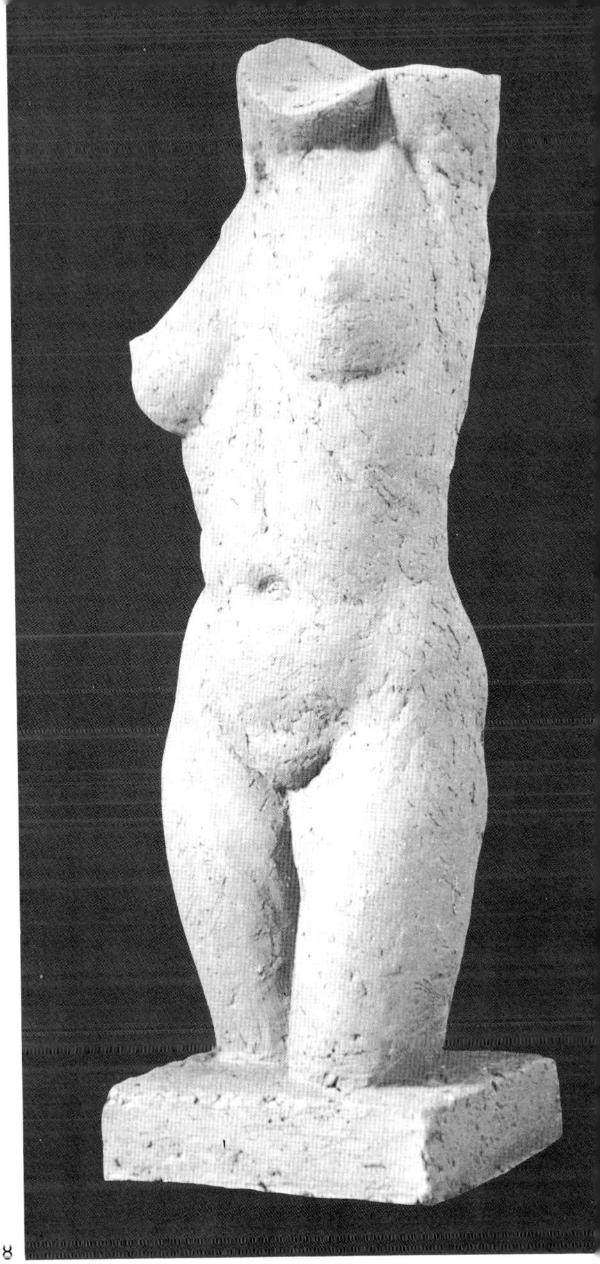

8

Bedenken Sie im übrigen stets, daß eine stärkere, im Fluß befindliche Bewegung nur bei Kleinplastiken reizvoll wirken kann, bei monumentalen Figuren aber nie. Die einzig erträgliche Lösung wäre dann, den Totpunkt einer Pendelbewegung festzuhalten. Bei ihren Konzeptionen bleibt also jedesmal zu überlegen, ob Sie eine monumentale Darstellung anstreben, ausführbar in jeder beliebigen Größe – oder ob Sie sich von vornherein auf eine Kleinplastik festlegen.

Statik-Untersuchungen

Links: Bronzestatuette (Torso) eines nackten Mädchens, Höhe 25 cm (München, Antikensammlung). Wie die eingezeichnete Schwerelinie zeigt, ist die Figur statisch falsch auf den Sockel montiert. Die daneben wiederholte Abbildung zeigt, wie die Figur statisch ausgewogen aufgesetzt werden müßte.

Unten: Bronzestatuette nach dem Diskuswerfer des Myron (dieser um –400), Höhe 30 cm (München, Antikensammlung). Während beide Profilansichten um die (eingezeichnete) Schwerelinie gleichmäßig verteilte Massen zeigen, haben diese frontal gesehen ein Übergewicht nach rechts. Damit ist angedeutet, daß der Vorwärtsschwung des Diskus bereits begonnen hat und sein Pendel-Totpunkt also etwas höher zu denken ist.

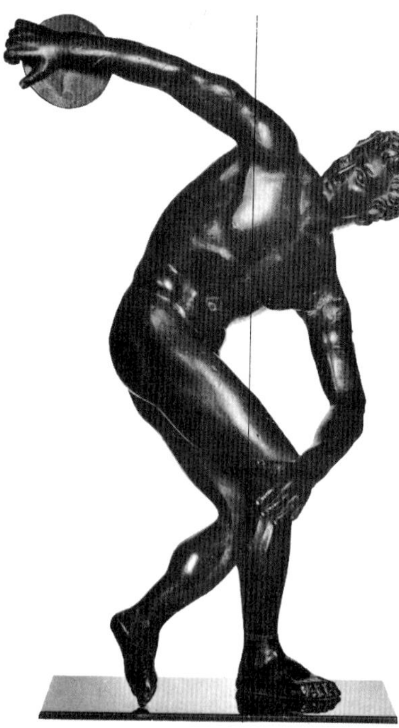

Die bekleidete Figur

Voraussetzung für die Darstellung bekleideter Figuren bleibt stets die eingehende Auseinandersetzung mit dem Akt. Seine Plastik wirkt meist auch noch durch dikkere Gewandung, am deutlichsten natürlich, wenn sie recht dünn ist und straff anliegt. Zunächst muß der Bildhauer entscheiden: soll, womöglich in erster Linie, eine Vorstellung der Körperlichkeit gegeben werden – oder wird die Gewandung zum Mittel, um die Aufmerksamkeit mehr auf Haltung und Bewegung, Gesicht und Hände zu lenken. Wieder kann Ihnen die Betrachtung einiger Meisterwerke erläutern, wie solche Probleme bewältigt wurden, mit welchen Absichten und in welchen Zusammenhängen.

So wie es seit der Antike viele Bildhauer getan haben, werden auch Sie am besten zunächst den nackten Körper anlegen und dann die Kleidung darüber modellieren. Ist sie dünn und anliegend, so muß der Akt wohl mit allen Details ausgeführt werden. Bei dickerer Kleidung können Sie

Zwei von einigen als »Werkzeichnungen« aufgefaßten Studien.

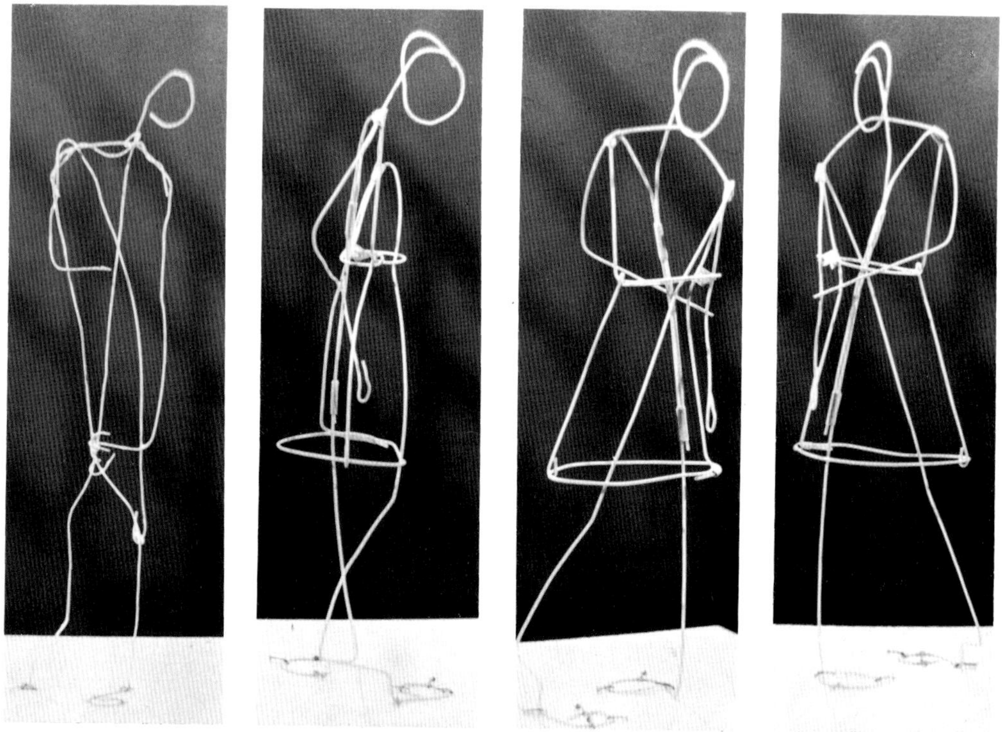

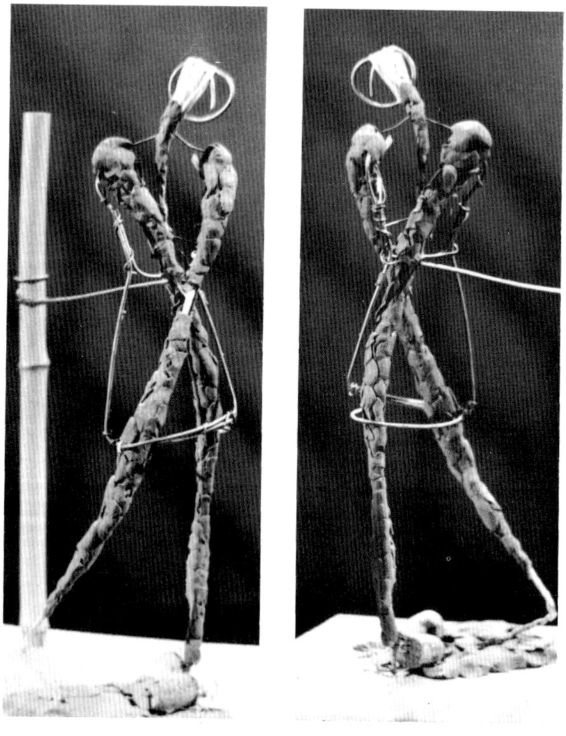

Aufbau der bekleideten Figur in Ton, 35 cm hoch. Obere Reihe von links: 1 = Haltungsskizze aus 1 mm Plastikdraht; 2 bis 4 = Studie aus 2 bis 2,5 mm Plastikdraht. Untere Reihe: endgültiges Gerüst aus dem gleichen Plastikdraht, am Bambus verankert, teilweise mit Bast umwickelt. Erste Tonanträge zur Verdeutlichung der »Spannungszüge«, die sowohl das Gerüst stabilisieren als auch das Empfinden für die Lastverteilung aktivieren. Vor der Weiterarbeit werden vorbereitete Korkknebel zur Rumpffüllung eingehängt.

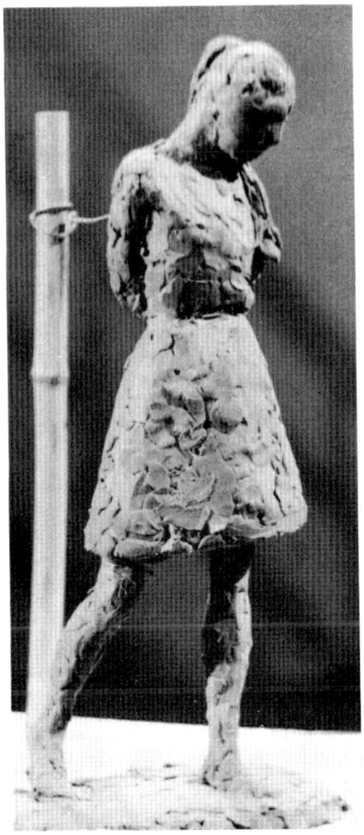  

Als »Spannungszüge« bezeichne ich lineare Tendenzen, die zwar nicht konkret zu sehen, wohl aber deutlich zu empfinden sind. Es gibt dafür weder bestimmte Anhaltspunkte noch Regeln und je nachdem, wie der einzelne diese mehr oder weniger linearen Verläufe in die jeweilige Gestalt hineinsieht, wird er auch den Haltungsausdruck gestalten wollen.

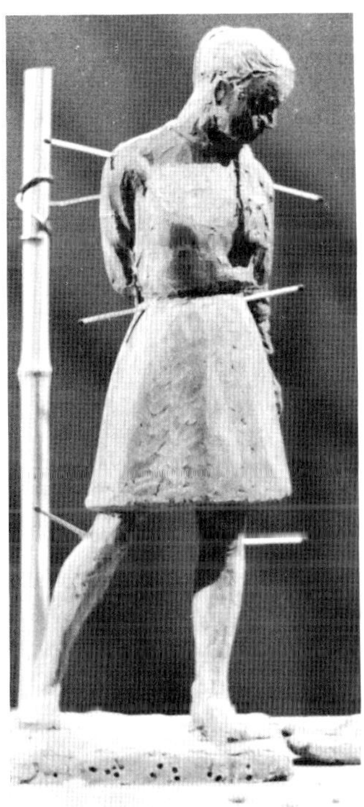 

Oben, links und Mitte: grobe Ausbildung der Gesamtform. Rechts: Präzisierung der Gesamtform und wichtigster Einzelheiten, die Haltung wird nochmals mittels eingesteckter Richtungootäbohon kontrolliort.
Untere Reihe: Endstadium der Studio. Soll oino bio ino lotzto Detail ausgearbeitete Figur entstehen, so wäre es ratsam, diese noch einmal von vorn zu beginnen.

sich mit einem skizzenhaften Aufbau begnügen, der wenigstens die Statur und die Haltung festlegt. Bevor Sie beginnen, wären wieder zeichnerische Skizzen angebracht sowie eine oder mehrere Drahtfiguren. Sie können damit zwar nie sämtliche Kleiderkonturen fixieren, aber doch einige, und vom Körper sind die Spannungszüge wichtiger als Andeutungen von Skeletteilen. Die Spannungszüge werden durch die teils straffe, teils lockere Kleidung meist augenfälliger als beim Akt zu erkennen sein. Sie interpretieren nicht nur Haltung und Statik, sondern skizzieren meist auch recht gut den Verlauf der den besten Halt vermittelnden Gerüstdrähte. Bei weit von Rumpf und Gliedern abstehender Kleidung können Profildrähte ebenfalls analog im Gerüst aufgenommen werden. Sie müssen dann darauf bedacht sein, die Profile schlanker und enger zu nehmen, weil noch Ton darüber kommt.

Durch umfangreiche Kleidung können die Tonmassen einer Figur unter Umständen erhebliches Gewicht bekommen, um so sicherer und kräftiger muß das Gerüst werden. Gegebenenfalls nehmen Sie für die Spannungszüge den Draht doppelt, eventuell leicht verzwirnt, damit nichts auseinanderklafft. Die Spannungszüge enden ja meist in freistehenden Beinen und das Gerüst soll Sie nicht zwingen, sie unförmig dick auszubilden. Dennoch ist es eine alte Bildhauerweisheit, daß man die Gliedmaßen und den Hals eher etwas stärker als in natura halten soll, sie wirken sonst unplastisch und das Ganze nippfigurenhaft.

Es mag Ihnen schon lästig sein, daß immer wieder vom Gerüst die Rede ist. Ich weiß, daß Geduld und Sorgfalt beim Gerüstbau im Widerstreit zum Temperament stehen. Es wird jedoch auf viel unangenehmere Weise strapaziert, wenn mit dem Fortschreiten der Arbeit die Figur durch das Gewicht der angetragenen Tonmassen immer wackeliger wird. Nachträglich eingebaute Stützen helfen fast nie und erfordern oft noch mehr Geduld als ein Neubeginn. Er wäre aber das einzig Richtige, wenn das Gerüst versagt. Zerstören Sie jedoch nicht die mißratene Arbeit, wenn sie Ihnen als Studie dient, kommen Sie beim Neubau um so rascher und sicherer voran.

Im übrigen bleibt es nach wie vor das erste Ziel, in flottem, lockerem Aufbau rasch die ganze Figur im Groben zusammenzufügen. Dann erst beginnt die Ausarbeitung, und zwar auch wieder rundherum und nicht einseitig. Würden Sie ein Teilstück nach dem anderen, etwa den Kopf oder die Arme und dergleichen, fer-

Auguste Rodin (1840–1917), aus dem Werdegang des Balzac-Denkmals in Paris. Rodin hat daran von 1891 bis 1898 gearbeitet, vom 1850 verstorbenen Dichter gab es nur wenige, nicht sehr gute zeitgenössische Bilder und zunächst entstanden zahlreiche Kopf- (linke Seite) und Figur-Studien (links), unter diesen allein sieben, nach mehreren Modellen ausgeführte Akte. Durch diese Akte suchte Rodin Klarheit über die Körperhaltung und Statur untor dom faltigen Gewand zu gewinnen. Das Ganze ist ein großartiges Beispiel für die geistige Intensität und handwerkliche Mühe, mit der sich ein großer Meister einer ihn faszinierenden Aufgabe zuweilen widmet . . .

Links: Die Synagoge, Symbolfigur am Südportal des Straßburger Münsters (roter Sandstein, um 1230). Der anonyme Bauhüttenmeister hat – so meine ich – zunächst nach einem lebenden Modell eine Aktfigur geschaffen und dann, ähnlich wie in der Antike, das Gewand darübermodelliert. Rechts: Constantin Meunier (1831–1905), Kohlenarbeiterin, Bronze. Die aufmodellierte Kleidung läßt den kräftigen Körper der jungen Frau erkennen – welch Gegensatz zur antiken oder barocken Körperlichkeit!

tig modellieren, geht die Harmonie des Ganzen verloren: die Proportionen geraten in Unordnung, man wird stellenweise zu genau und kann es nicht überall harmonisch durchhalten, zumal das meist auch gar nicht Sinn der Sache ist. Nichts ist schwieriger, als eine zu weit ausgearbeitete Form wieder auf den lockeren und reizvollen Anfang zurückzubringen. Es ist leichter, die mißratenen Teile bis auf das Gerüst abzunehmen und neu anzutragen. Bei Arbeiten nach dem lebenden Modell lassen Sie es anfangs überhaupt nur dabei bewenden, die gröberen Formen auszubilden. Ihre Charakteristik ist das wichtigste, minuziöse Feinheiten bringen Sie nicht voran. Sie selbst und Ihre Bewunderer haben mehr von einer flotten, nur das Wesentliche treffenden Arbeit als von einer verquälten, der man sogleich das noch mangelnde Können ansieht. Es wächst unmerklich von einem zum anderen Beginn, und es wäre klug, jedesmal aufzuhören, wenn Sie spüren, daß Sie sich abquälen müssen. Freuen Sie sich auf die nächste Arbeit mit der Gewißheit, dann einen sicheren Schritt weiterzukommen.

Tiere

Plastische Darstellungen von Säugetieren setzen unbedingt einige Kenntnisse ihres Skelettbaues mit den konturbildenden Sehnensträngen und oberen Muskelgruppen voraus. Das Notwendigste finden Sie im Abschnitt PLASTISCHE ANATOMIE Seite 130.

Vierbeiner

Wenn Sie darüber hinaus jede Gelegenheit wahrnehmen, die Plastik lebender Tiere abzutasten, zum Beispiel bei Katzen und Hunden, gewinnen Sie allmählich eine sichere Vorstellung von den Körperformen dieser und der vielen, ihnen ähnlichen Tiere. Denn deutlich zu sehen ist ihre Plastik oft nicht wegen der dichten Fellbehaarung mit seiner wenig kontrastreichen Lichtreflexion. Sogar das sehr kurzhaarige Pferdefell verleitet durch seine Färbung und den Wechsel zwischen Glanz und Stumpfheit zu mancherlei optischen Täuschungen gegenüber der tatsächlichen Plastik. Von ihr aber müssen Sie eine klare, allgemeingültige Vorstellung schon deshalb gewinnen, weil Tiere selten in ausdrucksvoller Pose ruhig verharren und schon gar nicht, wenn Sie gerade modellieren wollen. Sie sind also gezwungen, das meiste aus dem Gedächtnis wiederzugeben.

Mehr noch als bei menschlichen Figuren sind Sie zunächst auf zeichnerische Gelegenheitsskizzen angewiesen, die anfangs ganz im Sinn von Werkzeichnungen aufzufassen wären: vom Gesamtbau, von Einzelheiten wie der Stellung der Läufe, der Haltung von Hals und Kopf, von Details wie Augen, Maul und Nüstern, der unterschiedlichen Ausbildung von Vorder- und Hinterläufen mit Zehen oder Hufen, von Gehörn und Ohren – es ist eine unendliche Vielfalt. Vergessen Sie vor allem auch nicht, so oft wie möglich Tiere von oben zu skizzieren. Nichts verdeutlicht ihre Plastik so sehr wie die Draufsicht.

Drahtfiguren bleiben insofern nur eine bescheidene Vorbereitungshilfe, als Haltung und Bewegungen von Tieren sich schwerlich auf innere Linien reduzieren lassen. Immerhin können Sie mittels Kontur- und Beinlinien in Draht Gestik und Bewegungsausdruck besser klären als durch ständig korrigierendes Zeichnen. Allerdings müssen Sie es hauptsächlich bei Seitenprofilen bewenden lassen.

Um so eher gelangen Sie zu Tonskizzen ohne Gerüst. Bauen Sie zuerst auf der Sockelplatte eine kräftige Stützmauer längs der Mittellinie des Tierrumpfes, der darüber modelliert wird, während die Beine nach Art eines unterschnittenen Hochreliefs anzutragen sind. Die Stützmauer soll ebenso exakte Flächen haben wie der Sockel, damit Sie immer einen deutlichen Kontrast zur eigentlichen Modellierarbeit behalten. Ein langer, schräg durch Widerrist und Stützmauer gesteckter kräftiger Draht, mit Packschnur umwickelt, gibt den Halt für Hals und Kopf. Ein weiterer Draht oder die schmal verlängerte Stützmauer bilden das Gerüst für den Schwanz. Die Gesamtlänge der Arbeit soll wenigstens 25 bis 30 cm betragen, sonst kommen Sie kaum mit Einzelheiten zurecht, die bei Tierplastiken

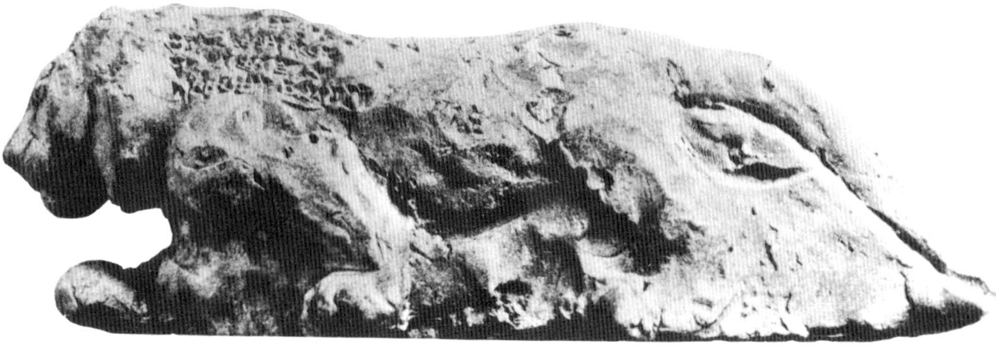

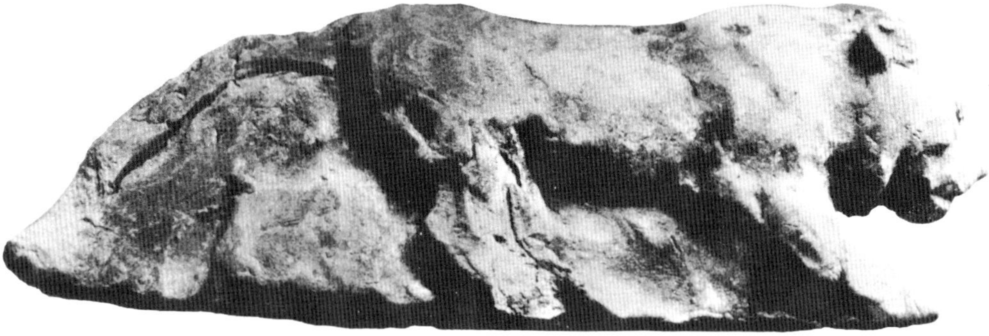

Schleichender Löwe. Ungebrannter Ton, 18 cm lang. Gefunden in Warka-Uruk, um –550. Bagdad, Iraq Museum.
Die flüchtige, temperamentvoll-sicher »gekonnte« Skizze – ohne Gerüst auf vertikaler Stützwand – entstand vielleicht als erster Entwurf für eine monumentale Steinplastik.

Robert Clatworthy (* 1928), Stier, 1956/57. Freie Antragarbeit in Gips für Abguß in Bronze, Höhe 40 cm. Interessant ist die monumentale Auffassung und doch lockere Oberflächenbehandlung. Sie ergibt sich ohne besonderes Zutun aus der materialgerechten Arbeitsweise und interpretiert nicht nur das zottige Fell, sondern auch die ungezähmte Kraft.

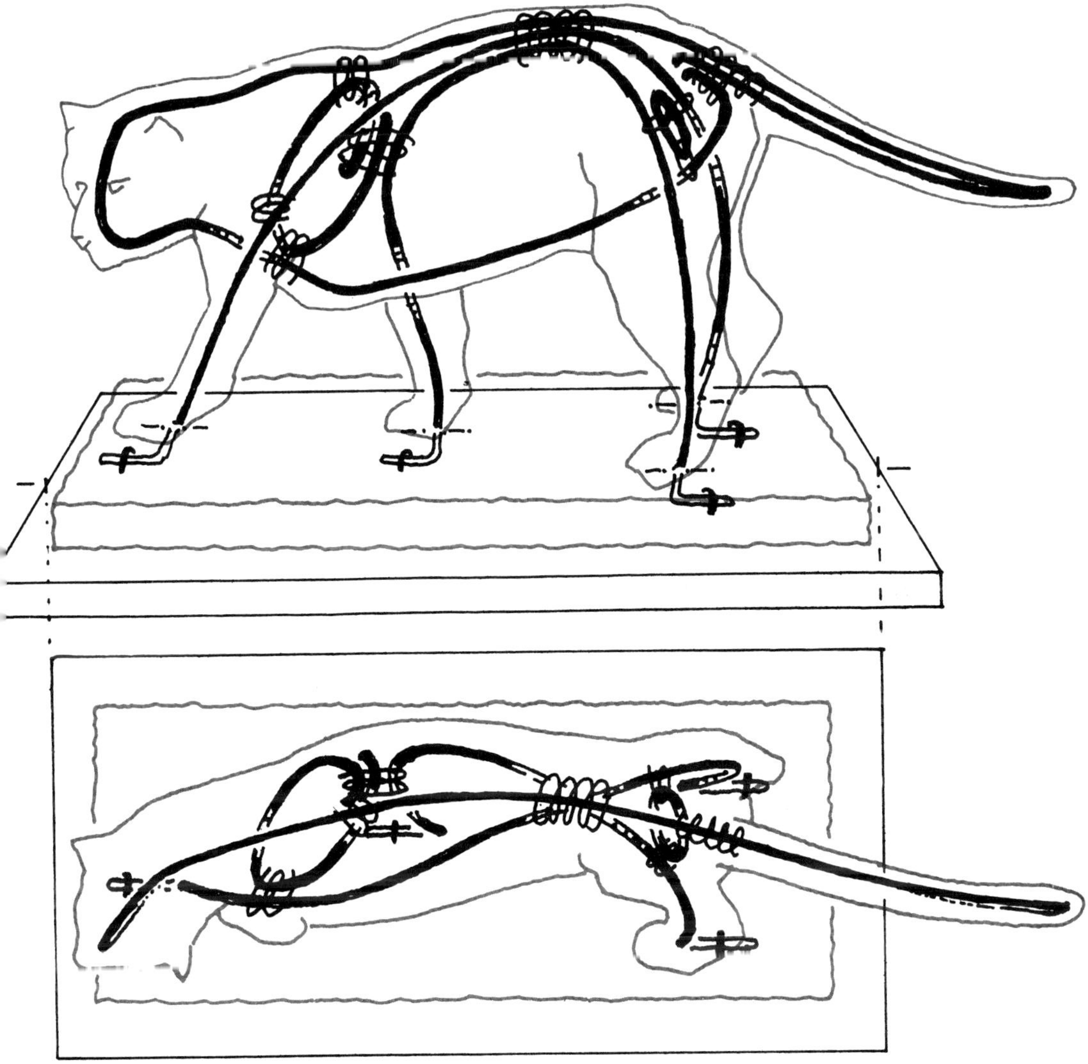

Schema zum Gerüstbau für einen Vierbeiner (Leopard, siehe auch Seite 149, perspektivische Seitenansicht und Draufsicht. Die Standfestigkeit hängt von der Stärke der überkreuzenden Beindrähte und der Bildung möglichst glatter »Brückenbogen« ab, an ihnen müssen Sockelstärke und Befestigungshaken oder -ösen zugegeben werden. An den Bogen werden die Rumpfkontur mit Schwanz montiert sowie zwei oder mehr Ringe zur Querversteifung, die den jeweiligen Körperbreiten entsprechen. Zur Montage dient Bindedraht aus Kupfer oder Messing, der fest mit einer Flachzange angezogen wird. Die Rumpfmasse erhält anschließend einen mit Draht umhüllten Schaumstoff- oder Kork-Kern, die freien Drähte werden mit Bast oder Schnur umwickelt. Die grauen Linien deuten die Konturen und den Sockel der beabsichtigten Modellierarbeit an.

besonders wichtig sind: das Fell nivelliert die Oberflächenplastik in einer Weise, die großflächige Einfachheit geradezu herausfordert, aber sie wird nur dann ausdrucksvoll wirken, wenn die feinen Einzelheiten des Schädels, der Hufe oder Tatzen minuziös wiedergegeben werden. Die überzeugendsten Beispiele geben Ihnen Tierplastiken aus dem alten Orient.

Solche gerüstlosen Skizzen und Studien bilden die Grundlage für endgültige Ausarbeitungen. Sind Sie mit einem der ersten Versuche so weit gediehen, daß keine grundlegenden Änderungen mehr nötig erscheinen, so machen Sie gleich einen Abguß. Er ist besonders einfach, wenn es außer Hals und Kopf keine freitragenden Partien gibt. Tönen Sie dann die lediglich stützenden Teile und den Sockel in einem neutralen Grau, damit Sie bei der Weiterarbeit ein klares Bild von Ihrer Studienfigur haben.

Nach ihr beginnen Sie nun den Gerüstbau. Bei Vierbeinern in normaler Stand- oder Laufpose geht er von zwei Spannungslinien aus, die jeweils im gegengleichen Beinpaar beginnen und enden. Die Linien überkreuzen gewöhnlich zwischen Widerrist und Rückenmitte. Die Drähte dieser Spannungslinien sollen weniger dem Skelett folgen, als möglichst glatte Brückenbogen bilden. Je weniger Knicke und Winkel vorhanden sind, um so standsicherer wird dieses Brückenkreuz, es hat schließlich die Gesamtlast der Figur zu tragen. Vergessen Sie auch nicht die Längenzugaben an den vier Bein-Enden entsprechend der Sockelstärke!

An der Brückenkreuzung wird der die Längskontur beschreibende Draht aufgehängt. Er beginnt mit der Schwanzspitze, folgt der Rücken- und Nackenlinie, umläuft die vereinfachte Schädelsilhouette und kehrt über Kehle und Bauchprofil zum Ansatz des Schwanzes zurück. An dieser Stelle entsteht ein weiterer Knotenpunkt, gestützt vom Querbogen der Beckenregion, der in Knienähe an die Spannungszüge zu heften ist. In der Gegend der Schulterregion beschreibt ein Kreis oder Oval die Rumpfdicke und stützt zugleich die Partie zwischen den Vorderläufen. Der Brustkorb wird mit einem Paket aus feinem Draht und Kork- oder Schaumstoffstücken ausgefüllt, eine ähnliche Packung unterlegen Sie der Kopf- und Halsplastik. Das alles muß natürlich so bemessen werden, daß noch genügend Spielraum für den Tonantrag bleibt. Größere Ohrmuscheln versteift man am besten mit Holzstäbchen, die in die bereits angetragenen Tonmassen des Schädels gesteckt werden.

Für die Brücken- und wichtigsten Konturdrähte genügt eine Stärke von 2,5 mm, wenn die Rumpflänge nicht viel mehr als 30 cm mißt. Als Umwicklung verwenden Sie dünnere Packschnur oder Bast, besonders bei feingliedrigen Läufen. Obwohl ein auf diese Weise sorgfältig gearbeitetes Gerüst recht widerstandsfähig ist, federt es meist zwischen Schulter und Becken. Klemmen Sie deshalb beim Modellieren einige Holzklötzchen unter den Brustkorb, die jederzeit entfernt werden können.

Die eigentliche Modellierarbeit geht im allgemeinen nach den gleichen Prinzipien vor sich wie bei menschlichen Figuren, erst in der Endphase ergibt sich für den Tierbildhauer das Problem, plastisch präzise Formen mit den Unbestimmtheiten glatter, rauher oder langer Behaarung in Einklang zu bringen. Am sichersten ist es, wie üblich mit geometrisch vereinfachten Grundformen zu beginnen, sie allmählich zu straffen Individualformen auszubilden und erst zum Abschluß das Fell aufzumodellieren, etwa so, als handle es sich um ein Gewand: an manchen Stellen liegt es dicht und glatt an, bei anderen wieder ist es locker, zottig und von wenig bestimmter Form. Die Bildhauer haben immer aufs neue nach Lösungen für die Oberflächenbehandlung gesucht, entweder ganz individuell oder – vornehmlich in der Vergangeheit – durch ornamentale Vereinfachungen, entsprechend den Stilgepflogenheiten ihrer Zeit. Allgemeingültige Lösungen wurden noch niemals gefunden. Warnen muß man nur vor solchen, die ganz unplastisch zustande kommen und wirken, zum Beispiel durch das Einritzen von Fellstrukturen. Nichts beweist das eindeutiger als die »echt handgeschnitzten« röhrenden Hirsche und Rehfigürchen, die rudelweise in den Schaufenstern von Touristenläden in Gebirgsorten herumstehen.

Während bei menschlichen Figuren zum wesentlichsten die Physiognomie und Mimik des Antlitzes gehören, beschränkt sich der Ausdruck von Tierdarstellungen fast ausnahmslos auf die Gestik. Sie ist für jede Tiergattung einmalig typisch. Denken Sie zum Beispiel an das völlig verschiedene Verhalten und Bewegen von Katzen, Hunden, Rindern oder Pferden! Eine weitere Differenzierung gibt es innerhalb verschiedener Rassen, etwa wenn Sie das Gebaren des Schäferhundes mit dem von Pudel oder Dackel vergleichen. Die Tierphysiognomie sagt uns am wenigsten, sie kann auch nur durch Naserümpfen und Zähnefletschen mimisch verändert werden, und die Wandlungen des Augenausdrucks sind plastisch nur durch die Öffnungsart der Lidspalten anzudeuten.

Abgesehen vom Typischen der Gattungen und Arten, ist ein Tier bei allem, was es tut, sozusagen mit dem ganzen Körper beteiligt: beim Schnuppern, beim Witterungnehmen wird nicht nur der Kopf mit blinzelnden Augen gehoben, sondern oft der ganze Körper gereckt; eine lauernde Katze krümmt sich zu einer einzigen Sprungfeder zusammen – oder sie duckt sich langgestreckt fest auf den Bo-

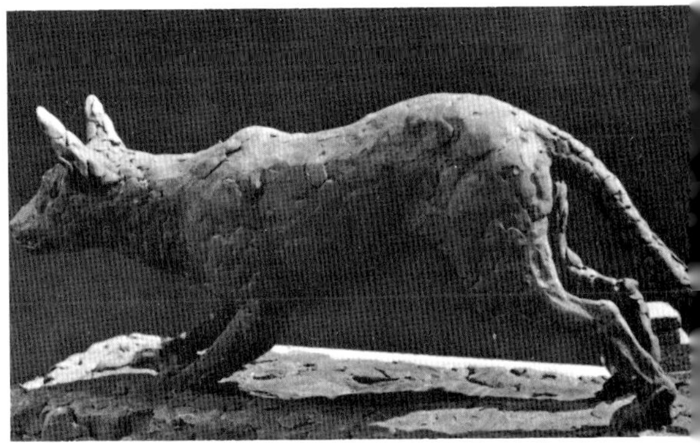

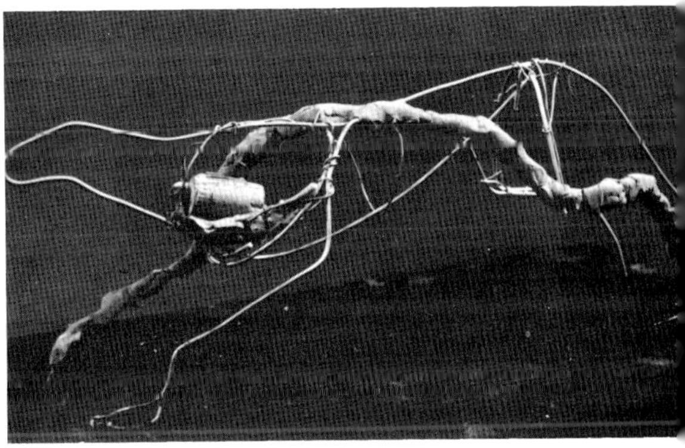

Skizze eines lauernden Schäferhundes, Länge ca. 40 cm.

Unten: Gerüst aus 2,5 mm Plastikdraht, einer der überkreuzenden »Brückenbogen« durch Tonumhüllung markiert.

Mitte: Roher Brockenantrag.

Oben: Mit Glättung der Hauptformen war die Skizze beendet.

den, die Augen bis auf einen schmalen Schlitz geschlossen; ein vorstehender Jagdhund wirkt wie ein einziger, nach vorn gerichteter Pfeil; eine gemächlich wiederkäuende Kuh ist der Inbegriff friedfertiger Langsamkeit, ein wütender Stier dagegen wird mit der ganzen Masse seines Körpers zu einem drohenden Rammbock. Solche kraftvollen, gelassenen oder geschmeidig-anmutigen Gesten gilt es einzufangen, wenn Sie das Wesen des Tierhaften schildern wollen. Es ist eine Aufgabe, die stärker faszinieren kann als die Wiedergabe menschlicher Gestalten und die plastisch viel eindrucksvoller zu lösen ist als in jeder anderen künstlerischen Technik.

Oben: Pavian des Narmer, Alabaster, Höhe 52 cm, Ägypten um –3200 (Berlin, Staatliche Museen). Bemerkenswert ist die monumentale Geschlossenheit der Figur bei gleichzeitiger Beschränkung auf wichtigste Details, die allerdings äußerst präzis formuliert sind.

Unten: Pablo Picasso (1881–1973), Die Ziege, 1950. Bronze, Höhe 140 cm. Die Figur ist geradezu das Sinnbild schicksalsergebener, immer wieder fruchtbarer Mütterlichkeit. Picasso kam es keineswegs auf »Schönheit« an, dementsprechend ist auch seine unbekümmerte Modellierweise.

Falkenkopf aus Hierakonpolis, etwa um –2300. Getriebenes Goldblech (die Augen aus Obsidian), 10 cm hoch. Museum in Kairo. Der sehr detailliert ausgeführte Kopf gehörte einst zu einer kupfernen Ganzfigur, die vermutlich stark vereinfacht ausgeführt war.

Vögel

Zur plastischen Vogel-Darstellung eignen sich nur ruhende Posen und einfache Laufbewegungen. Das wenige, das Sie über die Anatomie und die Funktionen des Vogelkörpers wissen sollten, finden
160 Sie im Abschnitt ANATOMIE. Notwendig
ist dieses Wissen für den Bildhauer nur, damit er sich die Statik der äußeren Erscheinung erklären kann. Denn meistens stehen die angelegten Flügel und der Schwanz viel weiter von der statischen Lotlinie ab als der Hals mit Kopf und Schnabel. Der Vogel müßte also, betrachtet man die Seitenansichten, eigentlich nach hinten umkippen. Er ruht jedoch sicher auf den Läufen, weil das spezifische Gewicht des Federkleides wesentlich geringer ist als das des Körpers. Dessen Lage ist für die Statik fast allein entscheidend. Sie wird in ruhender Pose durch die für alle Vögel typische »Kniebeuge« ausbalanciert, während beim Schreiten Kopf und Hals mit nickenden und pendelnden Bewegungen helfen, die Gewichtsverlagerungen auszugleichen.

Eine Vogelplastik fällt also fast immer nach hinten um, wenn sie nicht fest mit einem entsprechend ausgebildeten Sockel verbunden ist. Deshalb erfordert der Gerüstbau zum Modellieren oft eine zusätzliche Stützung der nach hinten ragenden Federmassen, die erst beim starren Abguß überflüssig wird. Im übrigen kann das Gerüst aus der jeweiligen Skelettfigur entwickelt werden, indem man wieder von Konturdrähten ausgeht. Die Läufe sind so dünn, daß jeweils nur ein möglichst starker, mit Bast umwickelter Draht zu verwenden ist.

Bei normaler, ruhiger Pose bilden die Federn außerordentlich plastische, glatte Formen – abgesehen von relativ seltenen Ausnahmen wie etwa dem Schwanz eines Hahnes. Die Glätte und die ausgeprägte Plastik des Gefieders überraschen am meisten, wenn Sie einen Vogel sehr behutsam abtasten. Leider läßt sich das meist nur zahmes Hausgeflügel ruhig gefallen. Der Anblick allein täuscht oft, weil der Wechsel von Farben, Glanz und Stumpfheit die plastischen Formen optisch verändert. Hinzu kommt die Zeichnung der einzelnen Feder, die oft sehr plastisch wirkt, es aber niemals ist. Deshalb kann man für die Oberflächenbehandlung zu etwas raten, was sonst streng verpönt ist: das Gravieren der Federnstruktur nach dem Abguß. Das will jedoch geübt sein, es darf nicht darauf hinauslaufen, einfach Linien einzuritzen! Die absolut glattlinig verlaufenden, geringen Vertiefungen sind eher als ganz niedrige Treppenstufen oder sanft eingesunkene Linien auszubilden. Das wird in Gips mit dem Schabeisen gemacht (nach exakter Bleistift-Vorzeichnung), und auf ähnliche Weise kommen auch die feinen »Zeichnungen« am Kopf und die Schuppenstruktur der Läufe zustande. Diese

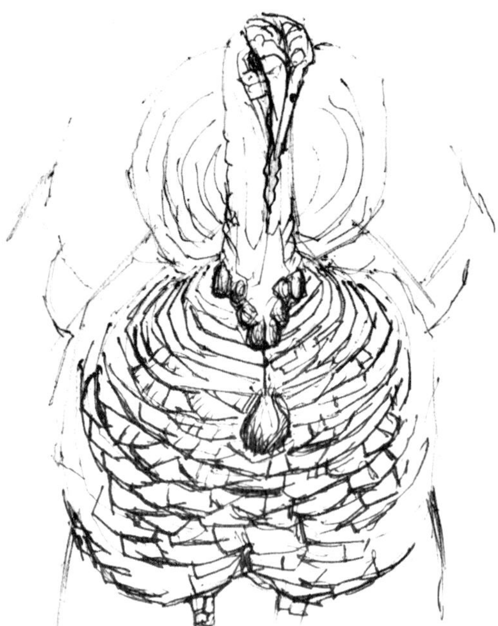

Werkzeichnungen und Detailstudien für eine Truthahnplastik in Ton, 32 cm hoch.

sehr heikle Arbeit verlangt viel Fingerspitzengefühl und verführt allzu leicht zum gänzlich unplastischen Ritzen. Es wäre grundfalsch, jede einzelne Feder andeuten zu wollen. Von guter Wirkung sind die Gravuren nur, wenn sie so sparsam wie möglich angewendet werden und lediglich da, wo sie am lebenden Tier besonders auffallen. Farbkontraste müssen selbstverständlich unberücksichtigt bleiben.

Wie bei den Vierbeinern wirkt das Ausspielen der Gegensätze zwischen glatten, vereinfachten Formen und wenigen, minuziös ausmodellierten Details außerordentlich reizvoll. Bei Vogelplastiken wurde dies bereits im Altertum zu einem erprobten Verfahren, das seine Gültigkeit bis heute behalten hat.

Anders ist es jedoch, wenn ein Vogel mit gesträubtem Gefieder wiedergegeben werden soll, wie es zum Beispiel kampfbereite Hähne der verschiedenen Arten stets zeigen. Dann gilt es, eine passende, lockere Technik des Tonantrags zu entwickeln, die jeder für sich erproben muß. Ich habe es an einem kollernden Truthahn versucht, zumal dessen Gefieder sehr verlockt, den Gegensatz zwischen harter Glätte bei den schleifenden Flügeln und dem gefächerten Stoß auszuspielen gegen die Lockerheit der gesträubten Rumpfbefiederung. Dabei läßt sich die Feinheit der abgespreizten Federn leicht vortäuschen, indem man nur ihre Enden scharf auszieht, das Ganze aber ziemlich massiv ausbildet. Der Betrachter sieht diese kleine Täuschung gar nicht, er würde sie erst bemerken, wenn er die Figur abtastet.

Das Gerüst für einen Truthahn in solcher Pose ist einfach und sicher aufzubauen, zumal zwischen den schleifenden Flügeln die Läufe so versteckt sind, daß man den ganzen Unterbau ähnlich als Block ausbilden kann wie bei den gerüstlosen Tonskizzen von Vierbeinern. Solche Tricks sind nicht nur erlaubt, die Möglichkeit ihrer Anwendung kann sogar bestimmend werden für die Wahl der Pose und für die Grenze dessen, was plastisch noch zu wagen ist.

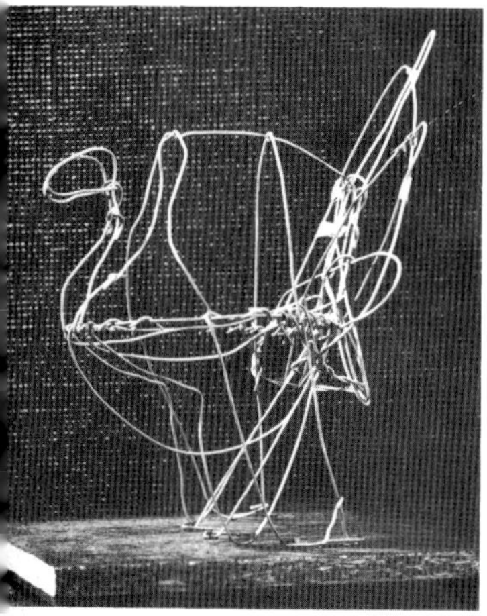
1

2

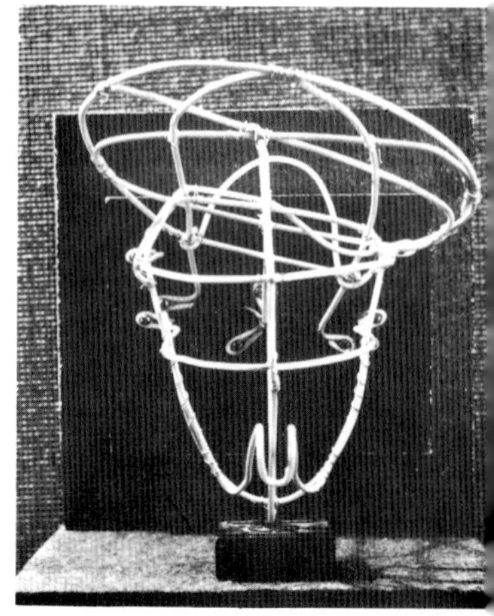
3

4

5

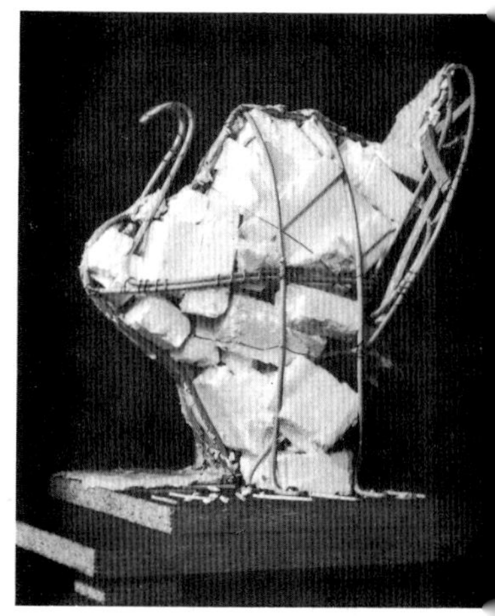
6

7

8

9

1 = Gerüstskizze aus 1 mm Plastikdraht. 2 = Gerüst aus 2,5 mm Plastikdraht, die an den einzelnen Stücken angebogenen Ösen wurden an eine separate Sockel-Spanplatte geschraubt, zwei Bohrungen mit eingesteckten Nägeln verbanden sie nur lose mit der Grundplatte (zur Sicherung gegen seitliches Verschieben), erlaubten aber die im Zusammenhang mit dem Abgußverfahren wünschenswerte Trennung der Plastik samt Sockel von der Grundplatte. Die Verbindungsstellen der Gerüstdrähte erhielten straffe Umwickelungen mit kupfernem Bindedraht. 3 = das Gerüst von oben, 4 = frontal gesehen. 5 und 6 = die Masse des Rumpfes mit Stücken von Schaumstoff ausgefüllt, die linke Hälfte bereits flächig mit Ton ausgeglichen; in das Radgerüst für die gespreizten Schwanzfedern sind dünne Holzstreifen eingeklemmt als Halt für die relativ dünn auszubildende Tonplatte. 7 und 8 = erste rohe Formgebung über dem flächigen Unterbau, auch die Sockelplatte hat bereits eine Tonumhüllung. 9 = die von oben gesehene Rohfigur zeigt — wie schon das Gerüst (3) — die typische Seitendrehung des Federnrades, das der aufgeregte Truthahn niemals in die Frontalebene stellt. 10 = zur Orientierung für die symmetrische Ausbildung der seitlichen Federnwülste und der schleifenden Flügel sind — von vorn, oben und hinten kontrolliert — Stäbchen eingesteckt. 11 = Beginn der Formpräzisierung. 12 und 13 = die bis zu einer gewissen Stilisierung ausgearbeitete Plastik, bereit zum Abguß. Wäre eine weitere Verfeinerung beabsichtigt, dann würde diese Arbeit besser am Gipsabguß mit Schab- und Graviereisen vorgenommen.

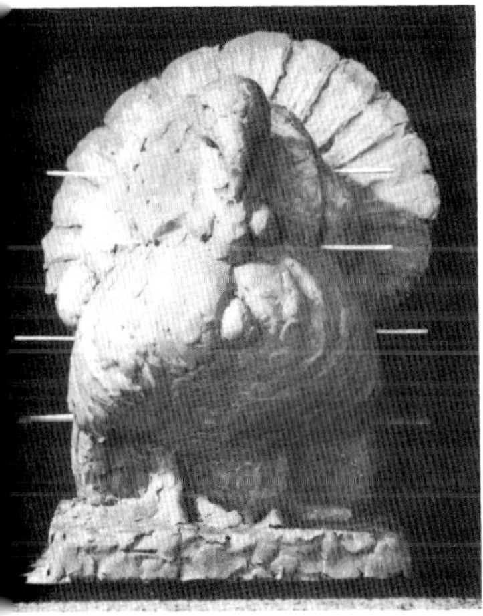

10

11

12

Fabeltiere und Tierkarikaturen

Vierbeiner und Vögel haben seit jeher zur Gestaltung von Phantasiegeschöpfen angeregt, in früheren Zeiten vornehmlich die Bildhauer. Im europäischen Mittelalter verkörperten Chimären an Pfeilersockeln oder Kapitellen und Wasserspeier an den Dachtraufen der Kirchen teuflische Dämonen, geheimnisvolle Naturkräfte oder gefährliche menschliche Leidenschaften. Ihrer meinte man Herr zu werden, wenn man sie greifbar vor sich hatte, und an solchem Glauben ist tatsächlich etwas Wahres.

Auch weiterhin sah man in Tieren immer wieder Spiegelbilder unserer Empfindungen und Äußerungen, wenn auch meist nur im tragikomischen Bereich. Berühmte Karikaturisten, allen voran Wilhelm Busch, verliehen ihren Tiergestalten menschliche Gestik und Mimik, und seit es Zeichentrickfilme gibt, wurden sie vor unseren Augen lebendig. Alsbald transponierte man sie auch ins Plastische: Walt Disneys Micky-Maus war jahrzehntelang ein beliebtes Spielzeug, Souvenir und Maskottchen. Seit kurzem hat nun Loriots Fernsehhund »Wum« wohl jedermanns Herz erobert und mit Einverständnis des Künstlers zeige ich Ihnen einen Versuch, sein mit Stift und Pinsel fabuliertes Geschöpf plastisch wiederzugeben. An diesem Beispiel sind auch einige der besonderen Probleme zu erörtern, wenn man von reinen Umrißzeichnungen ausgehen muß. Unter solcher Voraussetzung sieht der Betrachter oft unwillkürlich noch manch eigene Vorstellung hinein. Bei Figuren wie etwa Buschs »Huckebein« oder »Fipps« wird das kaum geschehen: Die sehr detaillierten und schattierten Zeichnungen lassen der plastischen Phantasie fast keinen Spielraum.

Wie stets, ist vor Beginn zu überlegen, in welches endgültige Material die Modellierarbeit übertragen werden soll. In Bronze wäre praktisch selbst die komplizierteste Ausformung möglich, nicht aber in Stein oder Keramik. Dünne, von der Körpermasse abstehende Teile brechen leicht ab und wirken auch optisch unbehaglich, allzu untergriffige oder durchbrochene Partien sind sowohl in der Wirkung als auch technisch riskant.

Für den »Wum« war im Endeffekt an kaum etwas anderes zu denken als an eine Keramik. Infolgedessen sollten die Ohrgehänge möglichst anliegen und das gelang am ehesten bei einer leichten Kopfdrehung, gleichzeitig mußte eine etwas stärkere Ausbildung des Halses in Kauf genommen werden, zumindest unter einigen Ansichtswinkeln. Bei den Augen half ich mir durch schattenwerfende Grate und flache Aushöhlungen, denn grundsätzlich soll eine Plastik auch ohne Bemalung bestehen können. Ein weiteres Problem war die Ausbildung der Läufe mit ihren Ansätzen am Rumpf. In Loriots Grafiken ist zwar alles in den subtilen Konturverläufen angedeutet und mehr noch wird im Film sichtbar – zur plastischen Durchbildung und im Hinblick auf

Rechte Seite
Oben: »Doppeltier« an einem Kapitell in der Krypta von San Nicolao in Giornica (Tessin), 12. Jh.
Unten: Eckfiguren am Südturm von Notre Dame in Paris, 13. Jh.

Loriot, Fernsehhund »Wum«, Originalzeichnungen (1/2 der Originalgröße).

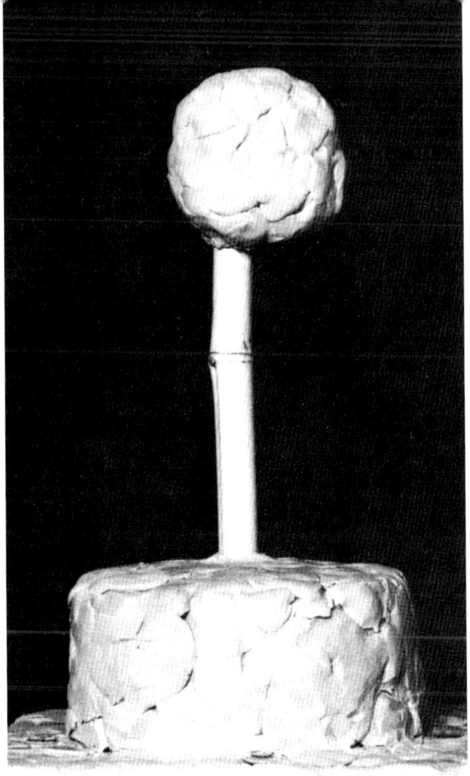

1

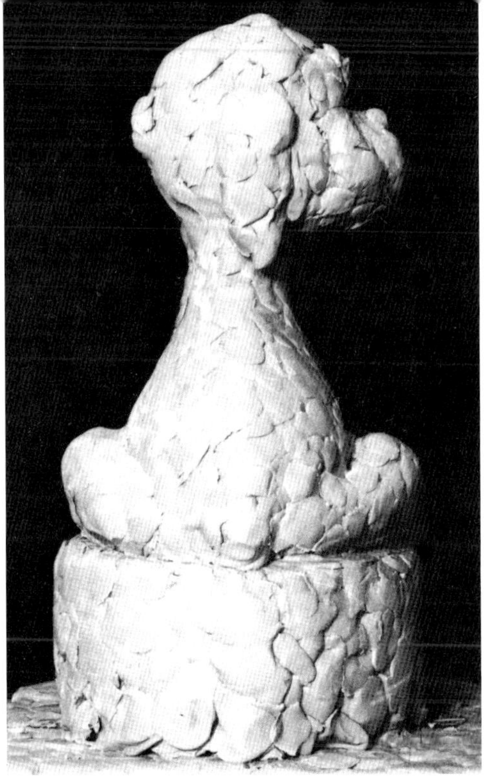

2

1 Als Gerüst dient ein im Grundbrett eingezapfter Bambus mit eingehängtem Knebelknoten. Arbeitsmaterial Plastilin. Die für den Abguß notwendige Grundplatte ist aufmodelliert, Sitzpolster und Kopfkugel sind angelegt und damit Proportionen und Gesamthöhe (31 cm) der Plastik im wesentlichen fixiert. 2 bis 4 Skizzierung der Gesamtform in grobem Brockenantrag, teilweise mit Klötzchen und Schlegel angedrückt.

3

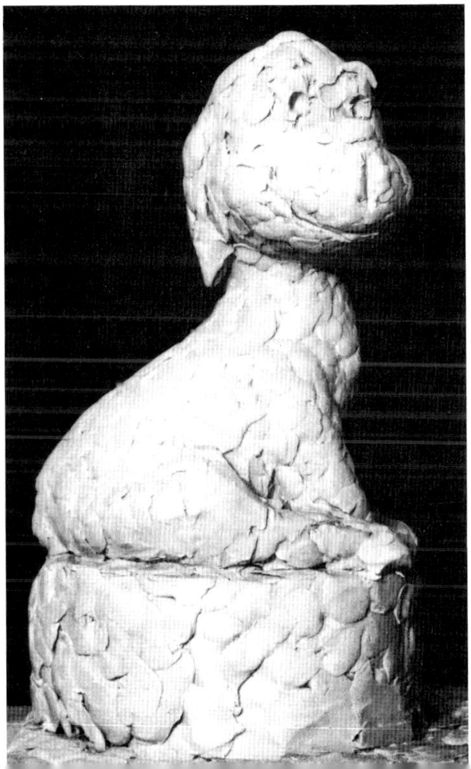

4

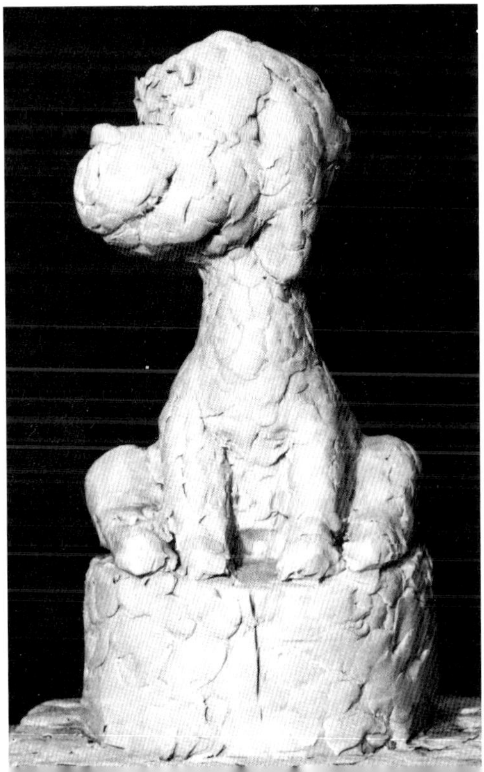

Skizzen nach der Natur von verschiedenen Hunderassen (Mops, zwei Jagdhunde, Läufe einer wenige Wochen alten Dogge).

die Höhe der Figur von 31 cm mußten aber auch die grafisch nicht darstellbaren Rundungen klar formuliert werden. Ich machte deshalb noch einige Skizzen nach der Natur, um entsprechende Anhaltspunkte zu haben. Sie verleiteten mich schließlich dazu, die Nase naturalistischer auszubilden – ein das Urbild verfälschender Mißgriff, den ich vor dem Abguß wieder beseitigt habe. Alles in allem ist das Ergebnis meines Versuches lediglich als ein »Abkömmling« von Loriots »Wum« anzusehen . . .
An dieser Stelle ist es wohl angebracht, ein für allemal etwas über die rechtliche Seite bei Arbeiten nach fremdem Vorbild mitzuteilen: Gegen eine Kopie oder Nachempfindung ist nichts einzuwenden, wenn es bei einem privaten oder entsprechend gekennzeichneten Versuch

Rechts:
Vorläufiger Abschluß des Versuchs – bis auf einige »Berichtigungen« und die Füllung einzelner allzu untergriffiger Partien vor dem Abguß.

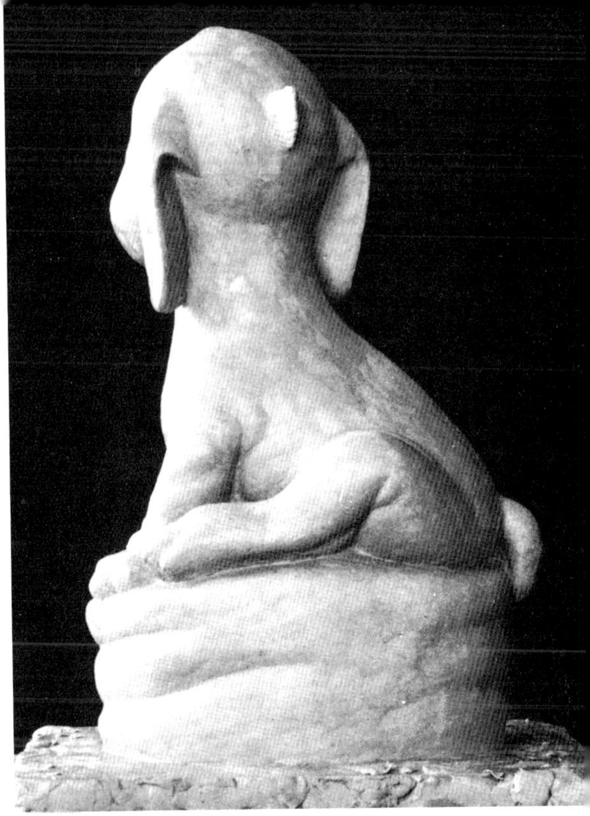

bleibt (Gemäldegalerien schreiben beispielsweise Kopisten eine gewisse Formatabweichung vor). Drucktechnische Wiedergaben oder andere Vervielfältigungen bedürfen der Zustimmung des Urhebers oder Besitzers, das gleiche gilt für Abgüsse von Plastiken. Aber auch die nur teilweise Nachbildung künstlerischer Ideen in irgendeiner Form sind als Plagiate, als geistige Diebstähle anzusehen. Leider kommen sie häufig genug vor und gewöhnlich sind die Diebe juristisch nicht einmal zu belangen. Am übelsten sind natürlich bewußte Fälschungen, womöglich noch mit imitierter Urheber-Signatur. Für jeden, der sich künstlerisch betätigt, sollten jedoch nicht die meist unzulänglichen Gesetze Schranken setzen, sondern in erster Linie der Respekt vor der Leistung des anderen.

Gipsabguß mittels Siliconkautschukform. Die linke Abbildung zeigt ihn mit Aquarellfarben angelegt (Schwarz und Siena gebrannt), anschließend wurde eine Paste aus Bienenwachs und Terpentinöl zweimal aufgetragen (Paste und Figur erwärmt) und nach einigen Tagen mit glattem Wolltuch poliert.

Porträt

Studie für die folgende Porträtplastik, Rötel, etwa $^1/_3$ der Originalgröße.

Beim Modellieren eines Porträts brauchen Sie sich zwar nicht so häufig wie beim Akt mit anatomischen Grundlagen auseinanderzusetzen, dennoch müssen Ihnen die
◀40 des Kopfes einigermaßen geläufig sein. Sie sind die Basis zum Erkennen ganz individueller Formbildungen, um die es beim Porträt in erster Linie geht. Bevor Sie sich daran wagen, sollten Sie unbedingt meinen Anregungen im Abschnitt »Modelliertechnik« gefolgt sein und einige beliebige Köpfe modelliert haben. Sie wissen dann schon einiges von der unterschiedlichen Behandlung solcher Partien, die vornehmlich das Schädelskelett bestimmt, gegenüber denen, die aus Muskulatur und Fettgewebe gebildet sind. Diese Formen können sich mimisch verändern, während dort, wo die Schädelknochen kaum von Muskeln und Fettpolstern überlagert werden, praktisch keine Veränderungen stattfinden. Das gilt auch für die aus Knorpeln gebildeten Ohren und die Nasenspitze. All diese festen Teile bestimmen die Gesamtform und die Proportionen des Kopfes (von unförmig dicken Menschen abgesehen). Darauf werden Sie bei der Anlage der Grundformen zunächst zusteuern.

Ich möchte Ihnen raten, die ersten Porträts möglichst lebensgroß auszuführen. Dann können Sie Einzelheiten des Modells mit denen Ihrer Arbeit nachmessend vergleichen. Wenn das auch bei »zünftigen« Bildhauern verpönt ist – ich sehe nicht ein, weshalb Sie auf solche Erleichterungen verzichten sollen. Gewiß ist es nicht Ihre Absicht, den Abklatsch des Modells zu fabrizieren (sonst könnten Sie ja gleich eine Maske vom Lebenden abgießen), sondern ein Porträt, und das ist etwas ganz anderes. Ein – gelegentliches! – Nachmessen hilft nur über Anfangsschwierigkeiten hinweg, und Sie finden es gewiß überflüssig oder gar störend, sobald Sie sich zur eigenwilligen Interpretation eines Antlitzes wirklich fähig fühlen.

Hat ein Kopf die Höhe von etwa 22 cm (lotrecht gemessen von der Kinnspitze bis zum Scheitel, ohne den Haarwuchs zu berücksichtigen), so wäre ein 30–35 mm starker Bambus in der Mitte einer sehr kräftigen Grundplatte derart einzuzapfen, daß er 35–40 cm daraus hervorragt. Hängen Sie ein ganzes Bündel dik-

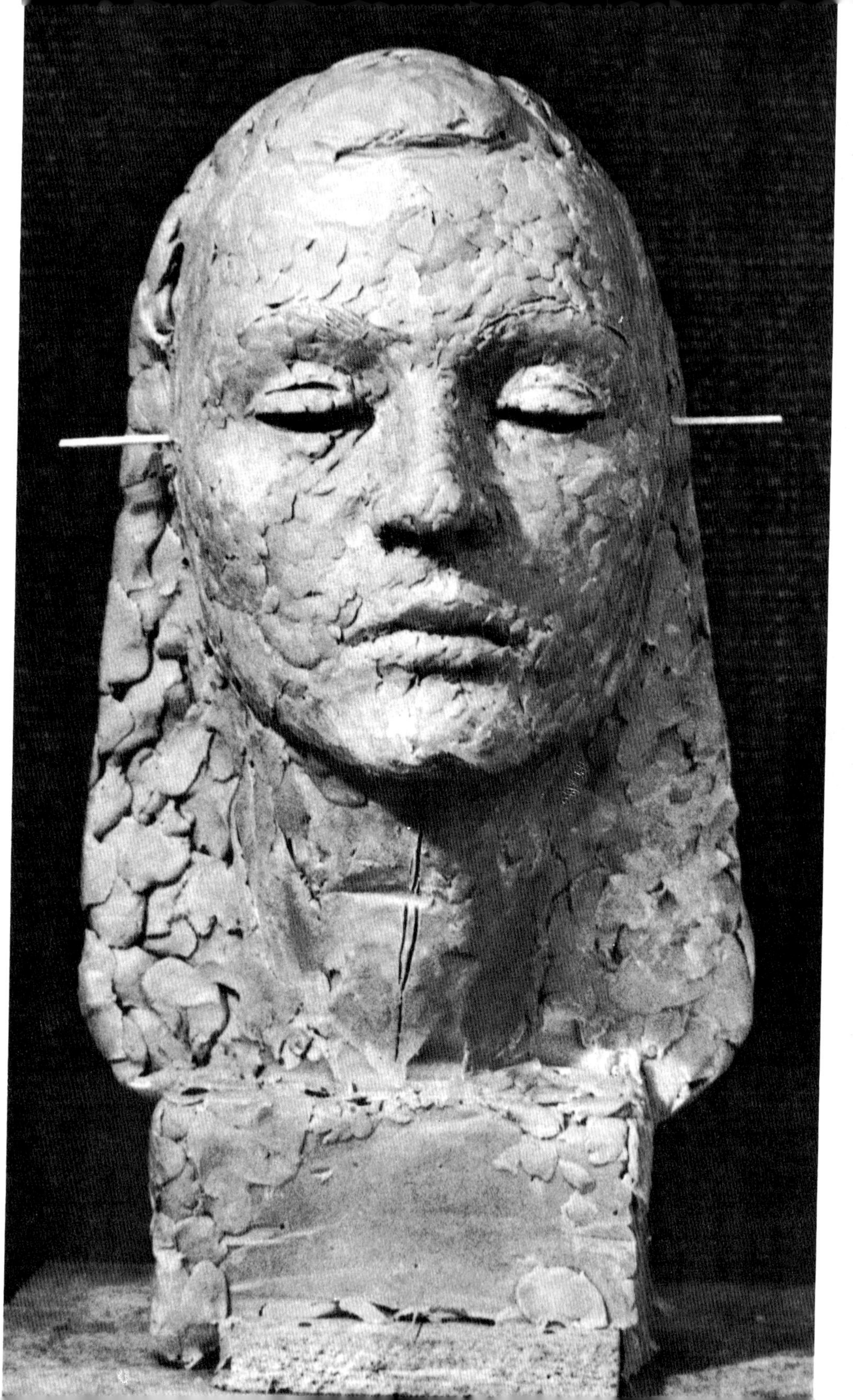

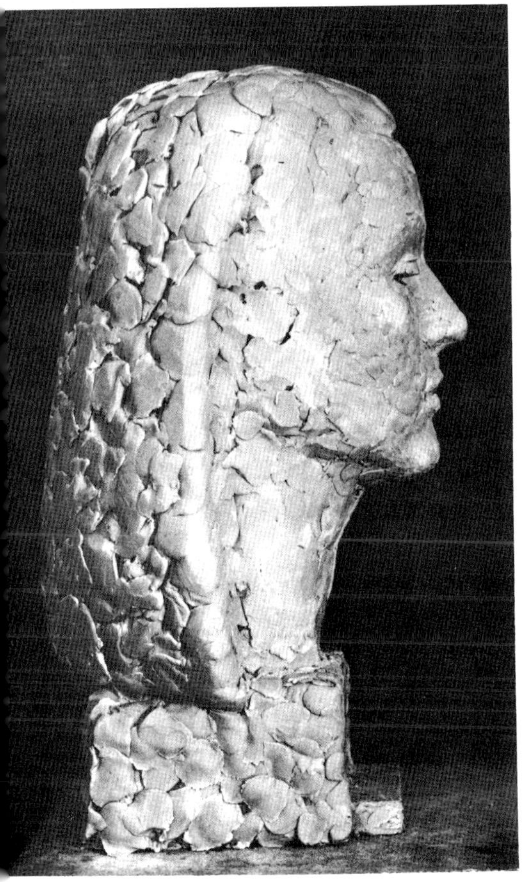 

Porträt Brigitte Gahr, Plastilin, Höhe mit Sockel 41 cm. Als Gerüst diente ein 35 cm langer Bambus in der durch eine 12 × 12 cm große Auflage verstärkten Grundplatte. Aus im Bambus eingehängten Korken wurde mit Holzstücken und Draht ein kräftiger Knoten gebildet. Linke Seite und oben: Aufbau der großen Massen zunächst nach zeichnerischen Studien, anschließend in Gegenwart des Modells. Dabei ergaben sich einige Korrekturen: der Sockel mußte etwas zurückgenommen und schmaler werden, wobei die verstärkende Platte wieder zum Vorschein kam; der Schädel erhielt eine leichte Linksneigung, der Hals die entsprechende Gegenbewegung. Diese geringen Abweichungen von der Waagerechten und Senkrechten wurden markiert, um sie bei der Weiterarbeit nicht unwillkürlich zu verlieren.

Seite 70: beginnende Präzisierung der Gesamtform und der Einzelheiten. Der asymmetrische Anschnitt des Halses sollte dessen leichte Neigung betonen, zugleich mußte der Sockel nochmals verändert werden (Verkleinerung und geringe »Verschiebung« nach links).

Seite 72: endgültiger Zustand vor dem Abguß. Die ausgehöhlten Pupillen sollten deren Dunkelheit andeuten und den Blick beweglich erscheinen lassen; die Haartracht wurde plastisch zusammengefaßt, der Haarverlauf durch Überarbeitung mit Schlinge und flachem Modellierholz angedeutet, ohne die Spuren des Brockenantrages gänzlich zu beseitigen.

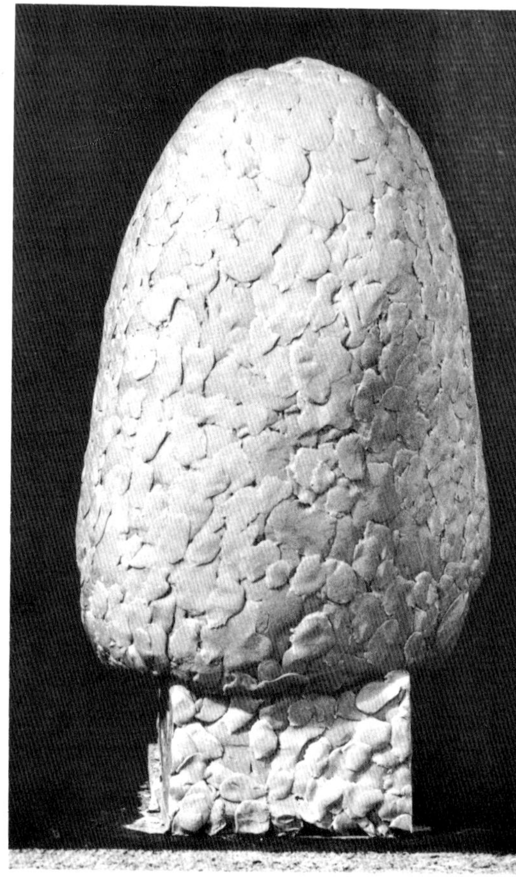

kerer Knebel ein und verschnüren Sie es mit Messingdraht oder dünner Schnur.
Als nächstes ist zu entscheiden, wieviel vom Hals wiedergegeben und wie er angeschnitten werden soll. Klären Sie das mit lebensgroßen zeichnerischen Schmierskizzen, sowohl frontal wie im Profil. Betrachten Sie die hier wiedergegebenen Meisterwerke, studieren Sie in Ausstellungen und Museen, wie andere dieses Problem gelöst haben und das auch Sie jedesmal von neuem bewältigen müssen. Das beste Porträt wirkt mißraten, wenn Hals und Sockel ungeschickt oder plump ausgebildet sind. Legen Sie den Sockel eher zu hoch als zu niedrig an, um noch während der Arbeit Spielraum zur Variierung der Halslänge zu haben. Die Sockelhöhe ist beim Abguß gegebenenfalls mit Leichtigkeit zu verringern, nachträgliches Anstückeln gelingt zwar auch, ist aber mühseliger.
Modellieren Sie als erstes um die Stange den Sockel, etwa 12 cm im Quadrat und 10 cm hoch. Er bremst ein wenig das Federn des Bambus, an dem ja bald ein erhebliches Gewicht hängt. Dann tragen Sie die bewußte Kugel an, die einige Zentimeter über der Stange abschließt. Daraus entwickeln Sie nach oben und unten die Eiform, und zwar so, daß sie bereits den Frontalproportionen des Kopfes ähnelt, jedoch nicht den endgültigen Abmessungen, denn Sie tragen ja noch nach allen Richtungen an! Wenn also der Kopf eine Höhe von 22 cm erreichen soll, wird

die des Ellipsoids nur 16–18 cm betragen. (Der Halszwischenraum muß entsprechend reichlich bemessen bleiben!) Ritzen Sie darauf die horizontale und die beiden vertikalen Halbierungslinien an und stecken Sie eventuell das »Fadenkreuz« ein. Auch weiterhin wiederholt sich alles, wie Sie es schon vom ersten Versuch her kennen: zuerst die Auswölbung der waagerechten Eiform, mit der Sie annähernd die Draufsicht des Schädels beschreiben (ohne Haare), dann der Unterbau von Kiefer- und Kinnpartie sowie das Antragen der Wulst von den Jochbogen über den Oberkiefer. Bei all dem müßten Sie um die eingesteckten Hölzchen herummodellieren. Sie werden besser herausgenommen und gegebenenfalls wieder eingesetzt, und zwar immer wechselseitig, so daß die anderen und die ständig nachzuziehenden Halbierungslinien als Richtschnur dienen können. Dies mag Ihnen vielleicht umständlich und langweilig erscheinen, für manchen ist es aber eine geradezu unentbehrliche Hilfe.

Sind Sie fast schon bis an die endgültigen Schädelauswölbungen herangekommen, tragen Sie den Unterbau der Nase an, wobei die Nasenwurzel knapp über der Horizontalen endgültig zu markieren ist, zur Orientierung für den Ansatz der Lidwinkel und der Höheneinteilung. Es wäre auch nützlich, jetzt schon die Umrißformen der Ohren plastisch hervorzuheben, damit Sie die Seitenproportionen sicherer beurteilen können.

22 Wie ich schon beim ersten Versuch angedeutet habe, werden Sie den gesamten Unterbau vielleicht anders sehen. Es kommt einmal auf die Gesichtsbildung Ihres Modells an sowie auf Ihr persönliches Empfinden für plastische Zusammenhänge. In dieser Hinsicht entwickelt jeder allmählich seine Eigenart, nur sollte sie nie zur Routine werden, sondern wandlungsfähig bleiben.

Bereits bei der Anlage des Ellipsoids und der anschließenden untersten Fundamentformen mußten Sie öfter mit dem Modell vergleichen, ob die Proportionen richtig geraten. Bei der Weiterarbeit brauchen Sie dann fast ständig die Gegenwart des Vorbildes, obwohl es immer noch nicht um äußere Ähnlichkeiten geht. Richtige Proportionen – das ist für geraume Zeit das einzige, was Sie anstreben sollten! Der Anfänger sorgt sich meist viel zu früh um eine jedermann erkennbare Ähnlichkeit. Der Gedanke daran wird manchmal zur fixen Idee, die jeden Arbeitsschwung lähmt.

Tatsächlich aber wachsen Ihnen formale Ähnlichkeiten am ehesten zu, wenn Sie überhaupt nicht daran denken, sondern einzig darum bemüht bleiben, das Typische zu erfassen und wiederzugeben. Es beruht zunächst auf Formgrundlagen, die mehr mit allgemeinen Rassemerkmalen zu tun haben, als mit der einmaligen Ausprägung der Physiognomie. Deshalb sind für erste Porträtversuche am anregendsten einfache, klare, glatte Gesichter mit starken Auswölbungen, wie sie unter Slawen häufig vorkommen, aber auch bei vielen Südländern und manchen Negerstämmen. Alte faltenreiche Gesichter dagegen bewältigt ein Anfänger nie, sie bleiben auch für den versierten Bildhauer stets ein Problem. (Beim Zeichnen ist es umgekehrt: ein altes Gesicht ist linear viel leichter zu erfassen als ein junges, das vornehmlich aus Rundungen besteht.)

Zeichnerische Studien sind für Porträtplastiken eine riskante Hilfe, oft sogar eine Gefahr, weil sie dazu verleiten, beim Modellieren flach und linear zu werden. Wohl aber können Sie gelegentlich technisch gute, womöglich selbst aufgenommene Fotos benutzen, zum Beispiel beim Ausarbeiten starrer Details wie Ohren, Nase, Brauenwülste und Oberlider sowie der Haartracht. Nur engelsgeduldigen

Porträt des Orthopäden Adam Gruca/Warschau, Terrakotta, Gesamthöhe 38 cm. Wie viele berühmte Chirurgen tat er die meist unsinnigen »Vorschläge« vieler Patienten mit Sarkasmus ab. Der damit verbundene momentane Seitenblick war am ehesten durch den bekannten Bildhauer-Trick wiederzugeben, die schmalen Lidöffnungen konisch auszuhöhlen: je nach Standpunkt des Betrachtenden und Lichteinfall verändert sich mit der Schattenwirkung optisch auch die Blickrichtung, vor allem bei Frontalansicht. Das Profil zeigt dagegen meist unverändert die Konzentration des Blicks bei Diagnose und Operation.

Modellen wird ein Ungeübter zumuten können, für alles und jedes zu sitzen – wünschenswert wäre es natürlich! Die ständige Gegenwart des Vorbildes bereits bei den Anfangsarbeiten bringt es mit sich, daß Sie sich ohne bewußte, gedankliche Aufmerksamkeit in dessen Wesensart hineinsehen und sich das physiognomisch Wesentliche einprägen. Das wirkt sich nachhaltiger aus als studierendes Anstarren erst bei der eigentlichen Ausführung. Ein echtes, das ganze Wesen eines Menschen schilderndes Porträt kann nur aus überlegener, abgeklärter Intuition entstehen, nach einem auch ohne Modell Ihnen ständig vor Augen schwebenden Gesamteindruck. Unbewußt haben Sie dann schon flüchtige, mimische Ausdrucksformen ausgesondert zugunsten der bleibenden, und kleben auch nicht mehr mühsam am Detail.

Zu solch innerer, sicher wiederzugebender Vorstellung gelangen Sie am ehesten, wenn Sie von einer ruhigen, gelassenen Mimik Ihres Gegenüber ausgehen. Denn ähnlich, wie die stark bewegte Pose einer Ganzfigur immer ein Risiko bedeutet, verhält es sich auch mit starken mimischen Ausdrücken: Lachen, Wut, Weinen werden bei einer Plastik zu unerträglichen Grimassen. Sehr lebendig dagegen wirkt die Schilderung länger anhaltender Gemütszustände wie Trauer, konzentrierte Energie oder Frohsinn mit der Andeutung eines Lächelns um Augen- und Mundpartie. Jedesmal werden Sie herauszufinden haben, welche Temperamentäußerung dem Wesen Ihres Vorbildes am besten entspricht.

Demgemäß gehen Sie an die Ausformung der Einzelheiten. Bis zum Äußersten sollten Sie dabei bemüht bleiben, sie alle aus plastischen Wölbungen zusammenzusetzen, bedenken, daß eine Falte nichts anderes ist als der Zusammenstoß zweier Buckel. Das gilt oft auch noch für Details, die am Lebenden nur aus Farbkontrasten bestehen – wie die Iris mit Pupille und das Lippenrot. Dessen Grenze läßt sich ohne weiteres durch einen leichten Wölbungsknick der Mundplastik andeuten, bei den Augen ist die Lösung nicht so einfach gegeben. Ihr Ausdruck beruht auf der Art der Lidöffnung mit den Wimpern und ihren Schatten, dem Glanz des Augapfels, dem Dunkelkontrast von Iris und Pupille. Frühgriechische Plastiken zeigen das Naheliegendste: naturgetreu ausmodellierte Augäpfel, zuweilen mit eingegrabenen Iriskreisen und flachen Pupillenvertiefungen. Der Ausdruck erinnert heutzutage manchmal unangenehm an Fischaugen, weil die – vermutlich – einst farbige Behandlung der ganzen Figur verschwunden ist. Im alten Ägypten war es oft üblich, vielfach wohl auch bei antiken Bronzefiguren, die Augäpfel aus entsprechend zugeschliffenen Bergkristallen einzusetzen, hinterlegt mit kreisrunden schwarzen Wachsscheiben. Hinzu kam bei Steinplastiken dann aber auch wieder die durchgehende farbige Fassung der Figur oder Büste. Als anderes probates Mittel erwies sich von jeher das Eingraben schattenbildender Vertiefungen, wie Brauen-Rillen, Ausfransen der Lidkanten, Kugelsegment-Aushöhlungen der Augäpfel. Je nach Lichteinfall und Standpunkt des Betrachters entsteht dann sogar die Illusion von Blickbewegungen.

Schon beim Antragen der Eiform muß geklärt werden, in welcher Haltung der Kopf wiedergegeben werden soll. Auch damit interpretieren Sie einiges von der Wesensart des Modells. Die Kopfhaltung beeinflußt weitgehend Einzelheiten, wie die Blickrichtung, die Ausbildung von Kinn und Kehle, gegebenenfalls die Lage längerer Haare. Der Halsansatz, seine Richtung und sein unterer Abschluß können einen Begriff von Statur und Körperhal- 10
tung vermitteln. Zum Beispiel wird ein schlanker, vielleicht sogar übertrieben langer Hals den Eindruck erwecken, daß eine schlanke, graziöse Figur dazugehört. Ein kurzer, dicker Hals verkörpert das Gegenteil.

Jede Neigung des Kopfes erfordert – soll der Eindruck einer statisch ausgeglichenen Haltung entstehen – eine entsprechende Gegenbewegung des Halses. Sie wiederum bewirkt meist eine Verschiebung des Schultergürtels. Wird er nicht als sockelbildender Torso mitmodelliert (wie häufig in früheren Zeiten), kann seine Haltung durch einen entsprechenden Halsanschnitt angedeutet werden. Meist ist das die glücklichste Lösung, die auch eine gute Trennung vom Sockel oder eine Überleitung zu ihm ergeben kann. Er wird im allgemeinen so schlank wie möglich zu halten sein, ein zu breit ausladender Sockel wirkt immer plump und ungeschickt.

Bei der Haardarstellung wäre es höchst riskant, eine regelrechte Frisur nachbilden zu wollen. Die Eselsbrücke für den Bildhauer besteht meist darin, sich mit einer Art Strömungsverlauf der Haare zu begnügen, wie er sich aus dem Anblick ergibt oder wenn man mit der Hand behutsam darüberstreicht. Die genaue Ausarbeitung einer Frisur ist zwar recht einfach, erinnert aber in fatalster Weise an Perückenmodelle im Schaufenster eines Friseurladens.

Das Porträt gilt als eine der Krönungen

Links: Kopf eines Schergen, Sandstein, Dom zu Havelberg, 14. Jh. Die tief ausgehöhlte Augenpartie und der brutale Mund interpretieren das Unheimliche der Figur. Rechts: Porträt eines Unbekannten, etwa um –250, aus dem Meer bei Antikythera geborgen, Bronze mit eingesetzten Augäpfeln aus Bergkristall, die Pupillen mit schwarzem Wachs hinterlegt (Athen, Nationalmuseum).

bildhauerischen Könnens. Trotzdem ist es auch für den Anfänger die oft dankbarste Aufgabe: ein Porträtmodell ist leichter zu bekommen als jedes andere; sinnvoll ausgewählt, bietet es bei lebensgroßer Ausführung den großzügigsten plastischen Anreiz; die Arbeit ist nicht zu umfangreich und in absehbarer Zeit zu bewältigen, zumal wenn Sie nicht gleich endlos an Details herumbosseln. Halten Sie es damit ebenso, wie ich es bereits beim Akt und der bekleideten Figur empfohlen habe: begnügen Sie sich anfangs mit Skizzen und vertiefen Sie sich von Mal zu Mal nur so weit in Details, daß es nicht zur Quälerei kommt. Und schließlich ist der Abguß einer Porträtplastik relativ einfach.

Noch ein Wort zur Einrichtung: am bequemsten und besten für alle Beteiligten ist es, wenn Sie auch für das Modell eine große Drehscheibe haben, auf der ein Hocker ausreichend Platz findet. Wenn sich noch ein hoher Unterbau aus standsicheren Kisten herrichten läßt – um so besser. Sie können dann im Stehen arbeiten, in gleicher Kopfhöhe mit dem Modell. Es geht natürlich auch nur mit einer Tischdrehscheibe für Ihre Arbeit und einem Drehstuhl für das Modell. Und vergessen Sie nicht, möglichst große Schlingen zu benutzen! Für ein lebensgroßes Porträt sollten die gezähnten Schrägen 4–6 cm breit sein. Nur für letzte Feinheiten sind kleinere Schlingen und auch Modellierhölzer unentbehrlich.

Masken

Die Bildung von Masken bedeutet einen Übergang vom Arbeiten nach natürlichen Vorbildern zum freien Gestalten. Einer Maske liegen zwar Formen des menschlichen oder auch eines tierischen Antlitzes zu Grunde – doch werden sie übertrieben, verzerrt oder gar in Gebilde umgewandelt, die mit natürlichen Erscheinungen schließlich kaum noch etwas gemein haben.
Ursprünglich waren Masken dazu bestimmt, vor dem Gesicht getragen oder über den Kopf gestülpt zu werden. Damit streifte der Träger seine Individualität ab, er verkörperte einen anderen Menschen oder ein Tier, ein imaginäres Wesen, oder einen Inbegriff wie zum Beispiel die Nacht, den Wind, den Krieg – also auch Ereignisse, die keine greifbare Gestalt haben. Der Brauch dauerte Jahrtausende an und ist bei einigen Naturvölkern heute noch lebendig. Einst war die Wirkung von Masken bei Zauber, Kult, Krankheit und dergleichen zweifellos außerordentlich suggestiv, wenn wir uns auch davon keinen rechten Begriff mehr machen können. Ebenso haben die nicht so alten Schauspielermasken etwas Geheimnisvolles, denn das frühe Theater war im wesentlichen Mysterienspiel. Im gleichen Maß, in dem alte Mysterien in bloßem Mummenschanz ausklangen, wurden die Masken zu sinnlosen Larven, die nur noch komisch wirken.
Für uns hat es keinen Sinn, an Vorstellungen und Motive anzuknüpfen, die wir nicht mehr verstehen oder die uns nicht mehr überzeugen. Maskenmotiv kann für uns nur etwas sein, womit wir uns ernsthaft auseinandersetzen wollen oder müssen: Leidenschaften, Charaktere, Sehnsüchte, Gewalten, Triebe – man könnte eine unendlich lange Reihe von »Dingen« aufzählen, mit denen wir manchmal nur fertigwerden, wenn wir ihnen »ins Antlitz schauen« oder sie »beim Namen nennen«. Diese beiden Redensarten verdeutlichen, was eine Maske für uns bedeuten kann: die Verselbständigung, der Inbegriff von etwas, dem wir ausgeliefert sind, das uns beherrscht. Mit der Verdichtung zum sichtbaren, greifbaren Bild verliert das Dargestellte ganz oder teilweise seine beherrschende Wirkung, wir können es bekämpfen oder aber freiwillig zum Beispiel und Vorbild nehmen.
Auf diese Tatsache gründet sich die uralte Vorstellung, Verhexungen oder Besessenheiten unter anderem durch Symbolbilder zu bannen. In gewisser Hinsicht hängt damit aber auch die Überzeugung moderner Künstler zusammen, daß in Abstraktionen oder »nicht-gegenständlichen«, »freien« Darstellungen mehr und Allgemeingültigeres enthalten sein kann als in naturnahen Wiedergaben, die jeweils nur an eine einzige Erscheinungsform mit all ihren Zufälligkeiten gebunden sind.
Moderne Masken, die nicht bloße Spielerei oder »Mache« sind, bedeuten also zum Gesicht verdichtete Abstraktionen. Und selbst durch die noch so verzerrte Andeutung eines Antlitzes werden wir mit dem symbolisierten Inhalt unmittelbarer und suggestiver konfrontiert als durch andere Darstellungsarten. Gerade die Übertreibungen und Verzerrungen, das Weg-

lassen oder Verdoppeln von Gesichtsteilen, ihre schiefe oder seitenverschiedene Ausbildung wirken eindrucksvoll und nachhaltig. Für solche Umgestaltungen oder Erfindungen gibt es keine Grenzen und ebensowenig Erfahrungsregeln, nach denen bestimmte Ausdrücke abseits von Physiognomik und Mimik zu erreichen wären. Eine Maske wird immer dann einige Wirkung haben, wenn sie einer echten Vision entspringt, die sich während der bildhauerischen Arbeit noch verdichtet und steigert. Nur Ausgedachtes und nur aus einem Herumprobieren mit bizarren Formen Entstandenes wird auf die Dauer kaum faszinieren, doch können Versuche solcher Art dem angehenden Bildhauer vielleicht eine ihm bislang verschlossene Vorstellungs- und Ausdruckswelt eröffnen.

Wenn Sie mit der Ausführung einer Maske beginnen, so bedenken Sie von vornherein, daß das Ergebnis keinesfalls so aussehen sollte, als hätte jemand von einer Rundplastik lediglich den Gesichtsteil abgeschnitten! Hören Sie rundherum dort auf, wo es nichts Wesentliches mehr auszudrücken gibt. Da die Maske ja nicht mehr als Larve verwendet wird, ist der Verlauf ihrer Ränder völlig gleichgültig. Dennoch möchte der Betrachter die Illusion behalten, die Maske umnehmen zu können, sie sollte deshalb als möglichst dünne Schale abgeformt werden. Bilden Sie im übrigen das Ganze sowie die Einzelheiten eher übertrieben plastisch als zu flach aus, sonst entsteht der Eindruck eines dilletantischen oder zerdruckten Machwerks.

Das klassische Material für Masken war seit jeher Holz, weil es leicht ist und fest genug, um dünnwandig ausgehöhlt zu werden. Allerdings bringt das nur ein geübter Schnitzer zuwege. Aber selbst wenn er eine hohe künstlerische Vorstellungsgabe besitzt, wird er wohl immer zuerst an einem Tonmodell die Formge-

Oben: Perchtenmaske mit Doppelgesicht aus Tirol, 18. Jh., farbig gefaßtes Holz (München, Nationalmuseum).

Unten: Kultmaske aus Kamerun, 19. Jh., Holz, 34 cm hoch.

bung klären. Technisch ist das die einfachste Modellierarbeit. Von ihr läßt sich auch auf primitivste Weise ein Negativ im Ganzen abgießen. Ist es nicht »untergriffig«, so kann es mit einer relativ dünnen Wachsschicht ausgegossen oder ein Abdruck in brennbarem Ton genommen werden, oder Sie verwenden dazu eine selbsterhärtende, holzähnliche Masse. Ein Gipspositiv erfordert immer die verlorene oder, zum wiederholten Abgießen, eine Kautschukform. Bei nur wenig untergriffiger Modellierung kann ein zweiteiliges Negativ genügen.

Am angenehmsten modellieren Sie an einer nur wenig aus der Senkrechten geneigten Platte. Statt eines Gerüstes genügt eine Haftvorrichtung für den Ton, bestehend aus ein paar Messingschrauben, die nur halb in die Grundplatte eingedreht und mit Schnur und Draht verbunden werden. Sie tragen den Ton natürlich voll an. Beabsichtigte Durchbrechungen, zum Beispiel der Augen oder der Mundöffnung, werden zunächst als glatte Vertiefungen angelegt und später aus dem abgeformten Positiv herausgeschnitten. Ähnlich verfahren Sie auch mit dem Umriß. Das Überflüssige zwischen ihm und der Grundplatte wird etwas zurückgesetzt, damit es am Negativ gut zu erkennen und genau abzuschneiden ist. Legen Sie deshalb die Maske hoch genug über der Modellierplatte an.

Bei manchen Masken spielt zuweilen die Bemalung eine wesentliche Rolle, ihr sind

Studie für eine Maske »Ironie«, Plastilin, 23 cm hoch. Unten: Montage des Modellierbrettes auf der Grundplatte mit Bambus in der Mitte und vier aufgenagelten Klötzen, zwischen denen das Brett Halt findet. Auf diesem ist um 5 Schrauben mit Unterlagscheiben eine Plastikdrahtverschnürung mit eingeklemmten Hölzern angebracht, die das voll anzutragende Plastilin festhält.

Rechte Seite, oben: mit noch sehr lockeren Anträgen sind Gesamtform und Ausdruck skizziert. Unten links: Endstadium der Studie vor dem Abguß, die Ausarbeitung geschah zum größten Teil nur mit den Fingern. Unten rechts: Abguß als etwa 12 mm starke Gipsschale (Verfahren Seite 117), die linke Pupille und die rechte Lidspalte sind bereits durchbrochen, die Außenränder noch nicht geglättet.

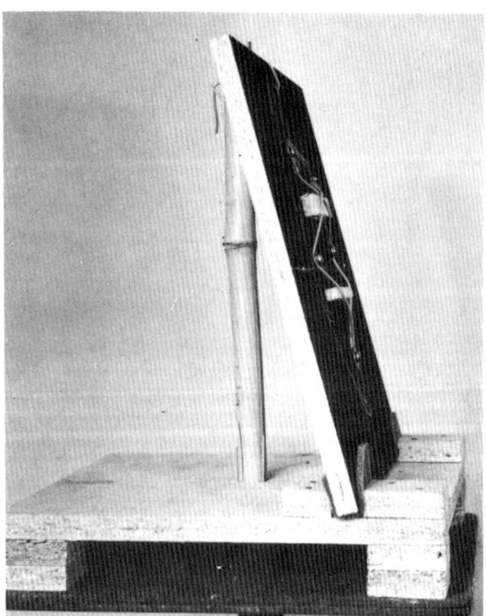

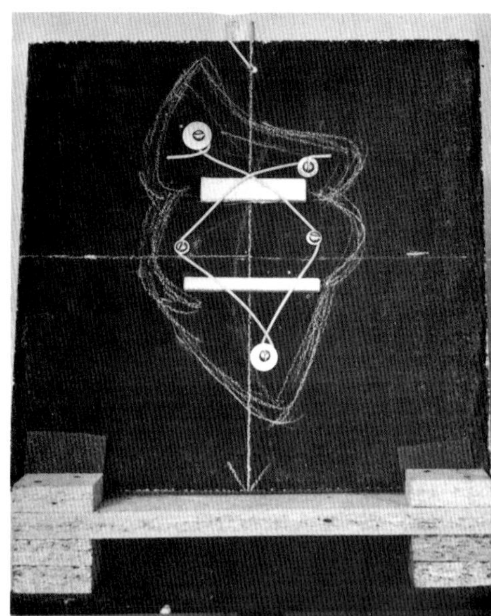

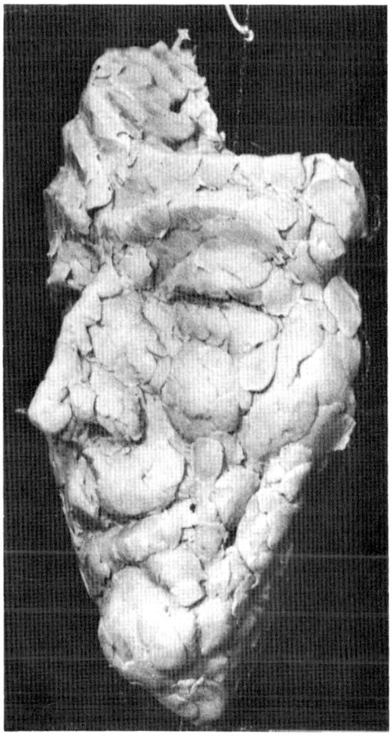

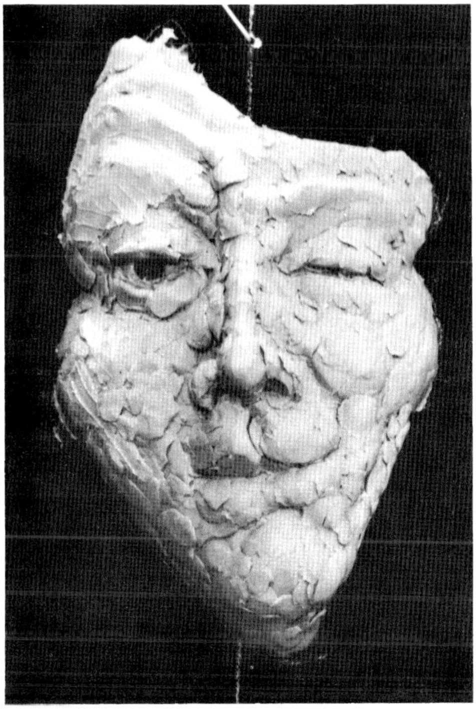

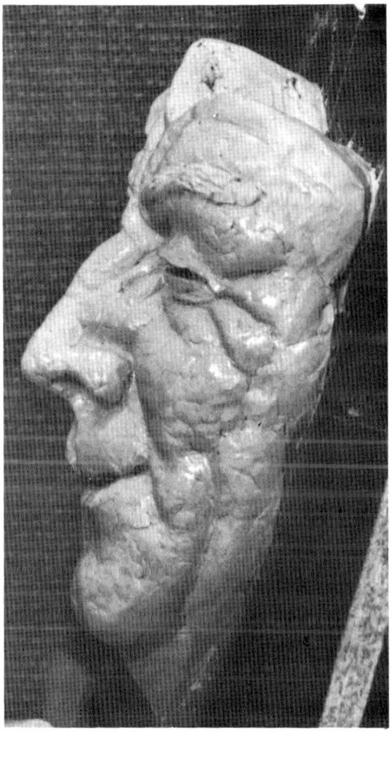

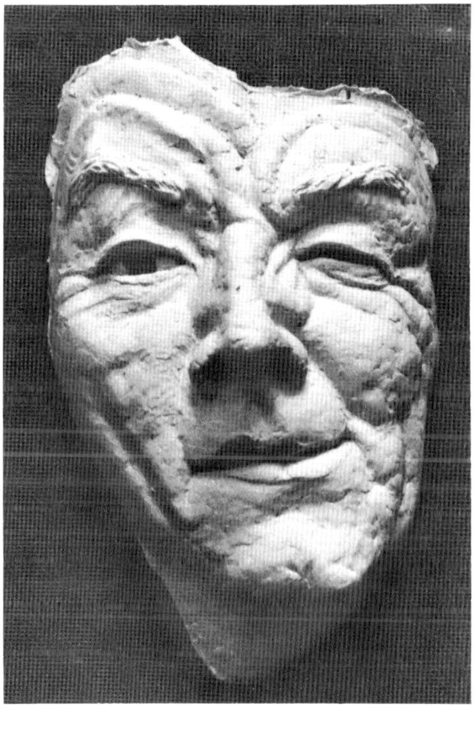

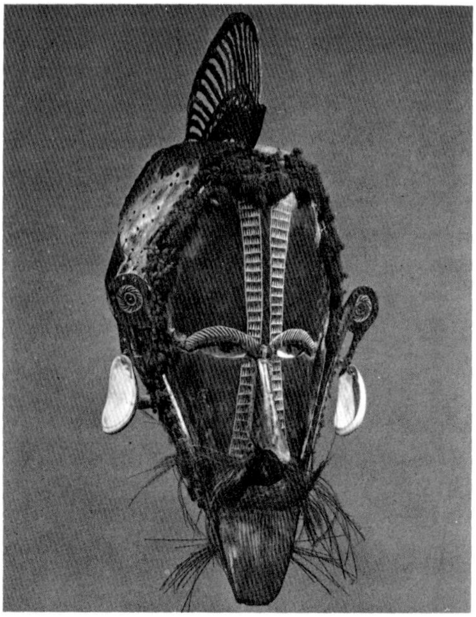
1

2

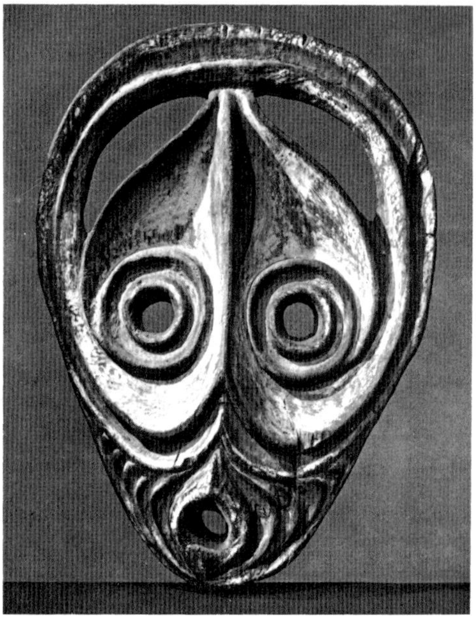
3

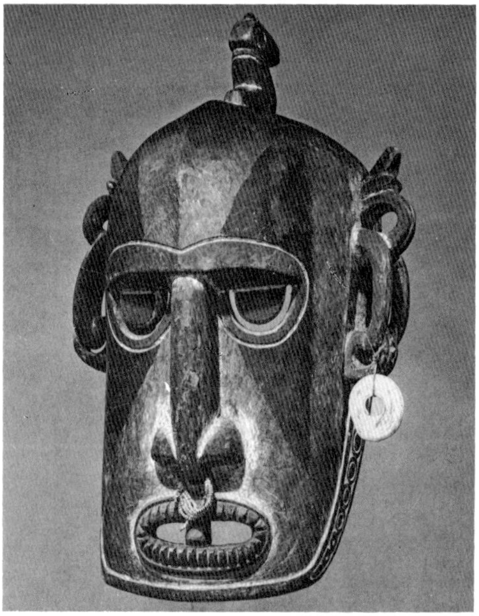
4

1 = Totenfest-Maske von der Torresstraße, Höhe 56 cm (Berlin). 2 = Riesenschwein-Maske aus Neu-Irland, Höhe 36 cm (Berlin). 3 = »Gesichtsbrett«, Giebelverzierung an einem Zeremonialhaus auf Neuguinea, Höhe 84 cm (Bremen). 4 = Maske von einem Zeremonialhaus auf Tami bei Neuguinea, Höhe 47 cm (Hamburg).

zwar keine Grenzen gesetzt, bedenken Sie aber, daß grelle und zu viele Farbkontraste die plastische Wirkung beeinträchtigen. Machen Sie vorher einige Deckfarbenskizzen auf weißem oder der Färbung des Maskenmaterials entsprechend getöntem Papier. So vermeiden Sie endlose Korrekturen am kostbaren Abguß, wobei unweigerlich etwas vom Reiz der Materialoberfläche verlorengeht.

Puppenspiel-Köpfe

Die Herstellung von Köpfen für Marionetten und Handpuppen führt in das Gebiet der plastischen, meist karikierenden Kleinkunst. Wenn Puppenbühnen auch gelegentlich Werke mit ernstem Inhalt aufführen, so widmen sie sich doch häufiger der Komödie, der Groteske und dem Märchenspiel. Die bildhauerische Arbeit dafür beschränkt sich auf die Anfertigung von Köpfen. Bei der Marionette, also der mit Hilfe von Fäden bewegten Puppe, werden die Kleider ausgestopft, während die Kleidung der Handpuppe Arm und Hand des Puppenspielers bedeckt, Daumen und Mittelfinger die Arme ausfüllen und bewegen und der Zeigefinger den Kopf dirigiert, der entsprechend ausgebohrt ist.

Puppenköpfe dürfen nicht allzu schwer sein, deshalb werden sie meist aus Holz geschnitzt. Man leimt den kleinen Rohblock aus zwei Stücken mit einer Papierzwischenlage zusammen, so daß er sich nach dem Schnitzen leicht aufspalten, aushöhlen und wieder paßgenau zusammenleimen läßt. Wer jedoch im Schnitzen völlig unerfahren ist, kann sich durchaus damit begnügen, die Köpfe zu modellieren und mittels verlorener Form hohle, dünnwandige Gipsabgüsse herzustellen.

In Bastelanweisungen und Schulen wird oft empfohlen, Puppenköpfe aus Papiermaché über einem Kern aus schnurumwickeltem Zeitungspapier zu modellieren. Ein solches Verfahren führt zu vollendetem Murks: der weiche Kern federt und erlaubt kein sicheres Antragen, zumal er meist auch noch in der Hand gehalten werden soll, und mit selbst zerpflücktem oder käuflichem Papiermaché kann niemand einigermaßen präzise Formen hervorbringen. Ähnlich geht es mit anderen Patentmassen. Auf präzise bühnenwirksame Formgebung kommt es aber in erster Linie an! Sie gelingt auch schwerlich mit dem sogenannten Kaschieren: über einer grob modellierten Tonform werden kleine Mullstücke mit Leimwasser übereinandergeklebt, so daß allmählich eine etwa zwei Millimeter dicke, nach dem Trocknen ausreichend feste Schale entsteht, die den Tonkern ungefähr nachbildet. Durch leimgebundene Schlämmkreide-Aufstriche wird die Schale geglättet und nochmals versteift. Ist sie völlig trocken, so halbiert man sie mit einem scharfen Messer, schält den Ton heraus und leimt die Hälften wieder zusammen. Der so entstandene Kopf ist außerordentlich leicht und recht widerstandsfähig. Immerhin ist das Verfahren einige Versuche wert, wenn auch eine präzise Formgebung wie beim Modellieren kaum zu erreichen und die Hantierung nicht weniger umständlich ist als bei einem Gipsabguß. Dieser hat freilich den Nachteil, schwerer und nicht bruchsicher zu sein.

Auf welche Ausführungsart Sie auch abzielen, zuerst sollten Sie eine Reihe von Puppenköpfen nach bereits beschriebener Methode modellieren und abgießen, und zwar hohl, mit eingegipsten Gazestücken, so daß ein eventueller Bruch nicht gleich in Stücke zerfällt und leichter repariert werden kann. Der einfache Vollguß würde zu schwer wiegen, genügt aber, wenn Sie ihn nur als Modell für an-

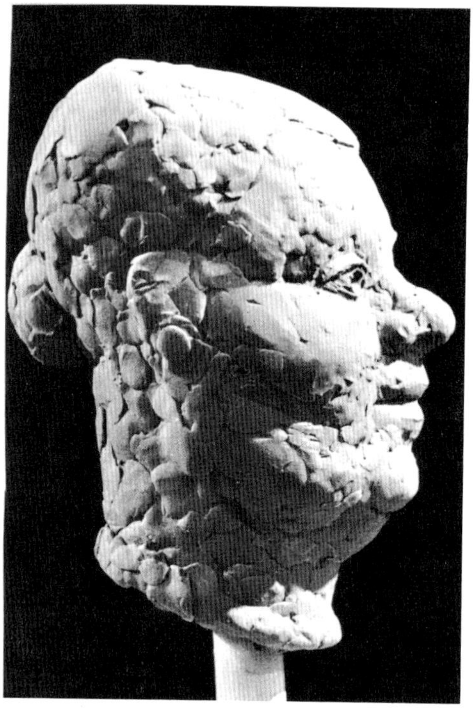

dere Verfahren haben oder zum Vergleich aufbewahren wollen.

Wie gesagt, kommt es bei Puppenspiel-Köpfen in erster Linie auf bühnenwirksame und eher übertriebene Charakteristik an. Sie ist vor allem durch starke Vereinfachung und Plastik zu erreichen. Je schärfer Buckel, Flächen und Tiefen begrenzt sind, um so mehr Möglichkeiten hat der Bühnenbeleuchter, die Mimik der Gesichter zu variieren: zerstreutes Licht

Puppenspiel-Köpfe in Ton, »Marktfrau« und »Butler«, Höhe ca. 8 cm. Zum Vergleich der groben Anlage mit der fertigen Ausarbeitung blieb jeweils die linke Seite unvollendet. Um dem Beleuchter möglichst großen Spielraum zur Veränderung des Ausdrucks zu geben, wurden die plastischen Buckel etwas übertrieben und teilweise scharfe, eigentlich unplastische Kanten modelliert, die tiefen Pupillenlöcher dienen dem gleichen Zweck. Die Randwülste am Hals sind zur Befestigung der Kleider oder des ausgestopften Balges erforderlich.

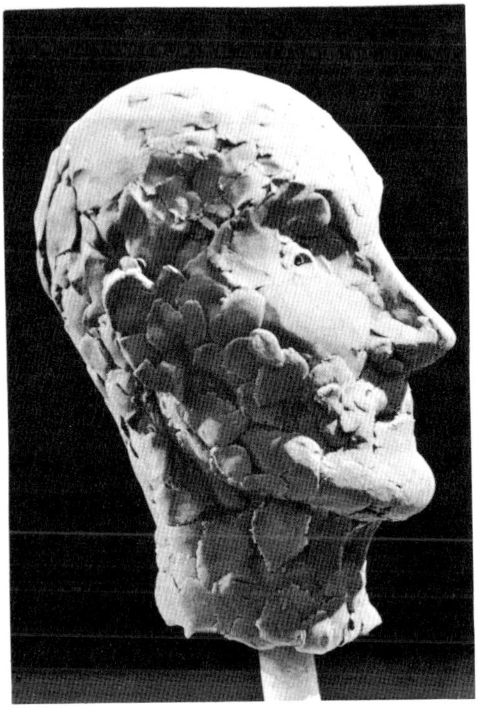

verwischt die Schärfe der Modellierung, gebündeltes Licht hebt sie bis zur Groteske hervor, durch Schlagschatten kann ein freundliches Gesicht zu hämischer oder bösartiger Wirkung gebracht werden. Es ist wie auf der großen Bühne: auch die beste »Maske« kann erst durch gute Beleuchtung wirklich zur Geltung kommen. Prüfen Sie also im dunklen Raum mit einer Taschenlampe, wie sich der modellierte Kopf durch Lichteffekte verwandeln läßt, ob er noch mehr an Übertreibungen braucht, oder ob Sie schon zuviel des Guten getan haben.
Das bezieht sich nicht zuletzt auf die Ausbildung der Augen. Im Abschnitt »Porträt« habe ich bereits erläutert, wie durch Aushöhlungen bewegliche Blicke entstehen können. Ein »stechender« Blick ergibt sich, wenn Sie nur die Pupille tief ausbohren und seitlich beleuchten. Offene, plastisch modellierte Augäpfel kön-

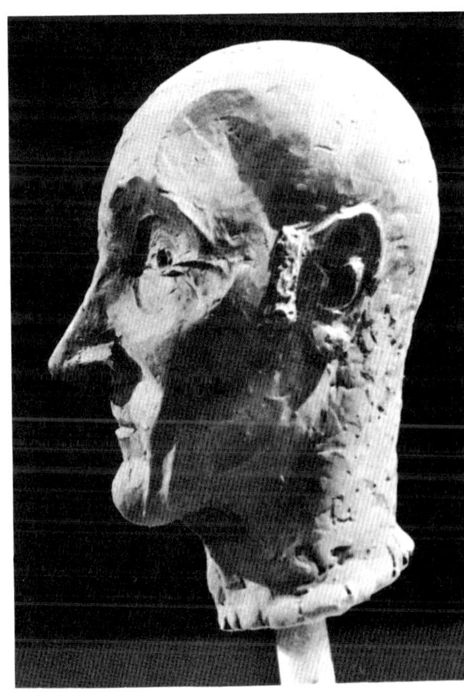

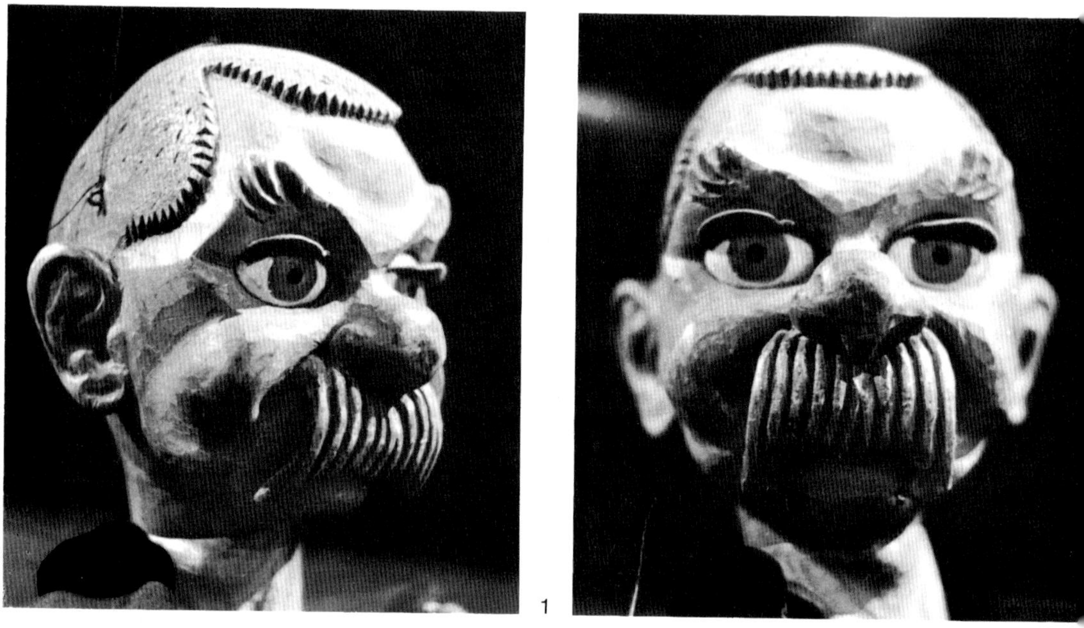

1

nen übrigens den Eindruck erwecken, den Zuschauer ständig anzusehen, wenn sie absolut geradeausblickend dargestellt und frontal gezeigt werden. Überzeugen Sie sich, indem Sie zum Beispiel eine Zeichnung mit genau geradeaus schauenden Augen an die Wand hängen: wie Sie auch zur Seite gehen – die Augen verfolgen Sie!
Je nach Beleuchtung kann auch ein breit gezogener Mund sowohl lachend wie weinend, schadenfroh grinsend, resigniert oder verbittert wirken. Entscheidend ist, daß Sie nicht die spezifischen Merkmale des einen oder anderen ausdrücklich modellieren. Überhaupt werden Sie mit markanter Physiognomie, aber unbestimmter Mimik, dem Puppenspieler und seinem Beleuchter die weitgespanntesten Variationen im Ausdruck ermöglichen.
Zum Puppenkopf gehört zweifellos die Bemalung. Nur sehr anspruchsvolle, erwachsene Zuschauer ziehen einheitliche Tönungen manchmal vor.
Im übrigen gilt für die farbige Behandlung von Puppenköpfen das gleiche, was ich bereits bei den Masken angedeutet habe.

Marionettenköpfe aus Holz (teilweise montiert) mit beweglichen Augen und in farbiger Fassung. Etwa 2/3 der Originalgröße. Hergestellt für das Marionettentheater Münchner Künstler (Stadtmuseum München).
1 Olaf Gulbransson (Entwurf), »Pedell« aus »Goethe im Examen«.
2 Leo Pasetti, »Merkur« als Sosias verwandelt, aus »Amphitryon«.
3 Jakob Bradl, »Gendarm« aus »Kasperl als Porträtmaler«.

2

3

Plastische Abstraktionen

Für Richtungen moderner Plastik, die keinen unmittelbaren Zusammenhang mit natürlichen Beispielen oder Vorbildern erkennen lassen, gelten die gleichen verschwommenen Bezeichnungen (»frei«, »nichtgegenständlich«, »ungebunden«) wie für die parallelen Richtungen in Malerei und Grafik. Verwandt sind auch die darstellerischen Entwicklungen: aus vielfältigen Varianten einer natürlichen Formgattung ergibt sich die allgemeingültige Formel; der Verlauf einer Bewegung läßt sich auch ohne das Wesen oder den Gegenstand wiedergeben, der sie ausführt; Empfindungen und Ereignisse (zum Beispiel »Haß« oder »Nacht«), die frühere Zeiten in figürlichen Allegorien versinnbildlichten, oder denen Masken ein Gesicht verleihen, werden als visionäre Formgebilde erlebt und sichtbar gemacht.

Während Grafik und Malerei solche Visionen unter anderem auch nur mit Tonverläufen und Farben fixieren können, ist die Plastik stets auf greifbare Formen angewiesen, deren höchste Vollendung in äußerster Präzisierung besteht. Sie ergibt sich in erster Linie aus der zusammenfassenden Vereinfachung von natürlichen Formen. In letzter Konsequenz kommt es zu einer Angleichung an die jeweiligen geometrischen Urbilder. (Sie praktizierten das in umgekehrter Weise, als Sie Darstellungen von Menschen oder Tieren auf geometrischen Fundamentformen aufbauten.)

Jetzt handelt es sich unter anderem darum, von vornherein auf eine Ausdrucksform zuzusteuern, die im Idealfall alle Na-

Lastträger, 35 cm hohe Plastilinstudie. Ihr lag die Absicht zugrunde, den Bewegungsausdruck von der natürlichen Form zu abstrahieren. Die Abbildungen zeigen eine Zwischenstufe, bei der vorerst nur auf naturalistische Details verzichtet wurde. Die im Gegenlicht aufgenommenen Silhouetten-Fotos sind als Anregung für weitere Reduktionen durch Zusammenziehen und Vereinfachen der Formen gemeint. (Technische Anmerkung: die senkrechten Stützdrähte waren notwendig, um dem einfachen Drahtgerüst während der Modellierarbeit ausreichenden Halt zu geben. Erst beim Gipsabguß werden sie überflüssig.)

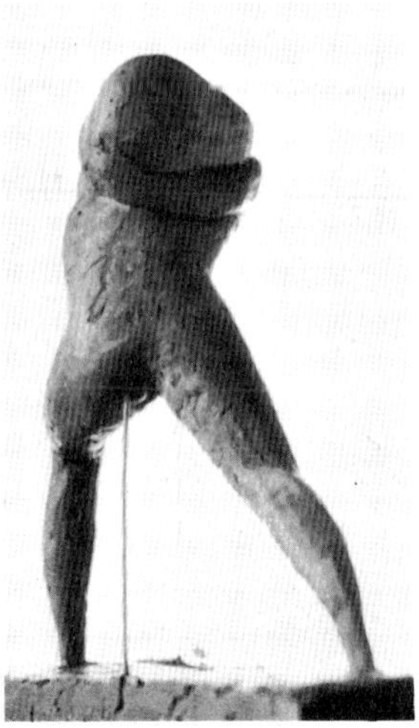

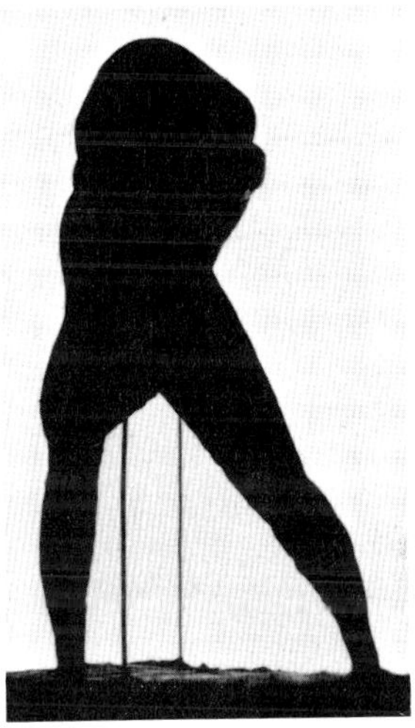

turgebilde einer bestimmten Gattung charakterisiert. Sie liegt zwischen zwei Extremen: der einmaligen natürlichen Erscheinung des Gebildes oder Individuums – und dem jeweiligen geometrischen Urbild. Das wäre für einen menschlichen Kopf bekanntlich das Ellipsoid oder die Kugel.

Solche geometrisch klar definierbaren Formen können zwar mancherlei symbolisieren, besitzen aber als sozusagen logische, technische Abstraktionen keine künstlerische Ausdrucksmöglichkeit. Das Ei dagegen hat bereits eine eindeutige Ausrichtung: als Kopf angesehen, bildet seine Spitze das Kinn, seine Gegenseite das Schädeldach.

Eine Abstraktion, die künstlerisch etwas auszudrücken vermag, wird nicht mit Logik und Wissen erreicht, sondern durch

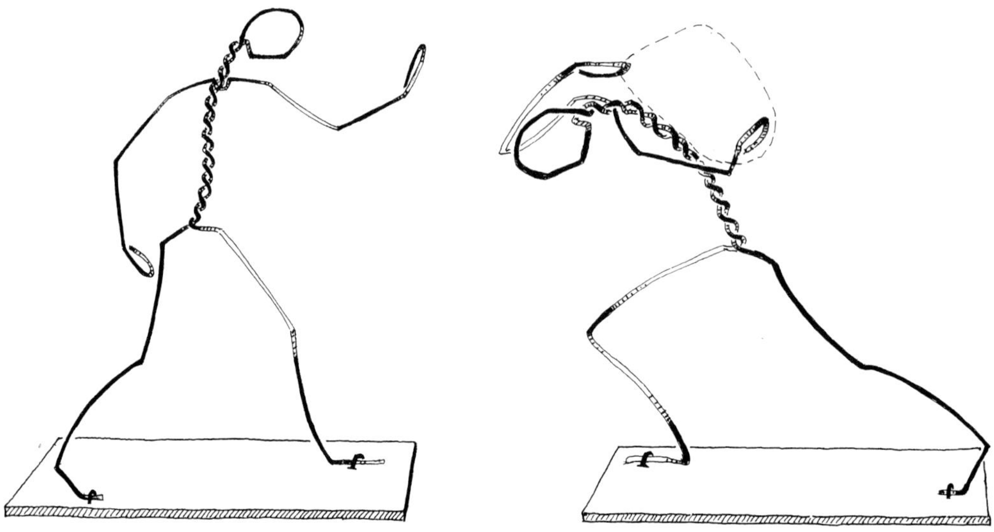

Skizzen für Drahtfiguren, beim Gerüstbau müßte an den Unterschenkeln, beziehungsweise an den Füßen die Sockeldicke zugegeben werden.

Anblick und Vorstellung, durch tastende, allmähliche Steigerung – beim Modellieren ebenso wie beim Zeichnen oder Malen. Bis zu welchem Stadium Sie eine Abstraktion treiben, hängt davon ab, was Sie ausdrücken wollen. So sind zum Beispiel Drahtfiguren dreidimensionale grafische Abstraktionen lediglich der Haltung einer Figur. Obwohl sie bisher im Sinn von »Werkzeichnungen« gemeint waren, könnten sie auch als Endergebnis aufgefaßt werden, als »Drahtplastik« wie der etwas widersinnige Gattungsbegriff heißt, und für deren Ausführung dann häufiger Bandmetall verwendet wird.

Die »Spannungszüge« einer Figur sind von der Natur etwas weiter entfernte Abstraktionen als die Drahtfiguren, denn solche Züge beschreiben weder die Anatomie noch äußere Formen, sondern nur empfundene Gegensätze zwischen aktiver Anspannung und passiver Last. Daher können Schwerpunkte an Stellen liegen, die keineswegs identisch sind mit den Sammelpunkten statisch wirksamer Massen. Versuchen Sie doch einmal, allein mit solchen plastisch ausmodellierten Spannungszügen die Illusion einer Figur zu geben!

Eine plastische Abstraktion wird häufig darin bestehen, durch Verdickungen und Verjüngungen Bewegungs- oder Kräfterichtungen zu interpretieren. Die Verjüngung zur Spitze wirkt scharf, eindringend – denken Sie an einen Pfeil! Die Verdickung wirkt wuchtiger, mit der Masse angreifend – der fallende Wassertropfen ist dafür ein vollendetes plastisches Beispiel. Eine kugelartige Verdickung wird vielfach Ende oder Umkehr bedeuten, die stempelartige eher Ruhe, Standfestigkeit, auch rohe, plumpe Kraft. Meist sind in den einzelnen Formen mehrere Ausdrucksmöglichkeiten beschlossen. Welche gemeint ist, wird erst klar durch die Kombination mehrerer Formen. Um aus den unendlich vielen Möglichkeiten einen gewissen »Wortschatz« an formalen Ausdrucksmitteln ständig parat zu haben, üben Sie sich sowohl im spielerischen

Zusammenstellen willkürlicher zufälliger Formen als auch im zielbewußten Aufbau, der eine bestimmte Empfindung oder Handlung wiedergeben soll. Wie das gemeint ist, zeigen Ihnen einige Beispiele. Weiter aber kann Ihnen niemand helfen, wenn Sie sich der »freien« Plastik widmen möchten. Dabei sollten Sie bestrebt sein, eine Vorstellung oder Abstraktion so auszudrücken, daß jeder Betrachter das gleiche empfindet wie Sie selbst. Einige bedeutende Bildhauer unserer Zeit haben das erreicht – die meisten freilich nicht: entweder müssen sie dann mit einem oft unglücklich gewählten Stichwort darauf hinweisen, was der Betrachter sich vorstellen soll – oder sie überlassen es ihm einfach, was er empfinden oder in das Gebilde hineinsehen will. Häufig wirkt es dann ohnehin wie ein sinnloses Zufallsprodukt, und man fühlt sich um so eher geprellt, wenn ein hochbezahlter Name darunter steht. In der gesamten »nichtgegenständlichen« Kunst stehen dem Scharlatan alle Wege offen. Ich meine, man sollte sich lediglich von dem beeindrucken lassen, was einen wirklich ergreift, und von nichts anderem.

Versuch einer dreidimensionalen Linear-Abstraktion der »Kontrapost«-Haltung eines Menschen, abgeleitet von der Anatomie-Studie Seite 36, Höhe 40 cm.
Auf einem Montagesockel (Spanplatte 10 × 20 cm) wurden die aus 2,5 mm Plastikdraht zurechtgebogenen »Linien« aufgeschraubt und mit Bast umwickelt. Danach erfolgte der dünne, an- und abschwellende Modellierantrag und die Ausbildung der Sockelauflage mit einer selbsterhärtenden Masse (Keramiplast). Sie bewirkte gleichzeitig eine ausreichende Versteifung der Gerüstdrähte.

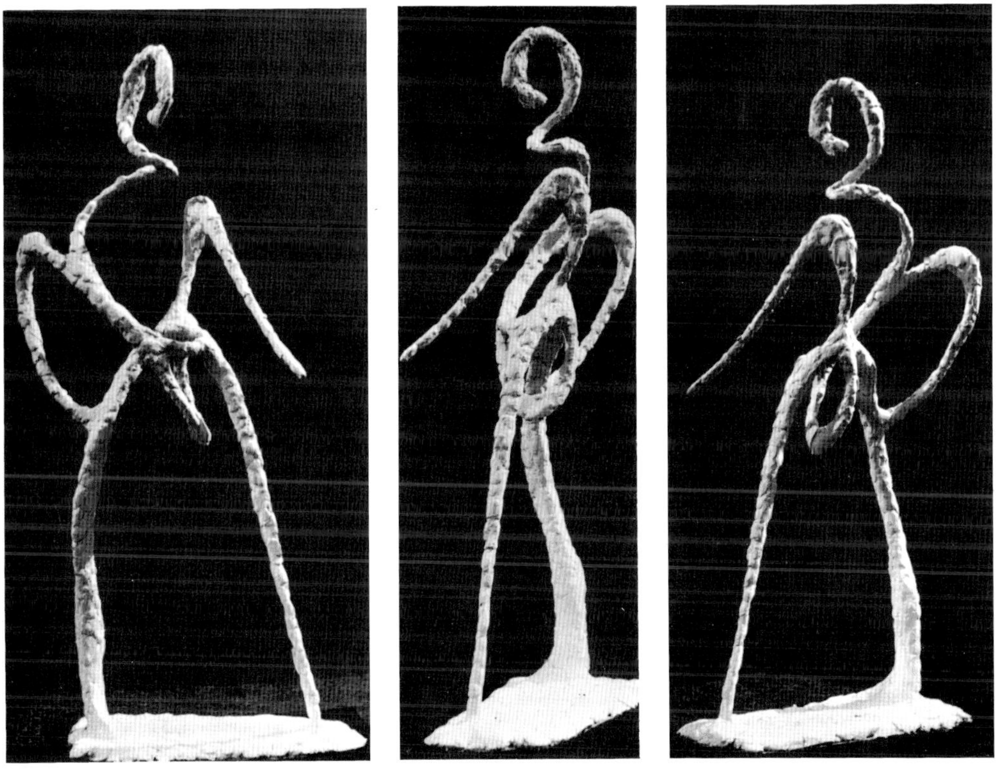

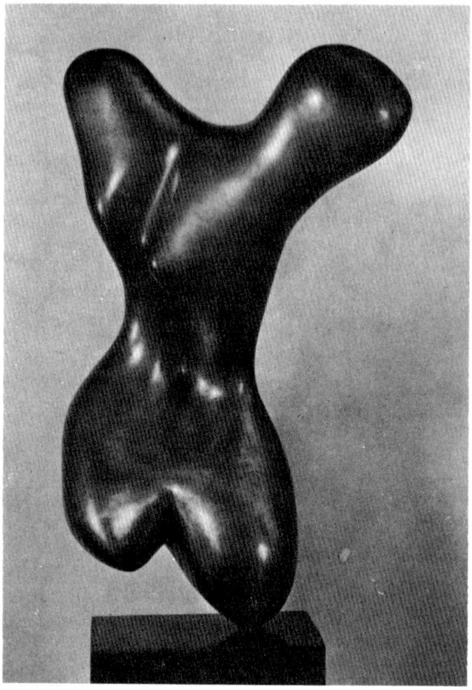

Links oben: François Pompon (1855–1933), Wasserhuhn, patinierte Bronze, Höhe 28 cm (Paris, Museum moderner Kunst). Die glatte Formausbildung ohne jegliche Federnstruktur interpretiert sinnfällig das Lebenselement des Wasservogels. Rechts oben: Hans Arp (1887–1966), Torso, Bronzeabguß vom Original in Marmor, Höhe 92 cm (Berlin, Galerie des 20. Jh.s). Unwillkürlich verbindet man mit dem Anblick weibliche Formen. Unten: Alexander Calder (1898–1976), »Louisa«, Porträtfigur aus Stahldraht, Höhe 25,5 cm Die starre Einseitigkeit dieses interessanten Porträtversuches wird gemildert durch das glänzende Material mit seinen Lichtspiegelungen.

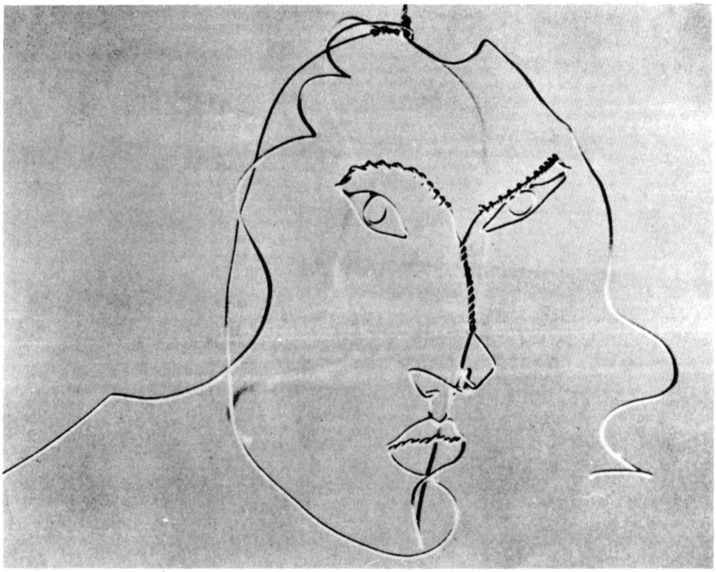

Plastik ringsum

Alle Gebilde der Natur und der Technik sind plastisch, Zweidimensionales existiert nur in unserer Vorstellung. Was wir zuweilen nur als Längen- und Breitenausdehnung wahrnehmen, ist in Wirklichkeit die Oberfläche einer körperhaften Materie, eines Gegenstandes. Oftmals sind wir uns dieser »Binsenweisheit« gar nicht bewußt, weil wir ständig abstrahieren. Einmal sehen wir nur Silhouetten, ein anderes Mal nur die plastische Form, oder wir registrieren lediglich das Material, aus dem das Gebilde besteht. Die Zusammenschau aller dieser Erscheinungen geschieht selten unwillkürlich, sie setzt vielmehr eine bewußte, sehr realistische Einstellung voraus.

Sie bildete auch die geistige Grundlage der Epoche des Realismus im vergangenen Jahrhundert, die aus dem künstlerischen Entwicklungsprozeß nicht wegzudenken ist und deshalb immer nachwirken wird. Im Grunde genommen entsprin gen die oft so befremdlich oder auch hilflos wirkenden »Aktiva« der Gegenwart dem bis zum Extrem gesteigerten Willen, »protestierend« gegen das landläufig Schöne und noch mehr gegen alles Beschönigende, auf triviale Realitäten aufmerksam zu machen: Ein Haufen Kartoffeln mit Zeltbahn, gestapelte Bretter, abgestellte Kolli werden in Ausstellungen als plastische »Kunst« serviert, der gegenüber so manche Bildhauer-Collage der eben vergangenen Jahrzehnte fast schon »klassisch« wirkt.

Es bleibt abzuwarten, ob aus diesen neuesten Trends mit der Zeit wirklich überzeugende Leistungen entstehen. Schließlich ist die Absicht nicht neu, mißachtete, beiseite geworfene oder ausgediente Dinge in ein verklärendes, künstlerisches Licht zu setzen. Sie sehen es beispielsweise an Picassos frappierender, unwiederholbarer Idee, den Lenker und Sattel eines alten Fahrrades zusammenzusetzen und damit eine geradezu allgemeingültige Formel für den Begriff »Stierkopf« zu geben.

Die Fähigkeit zu Gestaltungen aus vorhandenen Belanglosigkeiten ist uns allen angeboren, sie wird aber schon im Kindesalter oft technisch hoffnungslos verschüttet, vor allem durch technisch restlos perfektioniertes Spielzeug. Daß es

Pablo Picasso, Stierkopf (1943), Bronzeguß nach einer Montage aus der Lenkstange und dem Sattel eines Rennfahrrades, Höhe 42 cm.

ganz anders sein kann, sah ich einmal bei einem vier- oder fünfjährigen Jungen. Er spielte mit zwei Brennholzscheiten, aus denen er mit einem Teerklümpchen vom Straßenrand ein »Flugzeug« zusammengekittet hatte, und während er brummend damit herumrannte, war er offenbar glücklicher bei der Sache als einer, der mit einem bis zur kindlichen Unbegreifbarkeit »naturalistisch« nachgebildeten Ding bald Langeweile hat und es achtlos irgendwo liegenläßt.

Die Welt um uns her ist voll von Gebilden, bei denen wir auf den ersten Blick meistens nur an ihren gegenwärtigen Zweck denken, an ihre ehemalige Bedeutung oder auch nur an den Nutzen, den sie allenfalls noch bringen könnten. Es kostet also schon einigen guten Willen, die Umwelt ebenso aufmerksam wie naiv zu betrachten, um erstaunliche Dinge zu entdecken. Einem künstlerisch aufgeschlossenen Menschen gelingt das vor allem dann, wenn er gewissermaßen aus dem »Nichts«, aus gänzlich ungestalteter Materie selbst etwas zu bilden vermag. Sein Gestaltungswille wird sich auch selten mit dem zufälligen Zustand des Vorgefundenen begnügen, zumindest wird er sich bemühen, es ins rechte Licht zu rücken, um anderen die synonyme Bedeutung vor Augen zu führen. Ein Metallstück vom Schrottplatz, ein Baumrest aus dem Wald, ein irgendwo aufgelesener Stein kann schon einen realen oder transzendenten Sinn erhalten, wenn man solche Fundstücke in wohlerwogener Position auf einen Sockel montiert.

Noch mehr ist durch bescheidene Zutaten oder Nachhilfen zu erreichen. Beispiele geben die »Naturplastiken« von Peppi Rifesser, dem Holzbildhauer aus dem Grödner Tal. Er bemüht sich durchaus nicht um solche Dinge, sie fallen ihm bereits absichtslos zu, wenn er gelegentlich seinen meisterhaft nachempfundenen »go-

Peppi Rifesser, »Hund«. Birkenstamm-Abschnitt mit Ästen, ungeschält. Der Kopf ist geringfügig mit dem Schnitzeisen nachgearbeitet (Augen, Maulspalte). Die Abbildung zeigt den Bronzeabguß (patiniert).

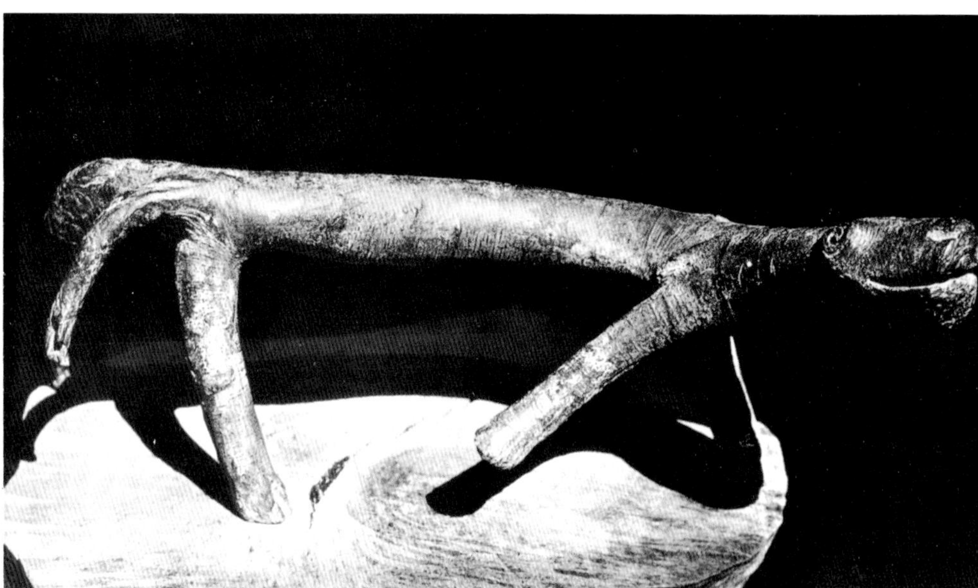

tischen« Madonnen den Rücken kehrt und durch den Bergwald schlendert. Die behutsame Feinfühligkeit, mit der er ein Stück Rinde, einen vom Sturm abgebrochenen Ast aufnahm, ließ mich erst recht erkennen, wie ganz und gar dieser einfache Mann Künstler ist, unbeirrbar von weltweiter Anerkennung. Lediglich aus Vergnügen an der Kuriosität des Zufälligen und gemeinhin Wertlosen, ließ Rifesser den »Hund« anspruchsvoll in Bronze abgießen. Wer es nicht weiß, hält dieses Naturgebilde womöglich für eine mühevoll erarbeitete Abstraktion oder geheimnisvolle »Rückerinnerung« an eine urzeitliche Erscheinung dieser Tiergattung.

Sehr oft bekommen die Formen von Fundstücken erst dann eine überraschende Bedeutung, wenn man sie in ein anderes, ein neutrales Material transponiert, zum Beispiel in das Ausgangsmaterial für edlere Gußarten, in Gips. Das kann sowohl durch unmittelbares Abformen geschehen, wobei Siliconkautschuk die besten Dienste leisten wird, oder indem man sie nachmodelliert und dann erst abformt. Dabei lassen sich auch Formkombinationen zusammenstellen, die im natürlichen Material technisch nicht harmonieren oder nicht beständig sind. Beim Modellieren solcher Motive liegt immer eine Vereinfachung und zusammenfassende Bindung der Formen nahe, auch schon im Hinblick auf das Abgußverfahren und die Wirkung im endgültigen Material. Schließlich gelangen Sie dahin, den Anblick solcher Vorbilder nur noch als Anregung für eine weiter zu entwickelnde Idee zu nehmen. In dieser Beziehung will ich Ihren Einfallsreichtum lieber nicht

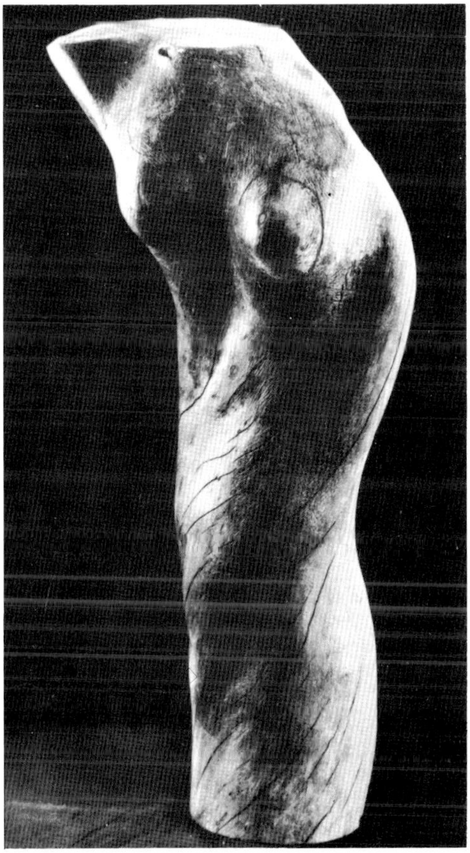

Peppi Rifesser, »Widderkopf« (oben). Teil einer Lärchenwurzel, die Augen wurden mit dem Schnitzeisen angedeutet. Unten: »Akttorso«. Geschälter Stammabschnitt eines Bergahorn mit »widersonnigem« Wuchs, hier und da mit der Raspel ein wenig überarbeitet, die linke Brust mit dem Geißfuß umrissen.

Peppi Rifesser, »Elefantenkopf«. Teil eines geborstenen Bergahorn-Stammes mit Rinde, das Auge wurde eingebohrt, der Zahn aus einem Ast-Bruchstück eingesetzt.

Baldaccini César (*1921), Die Großherzogin. Die Montage aus Schrott interpretiert offenbar die Meinung des Künstlers, der Nimbus und die gesellschaftliche Stellung einer Großherzogin seien »altes Eisen« und verzwicktes Gerümpel.

durch Bildbeispiele lähmen, um so eher finden Sie vielleicht etwas ganz Neues, noch von niemandem Erschautes. Aber ich möchte auf eine plastisch noch nie, und zweidimensional bislang eigentlich nur fotografisch ausgeschöpfte Möglichkeit hinweisen: die Wiedergabe kleinster, nur mittels der Lupe oder gar eines Mikroskopes erkennbarer Formen des Lebens. Und noch weiter: Sind nicht die Modelle komplizierter chemischer Verbindungen und physikalischer Vorgänge zuweilen höchst eindrucksvolle Plastiken mit durchaus realem Gehalt? Neu ist die Idee der plastisch ins Riesenhafte übersetzten Wiedergabe mancher, von uns wegen ihrer Unscheinbarkeit kaum beachteter Lebensformen durchaus nicht: Die mehrere Meter hohen Kreuzblumen auf gotischen Turmhelmen, die »Krabben« an Fialen und Wimpergen, sind lediglich stilisierte Darstellungen aufbrechender Knospen von Ahorn oder Kastanie. Die berühmte Baumeisterfamilie dieser Zeit, die Parler, haben (wie der Regensburger Dombaumeister Matthäus Roritzer berichtet) der Natur sogar das zugehörige Proportionsgeheimnis abgelauscht und als sehr einfaches geometrisches Konstruktionsprinzip entlarvt.

Relief

Das aus dem Französischen stammende Wort bezeichnet im Bereich der Bildhauerei eine plastische Arbeit, die an eine ebene oder – bei Gefäßen – an eine gekrümmte Fläche gebunden ist. Im Gegensatz zur Voll- oder Rundplastik kann das Relief immer nur einen Teil der rundum greifbaren Wirklichkeit wiedergeben: Entweder so, als habe man das Objekt gewissermaßen halbiert auf die Fläche geheftet (»Halbrelief«), oder es wurde rückseitig quasi nur etwa ein Drittel abgetrennt, so daß die Darstellung »untergriffig« auf der Ebene sitzt (»Hochrelief«). Anders das »Flachrelief«: Es gleicht nicht einem Teilstück der Rundplastik, sondern gibt deren Buckel mehr oder weniger abgeflacht wieder. Eine besonders flache Ausführung zeigen seit dem frühesten Altertum bis heute die Bildseiten von Münzen und Medaillen. Sie werden allerdings nie »modelliert«, sondern entstehen mittels einer speziellen Schabtechnik in Gips und Wachs, zum Beispiel folgendermaßen: Man schabt erst negativ in Gips, gießt das Positiv in Wachs, korrigiert es nach Bedarf und gießt davon wieder ein Gipsnegativ zur weiteren Korrektur. Dieses Hin und Her geschieht so lange, bis die vollendete Positivform erreicht ist zum Abguß oder zur Prägung im endgültigen Werkstoff. Nur beim »Steinschnitt« (Gemme oder Kamee) geschieht die Ausführung sogleich und einmalig im endgültigen Material, wenn auch häufig nach einem zuvor entstandenen Gips- oder Wachsmodell.

Während Halb- und Hochreliefs eigentlich »nichts Halbes und nichts Ganzes« sind, bedeutet das Flachrelief eine wahrhaft künstlerische Darstellungsart von einmaligem Reiz: Bei senkrecht auffallendem Licht ist meist kaum mehr als die gegebene Grundfläche zu erkennen, bei seitlichem kann fast der Eindruck entstehen, es handle sich um die Profilansicht einer vollendeten Rundplastik.

Die erfolgversprechende Auseinandersetzung mit der Reliefkunst verlangt auf jeden Fall zunächst einige Übung und Erfahrung mit rundplastischen Arbeiten, andernfalls gerät man unwillkürlich in gravierendes Zeichnen. Statt dessen geht es aber – ebenso wie bei der Rundplastik – immer nur darum, Wölbung an Wölbung zu fügen und durch deren Zusammenstöße die charakteristischen Formgrenzen zu erzielen. Plagen Sie sich aber anfangs nicht gleich damit, die Wölbungen extrem niedrig anzutragen! Flachen Sie lieber nachträglich behutsam mit der Schlinge ab, wenn erst einmal plastisch einwandfreie Formen angetragen sind. Es braucht seine Zeit und eine ganze Reihe von Versuchen, ehe Sie sich den Umweg über noch relativ hohe Aufwölbungen sparen können.

Da das Relief ähnlich der zweidimensionellen Darstellung an eine klar begrenzte Fläche gebunden ist, setzt es wohl stets einen originalgroßen zeichnerischen Entwurf voraus. Er dient zunächst der wohlausgewogenen Flächenaufteilung (Komposition), danach der direkten Übertragung auf die Grundplatte und schließlich als ständiges Vorbild bei der Modellierarbeit.

Vor deren Beginn beschaffen Sie als Arbeitsplatte eine Spantafel mit beiderseitiger Kunststoffbeschichtung von 2 cm Dicke – ausreichend für Objekte bis etwa

Silbermünze aus Syrakus (Tetradrachme, ⌀ = 25 mm, um 450 v. Chr.) mit dem Kopf der Waldnymphe Arethusa (Kestner-Museum, Hannover).

1,5 m^2. Dann bestimmen Sie die Stärke der Reliefgrundplatte, im Hinblick auf eine spätere Ausführung in Keramik oder einen Abguß in nicht bruchsicherem Material sollte sie rund 5 % der längsten (!) Plattenkante messen. In dieser Stärke brauchen Sie vier Holzleisten passender Längen als Rahmen für den gleichmäßig dicken Toneintrag der Grundplatte. Auf sie wird der originalgroße Entwurf folgendermaßen übertragen: Zunächst heften Sie die Zeichnung auf glatte Well- oder Filzpappe und darüber kräftiges Pauspapier, dünne Klarsichtfolie oder durchsichtiges Ölpapier. Dann stechen Sie mit einer handlichen Nadel ziemlich dicht alle äußeren und die wichtigsten inneren Konturen durch. Die Perforation erscheint auf der Rückseite des Pausbogens ein wenig erhaben, und wenn Sie nun das Blatt paßgenau auf die Tonplatte heften und mit der flachen Hand leicht andrücken, prägt sich die Perforation deutlich im Ton ab. Da dessen Feuchtigkeit alle Transparentblätter rasch wellt oder krümmt (am stärksten Pauspapier, am geringsten Ölpapier), muß das Andrücken eiligst geschehen. Abschließend werden die Perforationsspuren mit dem spitzen Modellierholz leicht nachliniiert.

Nun endlich beginnen Sie mit dem Aufmodellieren der Darstellung. Weil dabei die Linien innerhalb der äußeren Konturen sogleich zugedeckt werden, tun Sie zuvor folgendes, wenn Sie sich nicht auf Ihr Augenmaß verlassen können oder wollen: Spießen Sie in alle markanten inneren Punkte lange Stecknadeln genau senkrecht durch die Grundplatte bis auf die Arbeitstafel und modellieren Sie um die Nadeln gewissermaßen so lange herum, bis Sie genügend Anhaltspunkte und -linien für die Darstellungsoberfläche festgelegt haben. Selbstverständlich werden die Nadeln vor der endgültigen Ausarbeitung entfernt. Sie geschieht nach ähnlichen Prinzipien wie bei einer Rundplastik, wobei Sie jedoch die Buckel etwa so aufwölben, als entstünde unter Ihren Fingern aus einer ausgeprägten Berglandschaft ein nur gering anschwellendes Hügelgelände über gleicher Grundfläche. Wegen der Abflachung ist es zuweilen notwendig, die Zusammenstöße der Buckel etwas prägnanter herauszuarbeiten als bei einer Rundplastik – ohne jedoch in zeichnerisches Gravieren zu verfallen!

Bei der Motivwahl sind dem Relief technisch keine Grenzen gesetzt. Nicht selten sieht man außer figürlichen Darstellungen, Porträts und Ornamenten sogar Architekturen und Landschaften. Die beiden letztgenannten Motivarten halte ich jedoch als Relief zumindest dann für verfehlt, wenn sie als Bildausschnitte wiedergegeben werden. Vielmehr sollte das Motiv analog einer Rundplastik stets frei im Raum stehen, und den verkörpert beim Relief die Grundfläche. Ihre Kanten sind niemals als abschneidender Rahmen aufzufassen! Stets bleibe – zumindest theoretisch – die Möglichkeit, die Grundfläche etwas weiter oder enger zu fassen, ohne an der Darstellung etwas ändern zu müssen. Im übrigen sei nach uralter Erfahrung folgendes gesagt: Für Köpfe und Figuren eignen sich nur Profilansichten, weil alle anderen – in die Fläche transponiert – perspektivische Veränderungen zeigen, die sich wohl zeichnerisch, nie aber plastisch ohne groteske Verzerrungen wiedergeben lassen.

Derartige Probleme gibt es beim ornamentalen Relief niemals – ganz gleich, ob es die ganze Grundfläche füllt oder kompositionell wohl ausgewogen in ihr steht. Deshalb möchte ich dem Anfänger in der Reliefkunst raten, zunächst einige Ornamente zu modellieren. Dafür finden sich nicht nur zahlreiche Motive, sondern auch viele praktische Verwendungen – sowohl als Einzelstück wie in endloser Wiederholung, zum Beispiel als keramischer Wandfries. Da das Modellieren eines Reliefs keinerlei Gerüst verlangt, kann das Original meist erhalten bleiben, falls Sie es aus brennbarem Ton und möglichst dicht aufbauen: Lassen Sie es nach dem Entfernen des Grundplattenrahmens und endgültigen Arbeitsabschluß trocknen und »lederhart« werden. Dabei schrumpft es ein wenig und läßt sich dann – vorsichtig – als Ganzes von der Arbeitsplatte abheben. Anschließend wird das Stück umgewendet auf ein dickes Schaumgummipolster gelegt und die Rückseite mit scharfen Schlingen mehr oder weniger ausgehöhlt – je nach Dicke der Grundplatte und der weiteren Aufträge. Nach abermaliger, nun »steinharter« Austrocknung erreicht das Stück im Brennofen die Härte und Beständigkeit hochwertiger Mauerziegel. Im Lauf des Trocken- und Brennprozesses schwindet das Objekt allseits um etwa 5 bis 8 %. Darauf ist bereits beim Modellieren Bedacht zu nehmen, falls es später irgendwo eingepaßt werden soll, etwa in eine Mauernische. Das Aushöhlen überlassen Sie als Anfänger zunächst einer Keramik-Werkstatt, die auch das Brennen besorgt. Die Anschaffung eines Brennofens lohnt sich nur, wenn Sie laufend keramische Arbeiten ausführen.

Als Entwicklungsbeispiel nahm ich das Wappen meiner Familie, modelliert auf eine 2 cm dicke Grundplatte vom Format 30 x 40 cm, später als Keramik anzubringen auf der Klinkerwand um einen offenen Kamin. Zu Wappendarstellungen noch folgendes: Sie unterliegen bestimmten heraldischen Regeln, die im Bereich der jeweiligen Stilperiode unbedingt einzuhalten sind. Hier wurde die gegen Ende des 15. Jahrhunderts übliche Art gewählt mit frontal gestelltem Helm, geschweiftem Schild und »geblatteter« Helmdecke. Während zu allen Epochen die individuelle Schildfigur (hier eine dreiblättrige Blume) und das Helmkleinod (in diesem Fall stilisierte Hörner) unverändert blieben, paßte man alle übrigen Beigaben stets dem Zeitgeschmack an.

Der frontale Helm erforderte ein Halbrelief von maximal 4,5 cm Höhe, er und alles übrige (abgesehen von der asymmetrischen Blume) entspricht einem an der senkrechten Mittelachse gespielten Ornament, das stellenweise bis 1,5 cm dick aufmodelliert wurde. Um die Originalarbeit beim Abformen unversehrt zu erhalten, waren nicht nur untergriffige, sondern sogar lotrechte Erhebungen zu vermeiden. Deshalb unter anderem die nachträgliche leichte Abschrägung der Plattenkanten. Außerdem trug ich die seitlichen, untergriffigen Helmnieten zunächst als ganze Stege an und schnitt sie erst nach dem Abformen zurecht – ein kleiner Behelf, der bei Halbreliefs zuweilen nötig ist und besonders, wenn das modellierte Original unversehrt abgeformt und hernach gebrannt werden soll.

Hochrelief aus Kalkstein, 23,3 × 21 cm: Hirsche im Gebüsch. Ägypten um 600 (Kestner-Museum, Hannover).

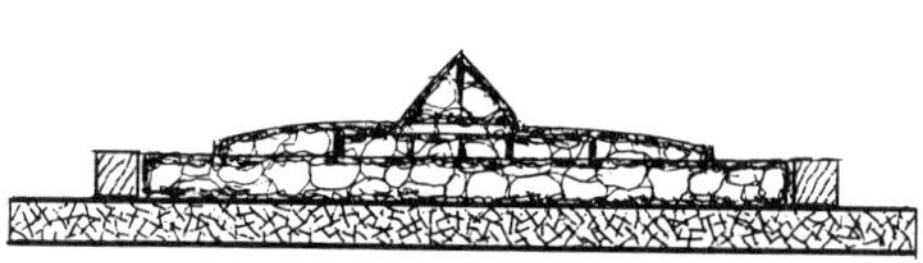

Linke Seite

Oben: Draufsicht der Arbeitsplatte, beiderseits mit Kunststoff beschichtet, 2 cm dick, Format 40 × 50 cm – mit hölzernen Rahmenleisten für die Wappen-Grundplatte vom Format 30 × 40 cm. Die Leisten mit Querschnitt 20 × 20 mm werden entsprechend der Zeichnung zugeschnitten, mit einseitig klebender Folie umhüllt zum Schutz gegen Verziehen durch die Feuchtigkeit des Modelliertons und genau rechtwinklig-formatgerecht mit Doppel-Klebfolie auf die Arbeitsplatte geheftet. Diesen Rahmen füllt – möglichst dicht – der Grundplatten-Toneintrag, bis eine mit den Rahmenoberseiten bündige, absolut glatte Fläche entstanden ist – nachzuprüfen und zu verstreichen mit einer kreuz und quer über den Rahmen geführten Leiste.

Mitte: Auf die Grundplatte wird die originalgroße, perforierte Zeichnung paßgenau aufgedrückt und mit dem spitzen Modellierholz behutsam nachgezogen. Die Linien innerhalb der äußeren Umrisse verschwinden zwar gleich beim Aufmodellieren des Reliefs, sie bieten jedoch neben einem ersten Gesamteindruck die Möglichkeit, eine Reihe von inneren Punkten auch noch während der ersten Anträge zu erhalten. Das geschieht durch lange, bis zur Arbeitsplatte durchgehende, genau senkrecht eingesetzte Stecknadeln, um die man so lange quasi herummodelliert, bis die Grenzen der inneren Einzelheiten genügend markiert sind. Zu Beginn der endgültigen Ausarbeitung werden die Nadeln selbstverständlich entfernt.

Unten: Querschnitt durch das fertige, einstweilen noch im Rahmen belassene Wappenrelief.

Rechte Seite:

Querschnitte durch das Wappenrelief mit Abgußvorgängen, 2/3 der Originalgröße (linke Teilstücke bis über die Mitte). Brockenstruktur = Tonmassen / A = Arbeitsplatte mit doppelseitiger Kunststoffbeschichtung, 20 mm dick, Format 40 × 50 cm / G = Reliefgrundplatte, Format 30 x 40 cm, / R = Rahmenleiste, Profil 20 x 20 mm / M = Mittellinie der Querschnitte.

Oben: S = Richtung der Grundplattenabschrägung, oben 5 mm Distanz zu den Rahmenleisten (vor dem Abschrägen entfernt).

Mitte: Die abgenommenen Rahmenleisten erhielten eine Ummantelung mit Karton (Querschnitt KQ); deren Innenflächen neigen sich parallel zu den Grundplattenabschrägungen und fangen den Kautschuk auf. Die ummantelten Rahmenleisten wurden im Abstand von 8 mm rings um G mittels Klebbändern (B) auf A befestigt und ihre Eck-Zusammenstöße dicht verklebt. Danach erfolgte in drei Raten der Kautschukaufguß (schwarze Fläche).

Unten: Nach Erhärten des Kautschuks und Entfernen des Mantelrahmens (KQ) wurde aus steifer Wellpappe (W) ein Rahmen genau rechtwinklig um G auf A geheftet (Innenflächen seitlich und unten mit Vaseline eingefettet!); lichtes Rahmenformat 36 x 46 cm, Höhe 8 cm. In diesen Rahmen kam der die elastische Kautschukform stützende Gipsaufguß (punktiert) bis zum glatten, bündigen Abschluß mit den Rahmenoberkanten.

Nach Erhärten des Gipsblockes und Entfernen der Wellpappe ließen sich der Block ohne weiteres von A und die elastische Kautschukform behutsam (!) vom Relief abheben. Es blieb unversehrt und kam nach Trocknung und rückseitiger Bearbeitung zum Brennen.

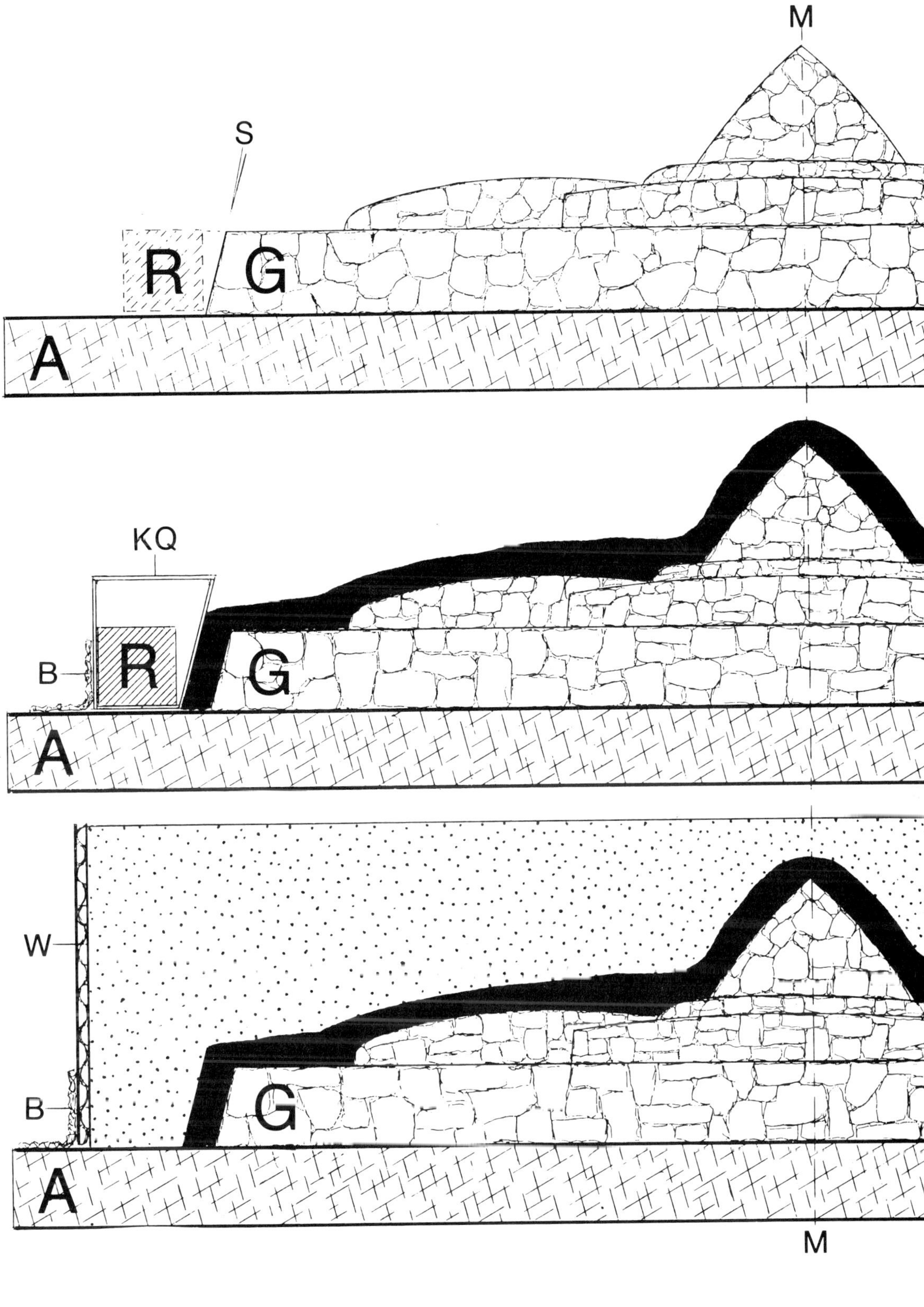
M
S
R
G
A
KQ
B
R
G
A
W
B
G
A
M

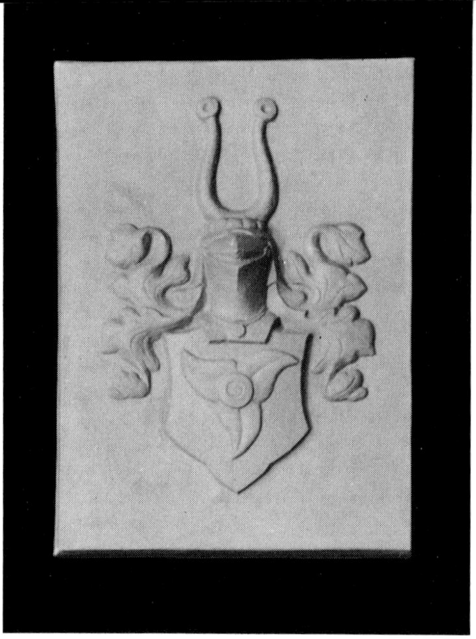

Oben links: Das modellierte Original nach dem Brand im Keramikofen bei etwa 1050° C, wobei sich die braungelbe Farbe des Tones in ein mattes Ziegelrot verwandelte. Die Vorbereitung geschah so, wie auf Seite 97 beschrieben, die Aushöhlung der Rückseite war notwendig, um eine gute und gleichmäßige Durchtrocknung der Platte mit den unterschiedlichen Auftragsstärken zu erzielen.

Oben rechts: Zustand der Rückseite nach dem Aushöhlen, ebenfalls nach dem Brand. Zur vorangehenden Durchtrocknung legen Sie das Stück mit der Rückseite auf einige Leisten, damit die Luft auch von unten her Zutritt hat. Breiten Sie aber anfangs eine dünne Folie über das Ganze, denn der Trocknungsprozeß soll recht langsam vor sich gehen, bei einer Raumtemperatur von nur 18 bis 20 Grad (siehe auch Seite 127).

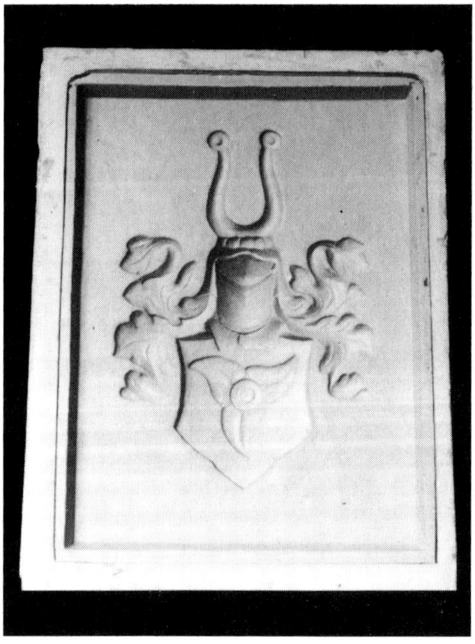

Links: Kautschuknegativ im Stützmantel, hergestellt unmittelbar nach Beendigung der Modellierarbeit. Sie blieb dabei unbeschädigt und konnte nach der oben beschriebenen Vorbereitung gebrannt und somit als Original erhalten werden. Die zur Anfertigung der Kautschukform nötigen Arbeitsgänge sind auf den Seiten 98/99 erläutert. Bei näherer Betrachtung der Abbildung erkennen Sie zwischen Form und Stützmantel den geringfügigen Schwund der Kautschukmasse, der jedoch praktisch belanglos ist: Beim Ausgießen schmiegt sich die Form dem Stützmantel wieder dicht an.

Rechte Seite
Oben links und rechts: Um die Elastizität der Kautschukform zu demonstrieren, wurde sie schräg nach unten ein wenig aus dem Stützmantel herausgezogen und dann nach vorn geklappt. Dabei sehen Sie, wie glatt der Mantel ist und daß lediglich der Helmvorsprung eine kegelartige Vertiefung erforderte, die wiederum die Stärke des Stützmantels bestimmte (Seite 99).
Die Form eignet sich nun für wiederholte Abgüsse in Gips oder Zementmischungen (»Kunststein«), nicht aber für keramische Ausformungen, weil der Kautschuk dem Ton kein Wasser entzieht. Keramikabdrücke erfordern ein Gipsnegativ (Seite 102, Punkt 4).

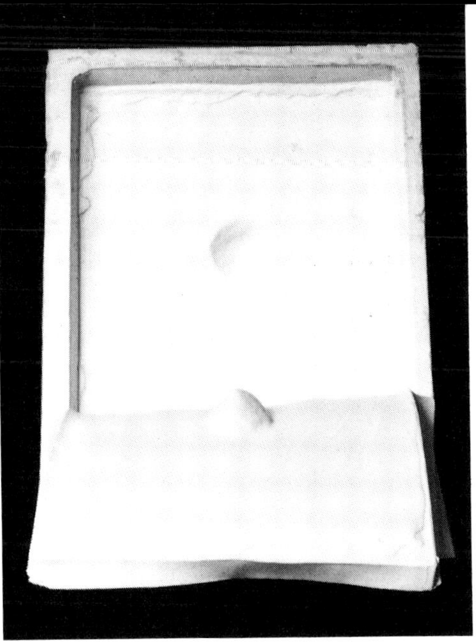

Unten links: Gipsabguß aus der Kautschukform, beliebig oft wiederholbar, zumal, wenn vor jedem Guß die Form mit Silicon-Trennmittel eingesprüht wird, das gleiche gilt für »Kunststein«. Da die »Schneeweiße« des Gipses insbesondere die Plastik von Flachreliefs kaum recht zur Geltung bringt, empfiehlt sich stets eine mattfarbige Gesamttönung (z. B. durch mittels Fixativrohr aufgesprühte Wasserfarbe).

Unten rechts: Der Gipsabguß erhielt eine dem Wappen entsprechende Bemalung mit Wasserfarbe: für die Platte neutrales Grau; Hörner, Wappentuch und Blumenmitte Rot/Weiß; Blumenblätter mattes Grün; Helm Stahlgrau; Ordenskette Gelb. Anstelle von Weiß und Gelb schreibt die Heraldik eigentlich Silber und Gold vor. Bei keramischen Ausformungen wären natürlich farbige Glasuren aufzubringen und einzubrennen.

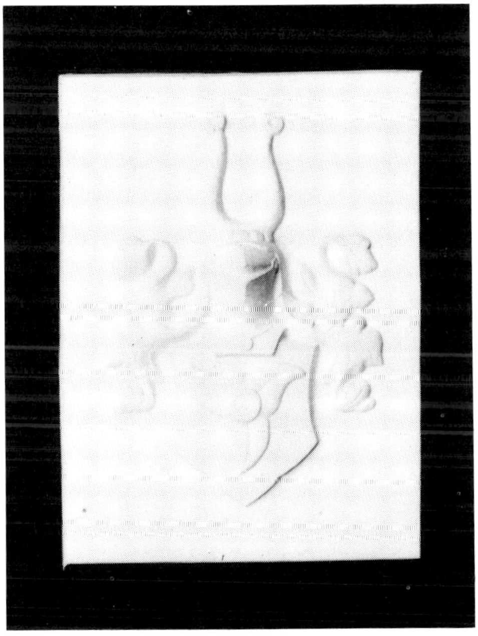

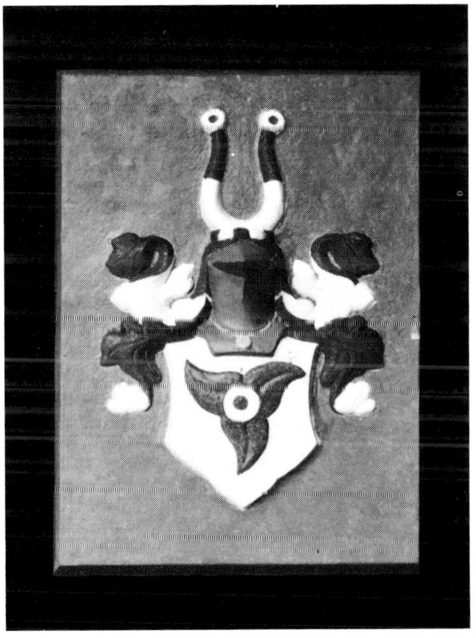

Flachrelief aus Marmor: Mädchenbildnis. Florenz, 2. Hälfte des 15. Jh. (Victoria-und-Albert-Museum, London). Solche Reliefs wurden an der Wand oder in einer Nische angebracht.

Bei keramischen Ausführungen bleibt stets das Risiko, daß die Stücke während der Vorbereitung zerbrechen oder beim Brennen reißen. Möglich ist ein Brand auch nur, wenn Sie zum Modellieren »Töpferton« benutzen. Er enthält Schamottemehl, das sich beim Hantieren mit der Schlinge durch feine Kratzspuren bemerkbar macht, die aber keineswegs störend wirken. Um dem totalen Verlust einer womöglich langwierigen, gut gelungenen Arbeit vorzubeugen, machen Sie sicherheitshalber zunächst einen Abguß mittels beständiger Silicon-Kautschukform, die das Original nicht beschädigt. Wie die verschiedenen Abformarten vor sich gehen, erfahren Sie in den Abhandlungen ab Seite 103. Alle Verfahren erweisen sich bei Flach- und Halbreliefs jedoch wesentlich einfacher als bei Rundplastiken, zudem haben Sie weit mehr Möglichkeiten, Ihrer Arbeit dauernde Beständigkeit zu verleihen. Dazu folgendes:

1. Wollen Sie nur das Original erhalten und keine weiteren Exemplare, so geben Sie die fertige Arbeit auf der Unterlage in eine keramische Werkstatt, verbunden mit dem – im allgemeinen freilich recht geringen – Risiko des totalen Verlustes.

2. Möchten Sie jedes Risiko vermeiden, stellen Sie zunächst eine Kautschukform her, von der Sie selbst eine Vielzahl an Gips- oder Steingüssen nehmen und trotzdem das Original brennen lassen können.

3. Verzichten Sie auf die Erhaltung des Originals, wünschen aber eine Vielzahl keramischer Abdrücke, so gießen Sie lediglich ein recht massives Gipsnegativ ab und überlassen es für alles Weitere der Keramik-Werkstatt – bis Sie vielleicht eines Tages alle handwerklichen Verrichtungen bis zum Brennen selbst beherrschen. Das Original wird beim Entfernen aus dem aufgegossenen Gipsnegativ unweigerlich zerstört.

4. Sie möchten das Original erhalten und obendrein weitere keramische Abdrücke. Dann nehmen Sie von der Kautschukform zunächst ein Gipspositiv und gießen davon wiederum ein Gipsnegativ, aus dem Sie das Positiv stückweise herausschlagen. Das Gipsnegativ ist notwendig, weil man von einer Kautschukform im allgemeinen keine keramischen Abdrücke nehmen kann. Der Grund: Kautschuk saugt dem eingedrückten Ton kein Wasser ab, wohl aber trockener (!) Gips, so daß der Toneintrag im Zusammenwirken mit der rückseitigen Trocknung bis zur Lederhärte gleichmäßig schrumpfen und dann bequem der Form entnommen werden kann. Anschließend ist sie für weitere Abdrücke bereit. Deren Prägnanz läßt allerdings nach durch Abnützung des Gipses, deshalb verlangen größere Serien von Zeit zu Zeit die Herstellung weiterer Gipsnegative nach oben geschildertem Verfahren. Der Kautschuk hält zahlreiche Abgüsse einwandfrei aus, zumal nach häufigem Einsprühen mit einem dafür entwickelten Silicon-Trennmittel.

Gußtechniken

Wie bereits erläutert, können über Gerüsten modellierte Tonplastiken nicht durch Brennen in dauerhaften Zustand versetzt werden, und Plastilin läßt sich überhaupt nicht konservieren. Aus solchen Materialien entstandene Arbeiten müssen mittels eines Abgußverfahrens in eine beständige Masse übertragen werden. Im Prinzip geschieht das folgendermaßen: Zunächst wird von der Figur ein meist aus zwei Teilen bestehendes Negativ abgenommen und zu einer geschlossenen Hohlform zusammengefügt. Gießt man in diese Form eine flüssige, über kurz oder lang jedoch erstarrende Substanz, so erhält man nach Entfernung des Negativs das beständige Positiv. Geeignet sind Gips, Zement, Kunststein, Kunstharz, auch Zinn. Wünscht man jedoch ein Positiv aus Keramik oder hochschmelzendem Metall, wie zum Beispiel Bronze, so ist stets ein Zwischenpositiv aus einer der vorgenannten Materien notwendig. Denn der Bronzegießer oder Keramiker benötigt spezielle Negative, die nicht unmittelbar von der Modellierarbeit abgenommen werden können.

Gießen mit Gips

Bei fast allen Gießverfahren wird Gips verwendet, oft sogar nichts anderes. Die Hantierung damit ist unproblematisch und so einfach, daß Gipsgüsse auch einem Laien meist schon auf Anhieb gelingen. Zudem kostet ein Kilo dieses Materials bester Sorte nur wenig mehr als die gleiche Menge Modellierton.

Natürlicher Gips (kristallinisches Schwefelcalcium, $CaSO_4 \cdot H_2O$) ist ein relativ weiches Gestein, die edelste Sorte heißt Alabaster. Wenn Sie davon einwandfreie Stücke auftreiben, versuchen Sie doch einmal, unmittelbar darin zu schnitzen. Einfachste Formen gelingen schon mit einem scharfen Taschen- oder Küchenmesser. Mit erstklassigen Schnitzeisen, Raspeln und Feilen lassen sich feinste bildhauerische Arbeiten ausführen. Alabaster ist gelblich-weiß, hat eine gewisse Transparenz, und wurde im Altertum oftmals in zentimeterstarken Platten anstelle von Fensterglas verwendet. Unter anderem besitzt eine Kapelle des Großmeister-Palastes auf Rhodos solch ein Fenster, das dem Raum ein wundervolles, warmes Licht verleiht.

Gipsstein wird bei 120 bis 180 Grad »gebrannt« und verliert dabei einen Teil seiner Kristallwasser. Im gemahlenen, mehlartigen Zustand mit Wasser vermengt, kristallisiert das Pulver wieder zu einem Ganzen, und zwar ohne Volumensänderung. Das heißt, ein mit Gipsbrei ausgegossenes Negativ wird völlig getreu abgedrückt. Das Verfahren war schon im alten Ägypten bekannt.

Im Handel gibt es meist drei Sorten: Stuck-, Modell- und Alabastergips, dessen feinste Sorte trägt die Bezeichnung »Dental-Gips«. Wie der Name andeutet, wird er bei der Herstellung von Zahnprothesen benutzt, um präziseste Zwischenpositive zu erhalten. Dieser Gips kostet das Zwei- bis Dreifache der anderen Sorten, ist aber immer noch so billig, daß ich Ihnen raten möchte, keinen anderen zu verwenden: Sie erzielen damit nicht nur fingerabdruckfeine Formen und Abgüsse, das Material wird nach völliger Trocknung auch besonders weiß und so hart, daß es dünnwandige, leichte Hohlgüsse erlaubt. Andere Sorten erreichen bei weitem nicht diese Eigenschaften.

Ob Sie nun abformen oder ausgießen – Gips wird folgendermaßen angemacht: Nehmen Sie eine billige, elastische Plastikschüssel, gießen Sie Wasser hinein (höchstens bis zu zwei Dritteln), streuen Sie mit der Hand oder mit einem Plastik-Eßlöffel flott hintereinander Gipspulver ins Wasser, bis der Gips allenthalben knapp die Wasseroberfläche erreicht hat. Lassen Sie das Ganze mindestens zwei Minuten ruhen, dann rühren Sie mit einem bis zum Boden durchgreifenden Plastiklöffel durch, jedoch so, daß möglichst keine Luftblasen in den Brei geraten und er dennoch glatt und klumpenfrei wird. Unmittelbar danach ist der Gips flüssig wie leicht gebundene Suppe. Nach fünf oder zehn Minuten – es kommt auf die Gipsart, die Wassermenge, aber auch auf den Zeitpunkt des Durchrührens an – hat die Masse die Konsistenz steifen Breies, wird aber bald so zäh, daß sie nicht mehr fließt, wohl aber noch aufgespachtelt werden kann. Beginnt die Masse krümelig zu werden, ist sie nicht mehr zu verwenden. Am besten lassen Sie solche Reste in der Schüssel erstarren. Bei verformendem Druck platzt der Gips von ihren Wandungen ab, was die Reinigung wesentlich erleichtert.

Wenn Sie gar keine Erfahrung haben, empfehle ich Ihnen einige Versuche, damit Sie das Material näher kennenlernen. Vergleichen Sie dabei zunächst das Mengenverhältnis von Gips zu Wasser: wiegen Sie die leere Schüssel, dann mit dem eingegossenen Wasser und nochmals mit dem eingestreuten Gips. Gießen Sie nach dem Durchrühren ein wenig auf eine nicht saugfähige Platte (Glas, Plastik, Resopal) und notieren Sie die Dauer aller Stadien zwischen dünnflüssigem und krümelig-sprödem Zustand, schließlich auch den Zeitpunkt der »Nagelprobe«: völlig abgebunden ist Gips erst dann, wenn Sie ihn mit dem Fingernagel nicht mehr einritzen können.

Beim Erhärten erwärmt sich die Masse und beginnt sichtbar zu dampfen. Bevor dieser Prozeß nicht völlig abgeschlossen ist, müssen Sie alle Güsse absolut in Ruhe lassen. Der abgebundene Gips enthält noch viel freies Wasser, das durch gelinde Wärme alsbald zur Verdunstung gebracht werden sollte, zum Beispiel durch Aufstellen des Objekts über einem Heizkörper. Dabei erreicht das Material seine endgültige Härte und Sprödigkeit.

Gips bleibt immer hygroskopisch, vor allem das unverarbeitete Gipsmehl. Aber auch Abgüsse sollen nicht andauernder Feuchtigkeit ausgesetzt sein, witterungsbeständig sind sie keinesfalls. Ihre Porösität ist zudem so groß, daß sie etwa ein Viertel ihres Gewichts an Wasser aufnehmen können. Das ist zu bedenken, wenn Sie zum Beispiel ältere Formstücke zusammengipsen wollen. Sie müssen dann gründlich durchfeuchtet werden, andernfalls saugen die Stücke zuviel Wasser vom verkittenden Gips ab, er haftet nicht gut und bleibt mürbe. Gipsmehl hält sich allenfalls drei bis vier Monate, und auch nur, wenn es luftdicht verschlossen aufbewahrt wird.

Zuweilen ist es wünschenswert, die Abbindezeit des Gipses hinauszuzögern, zum Beispiel wenn es sich um komplizierte Ausformungen handelt oder um direktes Modellieren in Gips. Dafür gibt es mancherlei Präparate, die nach beigegebener Anweisung zu gebrauchen sind. Ein alterprobter Verzögerer ist Borax, es genügt die preiswerte Sorte für technische Zwecke. Alle diese Mittel werden dem Gips-Anmachwasser zugefügt, beziehungsweise darin aufgelöst.

Die Verzögerer bewirken, daß der Gips härter als gewöhnlich abbindet. Das kann aber auch noch nachträglich erreicht werden, wenn Sie die fertigen Gußstücke so lange in achtprozentige Alaunlösung legen, bis keine Blasen mehr aufsteigen – oder Sie streichen die Lösung so lange auf, bis die Saugfähigkeit des Gipses erschöpft ist.

Gipsbrei, in mehreren Raten übereinander gebracht, »treibt«, wodurch bereits erstarrte Schichten feine Risse bekommen können. Das läßt sich verhindern, wenn Sie dem Anmachwasser Kalkmilch zusetzen. Um sie herzustellen, holen Sie in einem Baugeschäft ein paar Löffel gelöschten Kalks, am besten eingesumpften Grubenkalk, und verrühren ein wenig davon mit so viel Wasser, daß es wie Magermilch aussieht. Da das Gemisch »absetzt«, muß es vor jeder Verwendung gut umgerührt werden.

Guß mit verlorener Form

Wenn Sie von einer modellierten Figur nur einen Abguß haben wollen, so genügt das Verfahren mit »verlorener Form«. Bei Abnahme des Negativs geht zunächst das Modell zugrunde, und das ausgegossene Positiv ist nur zu gewinnen, wenn das Negativ zerschlagen wird.

Eine Rundplastik erfordert grundsätzlich zwei Formteile, nur in Ausnahmefällen sind drei oder vier angebracht. Die Teile müssen genau und dicht aneinander passen. Bewerkstelligt wird das, indem Sie die Teile in zwei oder entsprechend mehr Arbeitsgängen herstellen. Für erste Abgußversuche ist eine Kopfstudie am geeignetsten. Nehmen Sie eine, die Ihnen nicht viel bedeutet, denn es ist immerhin damit zu rechnen, daß der Guß mißrät.

Die zuerst abzuformende Negativhälfte begrenzen Sie am einfachsten mit Tonstreifen von etwa einem Zentimeter Dicke und zwei Zentimetern Breite. Der Verlauf dieser Abgrenzung will wohl überlegt sein, denn sie soll möglichst nicht über komplizierte Formdetails hinwegführen. Am besten gelingt Ihnen das, wenn die Kopfstudie einen auf der Grundplatte aufsitzenden Sockel hat. Dann ist die Trennungslinie der Negativhälften über die Profilseiten zu führen. Sie steigt von der Grundplatte über Sockel und Hals auf, geht hinter den Ohren vorbei quer über den Scheitel und läuft auf der anderen Profilseite entsprechend hinab.

Richten Sie durch Walzen oder Drücken die glatten, sauber mit dem Messer beschnittenen Ton- beziehungsweise Plastilinstreifen her. Ihre Gesamtlänge ist reichlich zu bemessen, denn beim Zuschneiden und Aneinanderpassen haben Sie Abfall. Außerdem sind – je nach Modellgröße – zehn bis zwanzig Kupfer- oder Messingdrahtstücke vorzubereiten: 1 bis 1,5 mm stark und etwa 5 cm lang. Passen Sie nun einen fürs erste nicht zu langen Tonstreifen am Scheitel oder am Sockel an. Bei Krümmungen müssen Sie die Streifen entsprechend biegen und gleichzeitig darauf achten, daß ihre glatten Flächen nicht allzu buckelig gedrückt werden. Ist eine ziemlich genaue Paßform entstanden, wird sie vorsichtig angepreßt, ohne jedoch die Oberfläche der Figur zu verändern. Sobald das Streifenstück einigermaßen haftet, sichern Sie es durch mindestens zwei Drahtstücke, wie es meine Skizzen zeigen. 118 Sie müssen so weit aus den Streifen herausragen, daß sie später bequem mit einer Flachzange zu fassen und zu entfernen sind. Verfahren Sie mit den weiteren Streifenstücken ebenso und versuchen Sie, die Stoßstellen dicht aneinanderzupassen, damit möglichst wenige Lücken auszuflicken sind. Die Stöße werden beiderseits mit dem Modellierholz glatt verstrichen, wobei die freie Hand

durch Gegendruck ein Verschieben der Streifen verhindert. Gleichzeitig drückt man auch deren Unterkanten auf der Gußseite mit dem Holz behutsam an, so daß sie dicht und randlos mit der Modellieroberfläche verbunden sind.
Üben Sie dies alles an einer nicht völlig glatt modellierten Halbkugel: wenn Sie die Streifen wieder abnehmen, darf die modellierte Oberfläche keinerlei Veränderungen zeigen – abgesehen von den Löchern, in denen die Drähte steckten und die vor dem Abguß der zweiten Hälfte geschlossen werden.
Nach den oben geschilderten Vorbereitungen nehmen versierte Gipsgießer ihre Schüssel mit ziemlich dünnflüssig angemachtem Gips, tauchen die geschlossenen, löffelartig gekrümmten Finger einer Hand hinein und werfen den Gips in dünner Schicht an die aufrecht stehende Figur. Das geht sehr fix, in zwei bis drei Minuten ist die Hälfte einer lebensgroßen Porträtbüste bedeckt. Drang der Gips nicht gleich in alle feinen Winkel, so wird er hineingepustet. Ebenso wären etwaige Luftblasen zu beseitigen.
Der dünne Gips tropft natürlich hier und da ein wenig ab und mancher Spritzer trifft die Grundplatte. Sie wird deshalb vor dem Antrag sorgsam eingefettet oder mit Tonschlick bestrichen, damit der Gips nicht festbackt. Zum Einfetten dienen Speiseöl, Vaseline oder Paraffinöl. Da solche Isolierungen beim Gießen häufig notwendig werden, gewöhnen Sie sich gleich an, sie ebenso dünn wie sorgfältig vorzunehmen. Ein Hauch genügt – aber er muß überall hindringen, wo Gips nicht haften darf.
Bei verlorenen Formen sollte die erste dünne, jedoch alles bedeckende Gipsschicht eingefärbt werden. Das geschieht entweder mit Pigmentpulver oder – bequemer – mit billiger Wasserfarbe. Sie wird in ausreichender Menge dickflüssig aufgelöst und mit dem Anmachwasser gleichmäßig verrührt. Natürlich sollten es ausgiebige Farben sein, zum Beispiel Preußischblau oder Krapplack. Irgendwelche Beizen oder Tinten sind ungeeignet, weil sie beim Ausgießen auch in das Positiv übergehen. Beim Abschlagen des Negativs erkennen Sie an der Färbung, ob Sie schon dicht am Positiv sind und nun äußerst vorsichtig arbeiten müssen.
Hat die erste Schicht so weit angezogen, daß sie leichtem Druck widersteht, so kann die nächste, nun ungefärbte Schicht aufgebracht werden. Der Fachmann wird sie nicht mehr anwerfen, sondern aufspachteln, also mit dickerem, bereits im Abbinden begriffenem Gipsbrei. Je nach Größe der Figur, muß das in zwei oder drei Raten geschehen, weil der Gips nun rasch zu hart und damit unbrauchbar wird. Verzögerungsmittel wären nicht angebracht, weil sie zugleich härten und somit das Zerschlagen der Form erschweren. Sie soll deshalb auch nicht zu dick werden, darf aber wiederum nicht so dünn sein, daß sie beim Zusammenfügen der Hälften oder beim Ausgießen zerbricht. Für ein lebensgroßes Kopfmodell wäre eine Wandungsdicke von durchschnittlich zwei Zentimetern anzustreben.
Ich habe zunächst das »zünftige« Verfahren geschildert, weil es am schnellsten und einfachsten zum Ziel führt. Ihnen möchte ich allerdings nur dann raten, sich darin zu üben, wenn Sie einen passenden Raum dafür zur Verfügung halten können. Der Fachmann hat natürlich eine regelrechte Gipswerkstatt, deren Wände und Fußboden zumeist gekachelt sind. Mehrere Wasserbecken müssen vorhanden sein, auch ein ventilierter Wärmeschrank, um die Abgüsse auszutrocknen. Haben Sie nur Ihre Wohnung oder bestenfalls einen Hobbyraum für viele Zwecke, so können Sie sich eine ausgiebige Kleckserei mit Gips nicht leisten. So ideal das Material seinen Zweck erfüllt – herumgespritzt und zertreten kann es zur

Auguste Rodin, Kopfstudie für die Figur des Jacques de Wiessant zum Monument »Die Bürger von Calais«, Bronze (Paris, Rodin-Museum). Der Gipsabguß zeigt sowohl Risse des vermutlich vor dem Abguß eingetrockneten Tonmodells, als vor allem auch zahlreiche »Gußnähte«: um hart gewordenen Ton einwandfrei abzugießen, ist es nötig, eine ähnliche Keilform herzustellen wie beim Abformen eines Gipsmodells. Die Nähte läßt der Gipsgießer immer stehen; würde er sie beseitigen, bedeutete das einen gewissen Eingriff in die Modelliertechnik des Künstlers. Deswegen bleiben auch bei Abgüssen z. B. von antiken Originalen Gußnähte stets unbeseitigt.

Katastrophe werden. Sie müssen also wohl anders vorgehen und einige Umständlichkeiten in Kauf nehmen.
Nach Befestigung der Trennungsstreifen und Isolierung der Grundplatte legen Sie die Figur in die Horizontale. Richten Sie es dann immer so ein, daß zuerst die empfindlichere Hälfte umgipst wird, beim Kopf also die Vorderseite. Tragen Sie vor dem Umlegen am Hinterkopf ein breites Polster in groben Tonbrocken an. Vermeiden Sie starken Druck, um die modellierte Oberfläche nicht zu beschädigen. Das Polster wird dann mit dem Schlegel vorsichtig zu einem ebenen Auflager geklopft. Auf diesem und auf einer Kante der Grundplatte ruht die umgelegte Figur. Richten Sie es so ein, daß die Begrenzungsstreifen dann im großen und ganzen horizontal verlaufen. Die Abbildungen zeigen Ihnen, wie es gemeint ist.
Tragen Sie nun den gefärbten, eher zu dünn als zu dick angemachten Gips mit dem Plastiklöffel auf: bewegen Sie ihn knapp über dem Modell gießend hin und her, langsam, mit den höchsten Stellen beginnend. Über die abfallenden Seiten läuft der Gips bis zu den Trennstreifen. Er tropft auch über sie hinab, legen Sie also genügend Papier unter, das Sie nachher mit dem angetrockneten Gips beseitigen. Rechnen Sie von vornherein damit, den ersten Aufguß in zwei oder drei Raten ausführen zu müssen. In einem gelingt er Ihnen kaum, weil die vorsichtige Hantierung nicht so rasch geht wie das Anwerfen und der Gips unterdessen zu steif wird. Dann müssen Sie aufhören, keinesfalls können Sie ihn jetzt schon aufspachteln, dabei würde unweigerlich die weiche Oberfläche der Plastik beschädigt. Es empfiehlt sich also, immer nur wenig Gips in einer kleinen Schüssel anzumachen. Nehmen Sie jedesmal nicht viel mehr als ein achtel Liter gefärbtes Wasser. Bereiten Sie es für die Deckschicht jedoch im ganzen vor, ein Liter dürfte reichlich genügen.
Die farbigen Aufträge haben vor allem den Zweck, eine geschlossene Deckschicht zu schaffen. Sie werden so rasch wie möglich hintereinander aufgebracht, ohne mit dem Löffel die bereits übergossenen oder noch freien Stellen zu berühren. Erst danach warten Sie, bis alles so weit angezogen hat, daß ein leichter Fingerdruck keinerlei Spuren hinterläßt. Dann allerdings soll es auch gleich weitergehen.
Setzen Sie mit ungefähr einem viertel Liter Wasser ungefärbten Gips an und verfahren Sie wie vorher – jedoch können Sie nun den Löffel unmittelbar an der farbigen Schicht entlangführen. Wie Sie sehen werden, läuft der Gips nun nicht mehr so leicht davon, die bereits angezogene Schicht saugt ihn an und bremst ihn. Gießen Sie allmählich mit vollerem Löffel, und wenn der Gips fast gar nicht mehr fließen will, verstreichen Sie ihn mit dem Löffelrücken möglichst gleichmäßig über die ganze Gußhälfte. Ist der Gips in Ihrer Schüssel zu Ende oder zu hart, so machen Sie gleich neuen an und fahren fort, bis eine Schale von möglichst gleichmäßiger Stärke entstanden ist. Einen Anhalt geben Ihnen die Trennstreifen, dicker soll die Schale nicht werden. Anschließend ruht der Guß, bis die Wärme zurückgegangen ist und die Nagelprobe kein Ergebnis mehr zeigt. Dieses Stadium wird etwa eine halbe Stunde nach dem letzten Auftrag erreicht.
In dieser Zeit säubern Sie Ihre Schüsseln. Sehr praktisch ist es, gleich mehrere zur Verfügung zu haben, damit Reinigungsarbeiten zwischendurch nicht aufhalten. Die einzelnen Schichten binden untereinander am besten, bevor sie völlig erhärtet sind. Sollten Sie zwischen den Aufgüssen gezwungen sein zu pausieren, muß die bereits aufgetragene Schicht vor der Weiterarbeit gut angenäßt werden.

Zum Guß der zweiten Hälfte drehen Sie die Plastik vorsichtig um. Sie ruht dann auf der entgegengesetzten Seite der Grundplattenkante und auf der Gipsschale. Lösen Sie nun das Hinterkopfpolster ab, indem Sie es von den Rändern her behutsam hochziehen. Anschließend werden die Drähte ausgezogen und die Trennstreifen gelöst. Außen heruntergelaufene Gipssträhnen brechen Sie ab und schneiden die Schalenränder mit einem scharfen Küchenmesser möglichst glatt. Gleichzeitig sind zwischen Trennstreifen und Modell an undichten Stellen etwa durchgelaufene Gipsspuren wegzunehmen. Und noch etwas: schneiden Sie zwei bis vier konische Vertiefungen als »Paßmarken« in die Trennflächen. Dies alles geht am besten, wenn der Gips eben erst abgebunden hat und noch nicht klingend hart ist. Deshalb sollte die gesamte Herstellung des Negativs möglichst in einem Zug geschehen.

Als nächstes prüfen Sie die freie Modellhälfte auf etwaige Beschädigungen. Sie werden ausmodelliert und gleichzeitig die Drahtlöcher geschlossen. Danach isolieren Sie die Trennflächen und darüber hinaus deren Außenränder etwa einen Zentimeter breit mit Fett, oder besser noch mit Tonschlick (auch bei Plastilinmodellen!): zerreiben Sie in einer kleinen Schüssel etwas Modellierton mit einem steifen Pinsel und so viel Wasser, bis eine dünne Aufschwemmung entstanden ist. Mit einem weichen Pinsel auf Gips gestrichen, soll der Schlick lediglich einen dünnen Schleier bilden.

Ist dies alles tadellos erledigt, so wiederholen Sie die gesamte Prozedur des ersten Gusses. Der zweite fügt sich nun an den ersten zu einem völlig dicht geschlossenen Mantel um das Modell. Trotzdem backen die Hälften nicht zusammen, der Tonschlick oder der Fettauftrag verhindern das. Etwa heruntergelaufene, verbindende Gipssträhnen werden

Gipsabguß des Akttorsos (Werdegang Seite 40 f.), mit Aquarellfarbe getönt (Mischung aus Englischrot und Terra di Siena gebrannt). Die Tönung erfolgt nach Einwässerung der Figur, damit die Farbe langsam und gleichmäßig einsinkt (deckender Anstrich verfälscht die Oberfläche!). Nach tagelanger Trocknung wird sie zum Schutz gegen eindringenden Staub mit einer Paste aus Terpentin und Bienenwachs eingerieben und anschließend erwärmt (elektr. Heizstrahler), damit das Wachs in alle Poren dringt und das Terpentinöl verdunstet. Nach einer Woche reibt man den Wachsauftrag mit einem glatten Wolltuch blank.

1

2

3

4

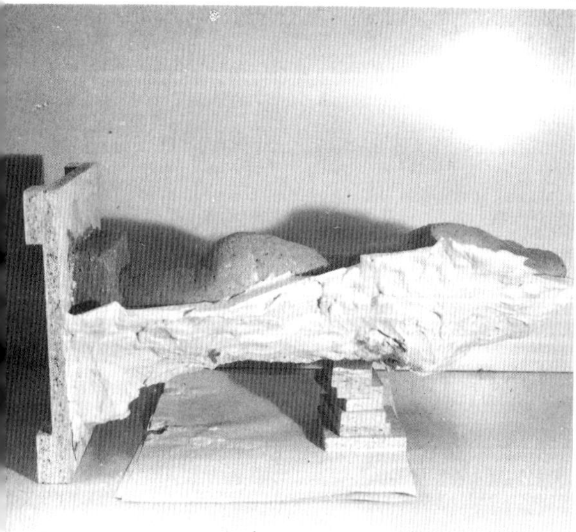

2 Der einschließlich Sockel 54 cm hohe Torso erhielt zunächst eine »Trennaht«: Abschnitte aus ca. 1 mm starker, 4 cm breiter Klarsichtfolie wurden an den Außenkanten zur Versteifung rechtwinklig umgeknickt und überlappend in den weichen Ton gesteckt (2 bis 3 mm tief). Die Verbindung und teilweise Abdichtung der Überlappungen geschah mittels selbstklebender Filmstreifen, dadurch ergab sich eine weitere Versteifung des Ganzen. Anschließend wurde das Folienband mit dünnem Tonschlick bestrichen.
Fachgerecht wäre es gewesen, die aufrechte Figur mit dünnem Gips zu bewerfen (zunächst eine Hälfte) und anschließend die nötige Formdicke durch Aufspachteln mit dickerem Gips (unter Zusatz eines Verzögerers) zu erreichen. Um zu zeigen, daß es bei einer zwar relativ großen, jedoch sehr geschlossen modellierten Figur auch ohne das Risiko der beim Anfänger kaum vermeidbaren »Umweltverschmutzung« zu machen ist, habe ich die Plastik mit der Rückseite nach unten waagrecht umgelegt (siehe auch Seite 119). Stützen bildeten einmal die rückwärtige Grundbrettkante, zum anderen ein passender Stapel von Spanplatten-Abschnitten mit aufgelegtem, dickem Schaumgummi-Polster. Danach goß ich dünnen gefärbten Gips in mehreren kleinen Partien auf, bis der Ton voll bedeckt war. Nach dem Abbinden dieser Schicht wurde die nötige Formdicke (2 bis 3 cm) durch Aufspachteln ungetönten Gipses erzielt.

3 Die Figur mit der fertigen Formhälfte ist wieder aufgerichtet, die Folienstreifen wurden entfernt und deren dünne Einschnitte im Ton mit dem Modellierholz vorsichtig geschlossen, beziehungsweise überarbeitet. Danach erfolgte ein Anstrich der Trennnaht-Gipsfläche mit dünnem Tonschlick.

4 Die Figur ist, nun mit der Rückseite nach oben, wieder annähernd waagrecht umgelegt und zum Aufguß der zweiten Formhälfte bereit. (Eine Schaumgummi-Polsterung über der aufgeschichteten Stütze ist jetzt nicht mehr nötig.) Anschließend erfolgte die gleiche Gußprozedur wie zuvor. Gleich nach Abbinden des Gipses beschnitt ich die Trennaht so weit, daß ringsherum die Tonschlick-Linie gut sichtbar war.
Die Figur einschließlich umhüllender Form und Grundbett wurde in die Badewanne gelegt und unter Wasser gesetzt. Nach 30 bis 40 Minuten hatte der aufquellende Ton die Formhälften ca. 5 mm weit auseinandergetrieben, so daß sich eine durch vorsichtige Nachhilfe mit dem breiten Spachtel mühelos entfernen ließ. Aus der anderen Hälfte mußte der Ton teilweise herausgenommen werden.

5 Die Abbildung zeigt die aufgestellten Formteile von innen. Anschließend wurden sie, wie Seite 112–114 beschrieben, isoliert, zusammengefügt, ausgegossen und nach Erhärten des Gusses abgeschlagen.

6 Der fertige Guß, bereits mit Aquarellfarbe terrakotta-ähnlich getönt. Neben der Rückansicht ein in passender Höhe aufgestelltes Formbruchstück.

5

6

abgeschabt, zumindest im Bereich der Trennlinie.
Haben Sie die Figur um einen mit zwei U-förmig gebogenen Drähten in der Grundplatte verklemmten Bambus modelliert, so ziehen Sie diese Drähte nach unten heraus. Damit ist die einzig feste Verbindung zwischen dem umgossenen Modell und der Grundplatte aufgehoben, so daß sich beide leichter trennen lassen. Das Weitere ist nun relativ einfach, wenn das Modell aus Ton besteht: stellen oder legen Sie das Ganze in einen Wasserkübel, in die Badewanne oder längere Zeit unter die Dusche, bis Sie sehen, daß der quellende Ton die Form auseinandertreibt. Wurde die Grundplatte vor dem Guß ziemlich dick mit Tonschlick eingestrichen oder gar eine dünne Tonschicht aufgedrückt, so läßt sich die Platte meist ohne große Mühe von der umgestülpten Form abheben und der Bambus herausziehen. Graben Sie nun einen Teil des Tons vorsichtig aus der waagerecht liegenden Form, dann wird sich bald deren am wenigsten untergriffige Hälfte von innen her wegdrücken lassen. Die Entfernung der Tonmasse aus der anderen Hälfte ist dann nur noch eine Sache von wenigen Minuten.
Will sich die Grundplatte nicht lösen, so stellen Sie das Ganze wieder aufrecht hin und treiben in die aufgegangene Naht beiderseits je zwei bis drei Holzkeile. Sie sollen ziemlich spitz zulaufen und etwa drei Zentimeter breit sein. Drücken Sie jeweils zwei gegenüberliegende Keile gleichzeitig mit beiden Händen vorsichtig so oft ein, bis sich eine Formhälfte mit den Fingerspitzen greifen und abziehen läßt. Der freigelegte Ton wird abgeschnitten und der übrige wieder ausgegraben.
Tun Sie das nur mit den Fingern, mit irgendwelchen Instrumenten könnten Sie allzu leicht das Innere des Negativs beschädigen.
Sollte einmal eine Formhälfte zerbrechen, ist das kein großes Unglück. Die Stücke werden sogleich wieder zusammengefügt und – mit der Außenseite nach oben – so abgestützt, daß sich nichts verschieben kann. Dann überziehen Sie die Bruchlinie mit einem breiten Gipsstreifen. Es hat keinen Sinn, den Bruch direkt leimen oder kitten zu wollen, es hält doch nicht.
Die beiden Schalen sind nun von allen Tonresten zu reinigen. Kleinste Partikel lassen sich mit einem Tonballen aufnehmen oder mit einem angespitzten Streichholz. Nach oberflächlicher Trocknung wird das Innere samt den Trennrändern mit Seifenlösung isoliert, der ein kleiner Löffel Öl beigemischt ist. Verwenden Sie zum Einstreichen einen weichen Haarpinsel, der die empfindliche Gußhaut nicht aufreibt. Ist die Isolierung eingezogen und angetrocknet, wird nochmals nachgewaschen: es dürfen keine plastischen Seifenspuren stehenbleiben, sie würden sich im Positiv abdrücken.
Als nächstes werden die Formhälften zusammengesetzt und solide miteinander verbunden. Das geschieht mit zwei oder drei Reifen aus dünnem Plastikdraht. Die Drähte sollen so umgelegt werden, daß sie nicht gleich abrutschen. Ihre Enden werden verzwirnt und mit der Flachzange möglichst straff angezogen. Kleine Holzkeile zwischen Gips und Drähten sorgen für weitere Pressung.
Am bequemsten gelingt diese Hantierung bei aufrechtem Stand der Form. Verhindern jedoch Unebenheiten ein haargenaues Zusammenpassen in dieser Position, müssen die Hälften umgelegt werden, und zwar auf eine weiche Unterlage. Für die Weiterarbeit ist das ohnehin notwendig. Falten Sie eine alte Wolldecke oder dergleichen auf passende Größe zusammen und bedecken Sie das Polster ausreichend mit Papier, denn die Drähte und Keile, eventuell auch die Trennaht,

werden noch vergipst. Dabei muß die Form immer noch mit aufgesogenem Wasser gesättigt sein, sonst bindet die Vergipsung nicht gut. Lassen Sie genügend Gips an den Drähten entlanglaufen, er soll auch über die Naht hinweg zumindest einige Brücken bilden. Das Ganze ist recht solide, aber nicht allzu massiv in zwei Raten auszuführen, denn Sie müssen die liegende Form ja einmal umwälzen, bevor sie aufgestellt wird.

Ist die Vergipsung völlig erhärtet, dann soll sofort mit dem Ausgießen begonnen werden, denn auch dabei darf die Form nicht trocken sein. Können Sie nicht am selben Tag abformen und ausgießen, so ist es besser, die Schalen unverbunden liegen zu lassen und vor dem Zusammenfügen und Ausgießen eine Stunde unter Wasser zu setzen. Trockene Schalen entzögen dem eingegossenen Gips zuviel Wasser und wären so hart und spröde, daß Sie beim Abschlagen erhebliche Schwierigkeiten hätten. Da die Trennaht kaum absolut wasserdicht schließt, kann sie auch vollständig mit einer dünnen Gipsschicht vergossen werden, oder Sie verschmieren sie mit etwas Ton.

Zum Ausgießen stellen Sie die Form mit der Standflächenöffnung nach oben und schütten eben durchgerührten Gips hinein, der möglichst etwas Kalkmilch enthält. Andernfalls müssen Sie eventuell feine Haarrisse im Positiv in Kauf nehmen. Kleinere Formen werden bis zum Rand gefüllt, das ist die einfachste und unproblematischste Methode, sie ergibt einen Vollguß. Sie ist immer anwendbar, jedoch werden die Güsse dann ziemlich schwer. Größere Objekte, zum Beispiel schon ein lebensgroßes Kopfmodell, wird man im allgemeinen hohl ausgießen. Das geschieht folgendermaßen:

Machen Sie als erste Rate nur so viel Gips an, daß die Form etwa zu einem Viertel gefüllt wird. Gleich danach halten Sie die Form so schräg, daß kein Gips herausfließt, und drehen sie auf dem Polster um ihre Mittelachse um und um. Der Gips überzieht dabei die Innenwandungen und setzt immer dicker an ihnen an, bis die Menge verbraucht ist. Sehen Sie dabei zu, daß der Gips jetzt schon die Sockelwandungen erreicht. Meist gelingt das nur zum Teil, weil Sie darauf bedacht sind, den Gips nicht ausfließen zu lassen. Sorgen Sie jedoch dafür, daß die Sockelwandungen bei der nächsten Rate vollständig überzogen werden: Sie machen nur eine kleine Menge Gips an, lassen ihn löffelweise von den Sockelunterkanten nach innen fließen und helfen mit einem Modellierspachtel nach, damit auch die Ecken geschlossen werden. Vom inzwischen steifer gewordenen Brei spachteln Sie schließlich am Öffnungsrand eine Verstärkung an. Sie staut den fließenden Gips, wenn Sie eine weitere Rate einbringen und in allem wie zuerst verfahren. Wenn eben noch eine kleine Menge Gips fließt, stellen Sie die Form senkrecht, damit auch ihr Boden beziehungsweise der Scheitel des Positivs stark genug wird.

Leuchten Sie anschließend das Innere aus: sicherlich hat der Gips nicht überall gleichmäßig angesetzt. Das ist zwar belanglos, nur dürfen keine allzu dünnen Stellen bleiben. Gleichen Sie das durch ein oder zwei weitere Eingüsse und entsprechendes Drehen aus. Tun Sie das eher zu reichlich als zu sparsam. Besonders stabil müssen die Sockelwandungen werden. Mit Spachteln gelingt das sehr gut, wobei auch glatte Standflächen in einer Ebene mit den Formunterkanten zu verstreichen sind. Damit ist das Ausgießen beendet.

Etwa eine halbe Stunde danach – bei starken Vollgussen warten Sie lieber eine Stunde –, setzen Sie das Ganze auf einen festen Tisch und beginnen mit dem Abschlagen der Form. Bei kleineren Figuren mit Negativ-Wandungen von durchschnittlich zwei Zentimeter Stärke benutze ich einen drei bis vier Zentimeter breiten Maurerspachtel als Meißel und treibe ihn mit einem Holzschlegel, wie er von Holzbildhauern gebraucht wird. Es geht aber auch mit einem nicht zu schweren, quer gehaltenen Hammer. Zuerst schlage ich alle Naht-Brücken ab, dann die Vergußbahnen der Drähte so weit, daß sie sich mit einer Beißzange fassen, mehrfach durchzwicken und abreißen lassen. Dann beginne ich am Oberteil der Form das Negativ schichtweise abzusprengen, und zwar so, daß die Spachtelschneide eher zu flach als zu steil angreift. Keinesfalls darf sie sich steil in die Tiefe graben! Im Bereich der Naht schlägt man besonders vorsichtig und flach auf diese zu. Wird sie als Meißelansatz benutzt, kann unter Umständen alles in Trümmer gehen. Ist schon ein Stück der farbigen Schicht erreicht, oder bereits ein Teil des Positivs bloßgelegt, treibt man den Meißel möglichst immer auf diese Stellen zu und äußerst behutsam. Die Arbeit von oben nach unten sichert bis zuletzt einen guten Stand, der Sockel wird zuallerletzt freigelegt.

Selbst eine genauestens zusammengepaßte Form schließt nicht überall völlig dicht, Trennflächen-Kanten splittern hier und da ab, auch findet sich manchmal eine kleine Luftblasen-Vertiefung. Solche Fehlstellen erscheinen im Positiv als erhabene Grate und Buckel. Sie werden unmittelbar nach dem Abschlagen des Negativs vorsichtig abgeschabt. Das ist wesentlich einfacher als Flickarbeit an der Form, allenfalls drückt man grobe Fehlstellen nach dem Isolieren nur so weit mit Ton aus, daß am Positiv immer noch etwas wegzunehmen bleibt. Ist das einmal in größerem Umfang notwendig, dann benutzen Sie statt eines Messers lieber spezielle Gipseisen. Sie sind in zahlreichen Ausführungen zu haben, auch mit gezähnten Schneiden, die ähnliche Spuren hinterlassen wie eingekerbte Schlingen. Es genügt, wenn Sie zum Nacharbeiten ein oder zwei solcher Eisen anschaffen. Ein größeres Sortiment brauchen Sie erst, wenn Sie unmittelbar in Gips oder Stuckmasse modellieren.

Fehlstellen im Positiv entstehen entweder durch Luftblasen oder beim unvorsichtigen Abschlagen des Negativs. Dabei können auch fein ausgearbeitete Stellen abbrechen, zum Beispiel Teile der Ohrmuscheln oder der Augenlider. Die Ausbesserung soll wiederum möglichst sofort geschehen, ehe der Guß allzu trokken wird. Andernfalls müßten Sie ihn für eine Weile ins Wasserbad legen. Trotzdem werden Fehlstellen unmittelbar vor dem Ausbessern nochmals gut angenäßt, am besten mittels der Pipette. Dann tupfen Sie mit einem kleinen, spitzen Pinsel sehr dünnen Gipsbrei auf, möglichst so, daß Sie nachträglich nichts mehr wegnehmen müssen. Machen Sie den Gips zu dick an, wird er auf der Fehlstelle sofort krümelig fest, läßt sich nicht mehr modellieren und bleibt unter Umständen für immer als graue Stelle in der weißen Umgebung sichtbar.

Am schwierigsten ist es, abgebrochene Stücke wieder anzukitten. Es lohnt sich auch nur, wenn sie so groß sind, daß die Ränder des Stückes beschnitten werden können. Passen Sie das Bruchstück an, so muß eine genügend breite und tiefe Umriß-Rille vorhanden sein. Sie wird mit dünnem Gips gefüllt und verstrichen. Nur auf diese Weise ist es möglich, Abgebrochenes fest und ohne störende Nahtstellen mit dem Ganzen zu verbinden. Benutzen Sie Porzellankitt, mit dem beide Bruchstellen nach Vorschrift bestrichen und fest aufeinandergedrückt werden, besteht immer die Gefahr, daß das Stück nicht gleich richtig sitzt. Dann ist es unbrauchbar und Sie müssen die bestrichene Stelle an der Figur abschaben und das Fehlende anmodellieren.

Abschließend ist zu kontrollieren, ob die Sockeluntorkanten wirklich eben sind und die Figur im Lot steht. Andernfalls schaben Sie lieber vom Sockel ein wenig ab, als dünne Schichten aufzuspachteln, sie halten doch meist nicht. Nach diesen Arbeiten wird der Guß ausgetrocknet. Da Gips immer hygroskopisch bleibt, stellen Sie ihn niemals unmittelbar auf Holz, etwa ein Möbelstück! Legen oder kleben Sie eine isolierende Kunststofffolie unter den Sockel.

So unproblematisch der Abguß mit verlorener Form von Tonmodellen ist – um vieles schwieriger erweist er sich bei Modellen aus Plastilin. Denn diese Masse ist auf keine Weise zum Quellen und Auseinandertreiben der Negativ-Teile zu bringen. Deshalb müssen von vornherein genügend viele Aussparungen in die Trennflächen eingearbeitet werden, in die Sie Holzkeile zum Auseinandertreiben des Negativs einsetzen können. Auch braucht die Grundplatte nun unbedingt einen dünnen Überzug aus Modelliermasse, am besten aus Ton, und statt der Trennflächen-Isolierung mit Seife und Öl nehmen Sie vorteilhafter Tonschlick.

Nachdem die erste Negativhälfte zum Angießen der zweiten einschließlich den Paßmarken vorbereitet ist, schneiden Sie Plastilin- oder Tonkeile zurecht, etwas größer als die spitzen Enden der Holzkeile. Sie werden so auf die Trennflächen geheftet, daß sie bis knapp ans Modell reichen, außen jedoch ein wenig überstehen. Dann tragen Sie die zweite Negativhälfte auf. Nach dem Erhärten setzen Sie das Ganze in warmes Wasser oder berieseln es ausgiebig damit, bis der Tonschlick die zuvor sauber geschabte Trennaht eine Spur aufgetrieben hat. Das warme Wasser erweicht auch das Plastilin, so daß die nun vorsichtig und überall gleichmäßig einzutreibenden Holzkeile wenig Widerstand finden. Ähnlich verhält es sich mit untergriffigen Stellen des Modells: das Negativ kann sie vom erweichten Plastilin leichter abreißen. Die Tonkeile werden übrigens nicht entfernt, sondern von den Holzkeilen seitlich herausgequetscht und unterstützen die treibende Wirkung. Zwischendurch oder gleich zu Anfang fahren Sie mit einem Spachtel oder breiten Messer in den Tonüberzug zwischen Grundplatte und Form, um dort Luft und größere Bewegungsfreiheit zu schaffen. Ist die Trennung der Negativhälften schon ein wenig vorangekommen, so erweist sich meist die erneute Berieselung mit warmem Wasser als nützlich. Alles weitere geht dann so vor sich, wie es bereits beschrieben wurde.

Guß mit beständiger Form

Wollen Sie von einem Modell mehrere Abgüsse haben, oder handelt es sich um kompliziertere Plastilinfiguren, dann wird das Negativ aus kaltvulkanisierendem Siliconkautschuk hergestellt. Dessen Grundsubstanz ist Dimethylpolysiloxan, bestehend »aus langen Ketten sich abwechselnder Sauerstoff- und Siliziumatome, deren Enden bei der Vulkanisation untereinander verknüpft werden, so daß ein loses Netzwerk entsteht, das gummielastische Eigenschaften besitzt. In dieses Netzwerk sind anorganische Füllstoffe eingebettet, deren Wahl die physikalischen und chemischen Eigenschaften mitbestimmt« (Wacker-Chemie). Als besondere Merkmale des Siliconkautschuks werden unter anderem genannt: Hitze-, Kälte-, Witterungs- und Alterungsbeständigkeit. Außerdem behält das Material die bei der Vulkanisation angenommene Form ausgezeichnet. Sie bedarf jedoch wegen ihrer Weichheit und Elastizität eines starren, stützenden Mantels aus Gips, an dem sie sich dicht anschmiegt. Mittels Siliconkautschuk können nicht

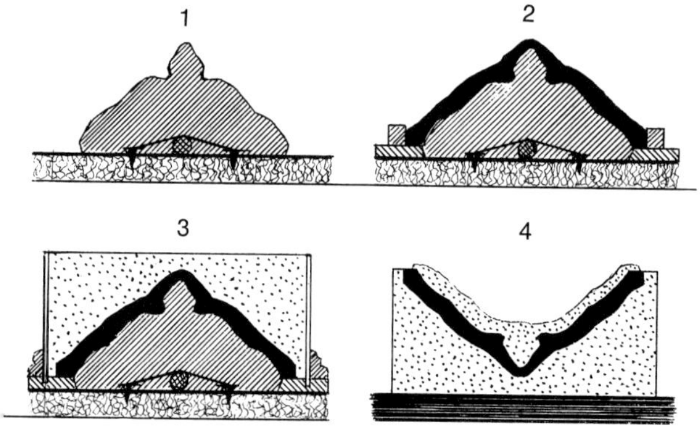

Abformen mit Siliconkautschuk, schematische Querschnitt-Darstellungen (schraffiert = Plastilin, schwarz = Kautschuk, punktiert = Gips). Obere Reihe, einteilige Form (Maske), von links: 1 = die modellierte Maske, noch an der Grundplatte verankert, ist waagerecht aufgelegt. 2 = zeigt den aus zwei Teilen zusammengesetzten Auffangstreifen und den in mehreren Schichten aufgegossenen Kautschuk. 3 = der hochstehende Auffangstreifen ist abgenommen, aus Klarsichtfolie (oder dünnem Blech) wurde ein hoher Rand dicht zusammengeheftet, in den flachen Plastilinstreifen gedrückt, außen mit Plastilin abgestützt und mit Gipsbrei gefüllt. 4 = Gipsmantel und Kautschuk-Negativ sind abgenommen und – umgedreht – wieder zusammengepaßt, dann wurde in das Negativ Gipsbrei gegossen und durch Hin-und-her-Schaukeln bis zum Erstarren das Positiv als relativ dünne Schale gewonnen.

nur Modelle aus weichen Modelliermassen auf sehr einfache Weise abgeformt werden, sondern auch solche aus starrem Material wie Gips, Stein oder Metall. Eigentlich ist dieser Kautschuk in erster Linie für die Industrie entwickelt worden, zum Beispiel, um Maschinenteile absolut genau nachzugießen und vieles andere mehr. Über alle diese Möglichkeiten und weiteren Daten sowie über die verschiedenen Kautschuksorten und deren spezielle Eigenschaften, unterrichten Sie Prospekte der herstellenden Chemiewerke.

Den Bildhauer interessiert vor allem die Konsistenz beim Gießvorgang, sie differiert zwischen dünn fließend, streich- beziehungsweise spachtelfähig bis knetbar. Davon wiederum abhängig ist die Elastizität des Vulkanisats. Für unsere Zwecke ist es am bequemsten und wirtschaftlichsten, sich nur mit einer Sorte zu begnügen, deren Konsistenz man selbst variieren kann: sie rangiert unter der Bezeichnung »Abformmasse«. Jedenfalls habe ich damit die günstigsten Erfahrungen gemacht. Und ich würde Ihnen empfehlen, Abgüsse immer nur mit dieser Kautschuksorte herzustellen, wäre das Material nicht so teuer: 1 kg davon kostet dreißig- bis vierzigmal soviel wie 1 kg erstklassiger Gips! Nehmen Sie nur eine Sorte, so fallen wenigstens keine verschiedenartigen Restbestände an. Gut verschlossen und kühl aufbewahrt, hält sich die unverarbeitete Masse wohl über ein Jahr.

Deren Vulkanisation wird erst eingeleitet nach Zugabe einer Härterflüssigkeit. Vom Mischungsverhältnis hängt sowohl die Dauer der Verarbeitungsfähigkeit, die »Topfzeit«, ab, als auch die Zeitspanne bis zum Abschluß der Vulkanisation. Wenn Sie also Siliconkautschuk einkaufen, vergessen Sie nicht den Härter, und wählen Sie ihn nach genauem Studium des Prospekts. Die kleinste Flasche mit 50 ccm Inhalt reicht meist für 2 kg Masse. Und wenn Sie nicht über eine Apothekerwaage verfügen, besorgen Sie auch gleich einen Meßzylinder mit 1/10-ccm-Einteilung. Mehr als 5 ccm braucht er nicht zu fassen. Von der zugegebenen Härtermenge hängt auch das Ausmaß ab, in dem die Form schwindet. Bei den hier geschilderten Abgußverfahren ist das unvermeidlich, mit maximal 1 % aber so gering, daß künstlerische Arbeiten davon nicht beeinträchtigt werden.

Wie eine Modellierarbeit zum Guß vorbereitet wird, zeigen Ihnen die Abbildungen. Es geschieht ganz ähnlich wie beim Guß mit verlorener Form, die Trennstreifen werden lediglich etwas breiter genommen und erhalten eine Auflage zum Auffangen der relativ dünnen Kautschukschicht. Sie hat den Sinn, das Modell so zu umhüllen, daß sämtliche untergriffigen

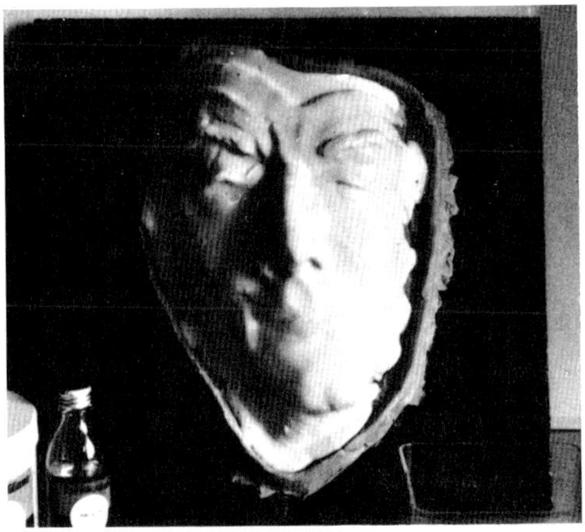

2

3

4

1 = die Maske (Seite 79) mit Auffangstreifen für den Kautschuk. 2 = erste Kautschukschicht aufgegossen und vulkanisiert. 3 = das fertige Kautschuk-Negativ (auf dem Modell) mit Folienrand. 4 = die Folienform mit Gips ausgegossen und nach Erhärten die Folie samt Plastilinstütze abgenommen. 5 = der Gipsmantel (aufgestellt) und davor das Kautschuk-Negativ, beides von innen gesehen. (Abguß Seite 79.)

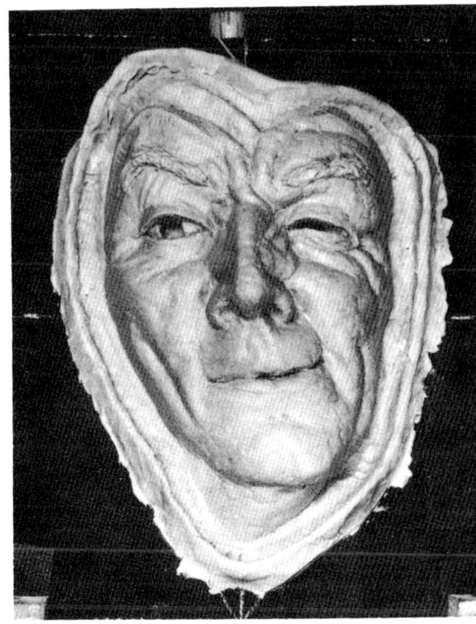

1

5

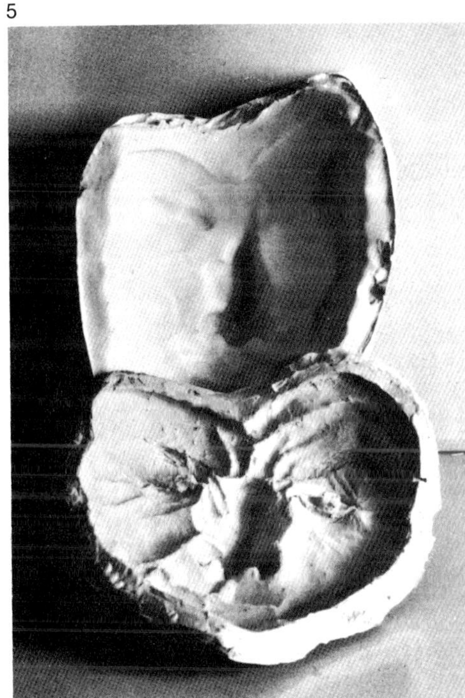

1 bis 3 = das Porträt (Seite 72) mit Auffangstreifen für den Kautschuk-Aufguß auf der Gesichtshälfte. 4 = Aufguß auf dieser Hälfte bei waagerecht umgelegter Figur. 5 = nach Aufspachtelung der ersten Gipsmantelhälfte die Figur um 180 Grad gedreht, auf den Gipsrand einfacher Auffangstreifen gedrückt und erste dünne Kautschukschicht aufgegossen. 6 = der abgenommene Gipsmantel, wegen seiner Größe in vier Teilen ausgeführt, von innen (in den Rändern die positiven und negativen Paßkeile). 7 = das zweiteilige Kautschuk-Negativ von innen (ohne Stützmantel hingelegt). 8 = Stützmantel, zu zwei Teilen zusammengegipst, mit eingepaßtem Kautschuk-Negativ, daneben das unbeschädigt gebliebene Plastilinmodell. 9 = das Negativ von außen nach Abnahme des Stützmantels, darin ein Abguß. 10 und 11 = Abziehen des Negativs vom Guß. 12 = zwei Abgüsse zum Vergleich mit dem Plastilin-Original.

Untere Reihe: zweiteilige Form (Porträt) von links: 1 = die waagerecht umgelegte Figur (Gesichtshälfte nach oben) ist durch lose Plastilinpolster abgestützt und der zweiteilige Auffangstreifen mit zahlreichen Drahtstücken montiert, die erste Hälfte des Kautschuk-Negativs in mehreren Schichten aufgegossen. 2 = der hochstehende Auffangstreifen ist abgenommen und der Gipsmantel aufgespachtelt. 3 = das Ganze um 180 Grad gedreht, der waagerechte Auffangstreifen entfernt und auf den Gipsrand ein neuer Plastilinstreifen gedrückt, die zweite Hälfte des Kautschuk-Negativs aufgegossen (nach Fett-Isolierung des Randes). 4 = der Streifen ist entfernt, in den Gipsrand wurden drei bis vier Paßkeile geschnitten und alle Ränder mit Tonschlick isoliert, danach erfolgte die Aufbringung des zweiten Gipsmantels. Die Form kann nun abgenommen, wieder zusammengesetzt und ausgegossen werden.

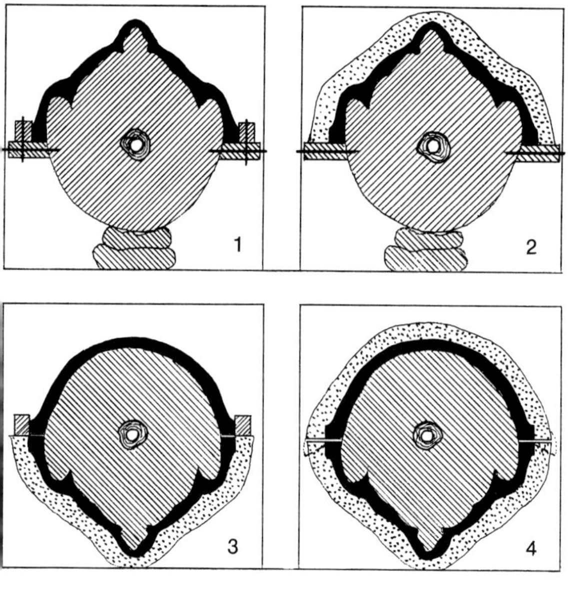

1

Stellen ausgeglichen werden. Der darüber zu gießende Gipsmantel darf nirgends festhaken. Er soll ziemlich dick ausgebildet werden, denn beim Abziehen muß man doch einige Kraft anwenden, und er soll nicht zerbrechen. Die Kautschukschale, das eigentliche Negativ also, soll schon aus wirtschaftlichen Gründen möglichst dünn bleiben. Natürlich muß ihre Dicke wiederum der Modellgröße angepaßt werden, sonst zerreißt sie womöglich. Für ein lebensgroßes Porträtmodell liegt die Wandungsstärke zwischen 5 und 10 mm, die der Gipsschale bei etwa 3 cm. Nach Entfernen des Gipsmantels läßt sich das Kautschuknegativ wie ein Gum-

2

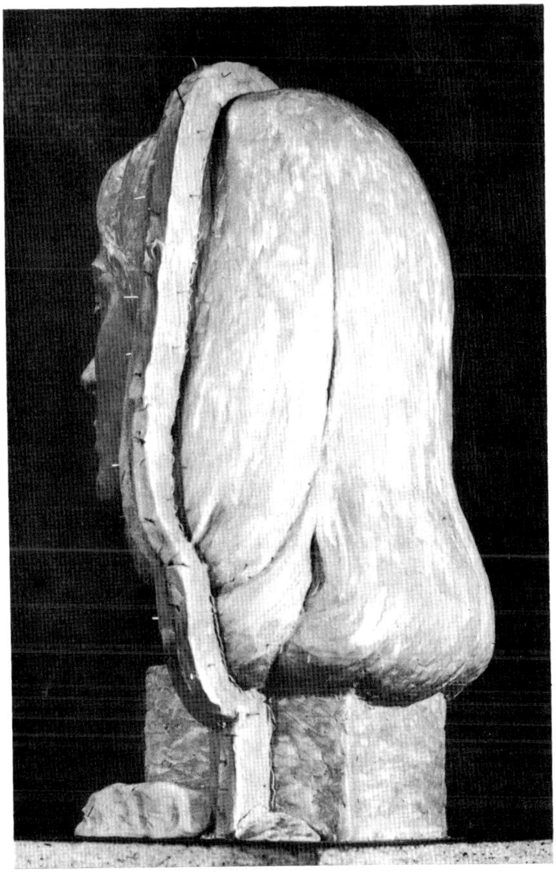

3

4

5

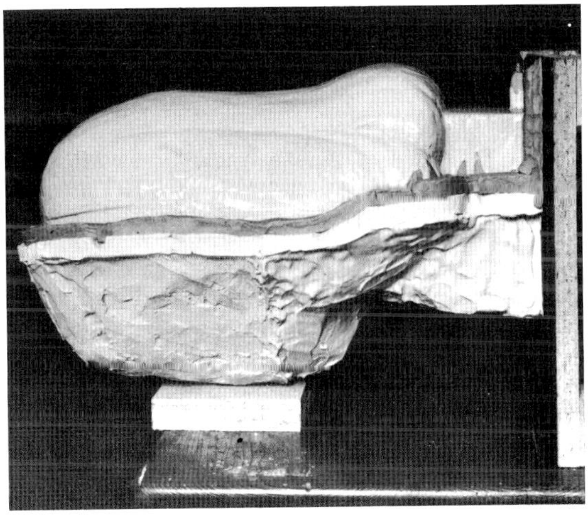

mihandschuh vom Modell abziehen, ohne es zu zerstören – ganz gleich, ob es aus einer nachgiebigen oder starren Masse besteht.

Zum Anwerfen ist Siliconkautschuk nicht geeignet, er kann nur aufgegossen werden. Die zum Abformen brauchbaren Sorten fließen nicht so rasch wie frischer Gipsbrei, dafür aber um so stetiger und anhaltender. Auf diese Weise kommt auch die nicht zu übertreffende Genauigkeit des Negativs zustande. Dafür muß man jedoch in Kauf nehmen, daß die Hantierung viel länger dauert als beim Abformen mit Gips, hinzu kommen stundenlange Pausen zwischen den einzelnen Aufgüssen. Anders als beim Gipsguß, können die Pausen auch auf Tage ausgedehnt werden, ohne das Gelingen der Arbeit zu gefährden.

Siliconkautschuk enthält stets Füllstoffe, die zu Boden sinken, »absetzen«. Stellen Sie deshalb die Dose etwa 10 Minuten lang vor dem Öffnen auf den Kopf – außerdem müssen Sie den gesamten Inhalt gründlich aufrühren, ehe Sie etwas entnehmen. Wegen der lang anhaltenden Fließfähigkeit setzen Sie nur eine kleine Menge Kautschuk an, für die erste Hälfte eines lebensgroßen Kopfmodells etwa 150 g. Verwenden Sie am besten Plastikbecher mit Gießnase und abgerundetem Boden, wie sie für elektrische Handmixer im Handel sind. Sie setzen den Becher auf eine größere Briefwaage, notieren sein Gewicht und gießen Kautschuk hinein. Haben Sie wiederum dessen Gewicht genau ermittelt, so bestimmen Sie die erforderliche Härtemenge und damit die »Topfzeit«. Sie soll anfangs mindestens 30 Minuten betragen. In jedem Fall ist die erforderliche Härtermenge so gering – meist nur 1 bis 2 Prozent des Kautschukgewichts –, daß man sie auf einer Briefwaage auch nicht annähernd genau abwiegen kann. Deshalb rate ich zum Meßzylinder. Härter hat die Dichte, das spezifische Gewicht 1,0. Wenn Sie also zu 150 g Kautschuk nur 1 Gewichtsprozent Härter geben wollen, so messen Sie davon 1,5 ccm ab und mischen ihn bei kräftigem Rühren unter die Masse. Das hat sehr sorgfältig zu geschehen, der Rührspatel muß die Gefäßwandung überall erreichen und damit jeden Tropfen der Masse. Andernfalls vulkanisiert sie nicht gleichmäßig und es kann passieren, daß die Masse teilweise schon im Topf Bänder zieht und unbrauchbar wird. Vermeiden Sie es, Luftblasen einzurühren, sie bleiben gar zu gern im Vulkanisat erhalten, machen es porös und bilden auf der Innenseite höchst unerwünschte Fehlstellen.

Gießen Sie nun mit feinem Strahl auf das vorbereitete Modell, beginnend an den höchsten Stellen. Die Masse fließt, wie gesagt, zwar nicht so rasch wie frischer Gipsbrei, dafür aber um so stetiger. Es nützt also gar nichts, viel Kautschuk anzumachen, er läuft Ihnen nur davon und das teure Material wird lediglich vergeudet. Wenn es auch Ihr Ziel sein soll, möglichst schon beim ersten Aufguß die ganze vorbereitete Modellfläche zu bedecken – es schadet nicht, wenn offene Stellen übrig bleiben. Sie werden mit der nächsten Rate zugedeckt. Das kann bereits geschehen, wenn die zuerst aufgebrachte Masse nicht mehr fließt. Ist schließlich alles bedeckt, sei es auch stellenweise nur hauchdünn, so warten Sie, bis die Vulkanisation abgeschlossen ist. Tupfen Sie vorsichtig mit dem Finger: die Schicht darf nicht im geringsten mehr kleben.

Sehr praktisch ist es, mehrere Gießbecher zur Verfügung zu haben. Dann können Sie flott hintereinander arbeiten und haben keine Mühe mit der Reinigung: sind Reste in den Gefäßen erst einmal ausvulkanisiert, so lassen sie sich wie Gummihäute abziehen, ohne irgendwelche Spuren zu hinterlassen. Mühsamer

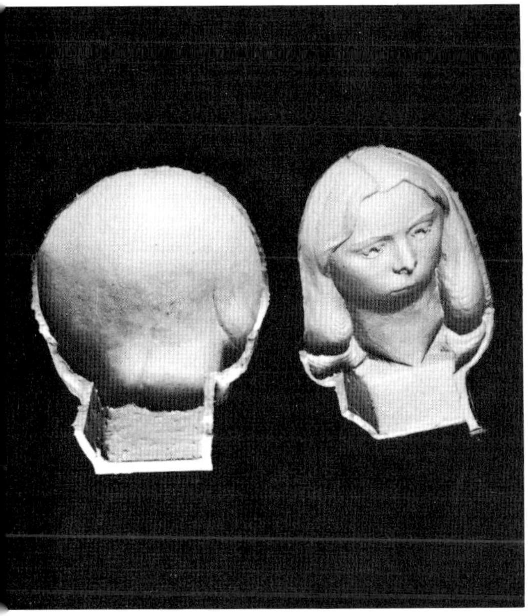

7

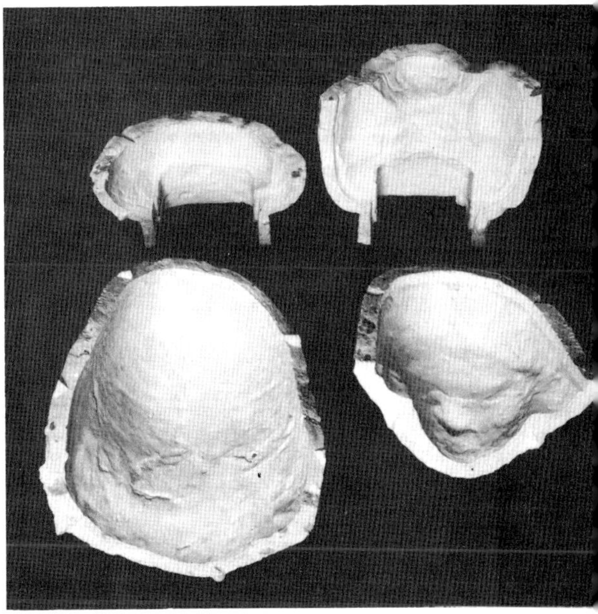

6

8

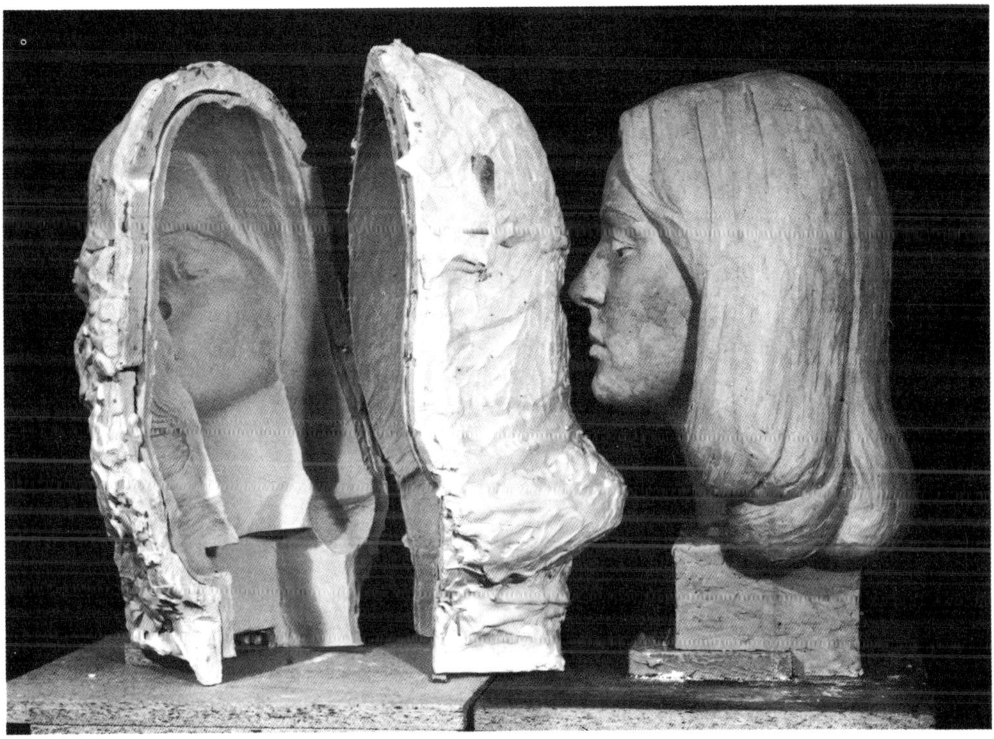

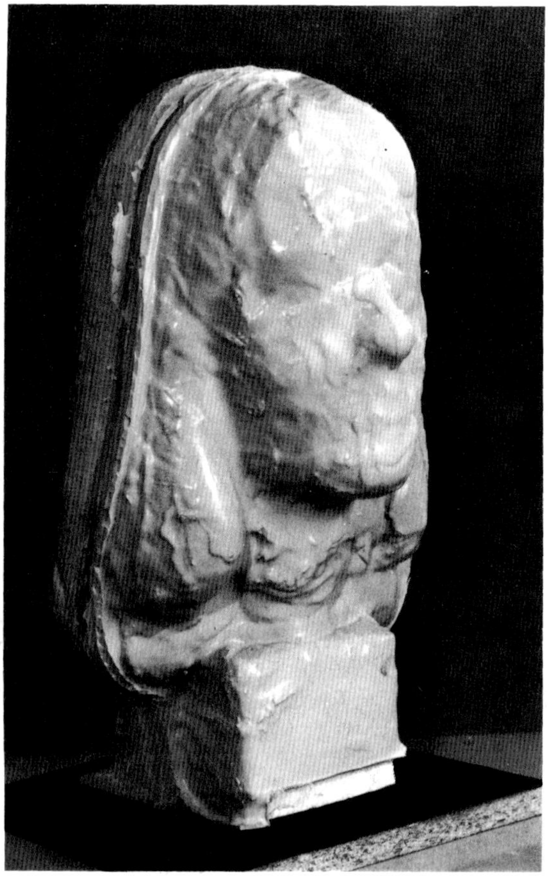

9

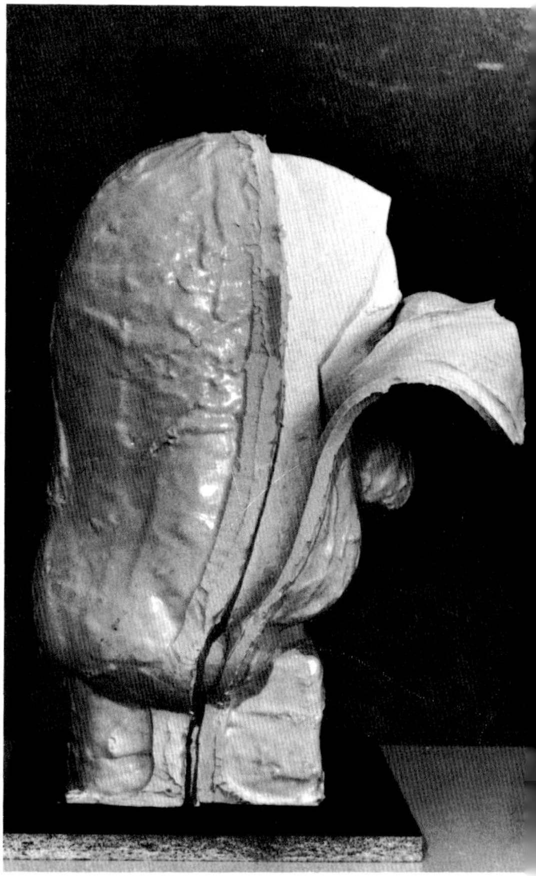

10

ist die Reinigung des Meßzylinders. Da Härter an der Luft bald fest wird, verschließen Sie nicht nur die Flasche sofort nach Entnahme, sondern wischen auch den Meßzylinder alsbald mit fest eingedrehten Pfropfen aus Toilettenpapier aus, spülen mit Benzin nach und reiben sorgsam trocken. Am besten überlassen Sie das einem Helfer, während Sie noch mit Gießen beschäftigt sind. Angetrockneter Härter läßt sich nur in kochender Natronlauge entfernen, und dabei wird auch die Skala des Meßzylinders zerstört. Es wäre zu wünschen, daß die Chemie ein einfacher zu handhabendes Reinigungsmittel entwickelt.

Die völlig durchvulkanisierte Deckschicht überziehen Sie mit einer weiteren dünnen Schicht. Fließt sie nicht mehr, so bedecken Sie alles mit Verbandmull, zumindest wenn es sich um größere Negative handelt. Schneiden Sie Mullstücke so zurecht, daß jedes einzelne möglichst glatt aufliegt, sie können auch ein wenig überlappen. Mit einem häufig zu erneuernden Papierbausch werden die Stücke leicht angetupft und versinken im noch breiigen Kautschuk. Die Mullstücke haben den Zweck, das Vulkanisat gegen Einreißen zu sichern und an Masse zu sparen. Es können auch zwei und mehr Mullschichten aufgebracht werden, natürlich mit neuen Kautschukaufgüssen dazwischen. Allerdings verringert der Mull zunehmend die Elastizität des Vulkanisats. Keinesfalls aber dürfen die Mullstücke aufgebracht werden, bevor die erste Deckschicht fest geworden ist, sie würden sonst bis auf die Modelloberfläche durchsinken und sich am Positiv abbilden.

Sind alle bisher beschriebenen Schichten vulkanisiert, dann wird die letzte, ausgleichende und die nötige Dicke ergebende Schicht aufgebracht. Am bequemsten ist es, sie aufzuspachteln, und um die entsprechend dickliche Konsistenz zu erreichen, fügen Sie »Aerosil« hinzu. Das ist reines Siliciumdioxid (SiO_2) in Form eines außerordentlich leichten, »voluminösen« Pulvers, wie der Apotheker sagt. Bei ihm ist es auch zu haben, und er benutzt es um Salben die rechte Konsistenz zu verleihen. Das Pulver wird der abgewogenen Kautschukmasse natürlich vor dem Härter zugeführt, Sie können es also ohne Eile in kleinen Partien zugeben, bis der Brei ihnen dick genug erscheint. Nehmen Sie nun so wenig Härter, daß Sie für das Aufspachteln genügend Zeit haben, rechnen Sie für 500 g Kautschuk etwa 40 bis 50 Minuten. Denn jetzt kommt es darauf an, zuerst alle noch etwa untergriffigen Stellen auszufüllen und zweitens eine möglichst gleichmäßig starke Negativ-Wandung zu erzielen. Gelingt das nicht in einem Zug, können Sie selbstverständlich weitere Raten auftragen. Alle Vulkanisate, auch solche, die schon Tage alt sind, verbinden sich tadellos mit neuen Aufträgen. Die untere Schicht darf nur nicht mit Fett in Berührung kommen, da es isolierend wirkt. Wie bereits angedeutet, gibt es auch fertig vorbereitete Spachtelmasse. Ihre Anschaffung lohnt sich jedoch nur, wenn sie häufig und reichlich gebraucht wird.

Nach Abschluß dieser Arbeiten entfernen Sie die Trennstreifen-Auflage für den Kautschuk. Gleichzeitig werden übergeflossene Strähnen mit einer scharfen Schere abgeschnitten, ebenso alle Knoten oder sonstigen Überstände, die im Gipsmantel noch untergriffig wirken könnten. Je glatter und ausgeglichener das Kautschuknegativ außen ist, um so leichter läßt sich später die stützende Gipsschale abziehen. Sie wird unmittelbar auf den Kautschuk aufgegossen und in gleicher Weise wie die erste Hälfte einer verlorenen Form. Isolierungen sind vorerst nicht notwendig. Auch kann die Schale größtenteils aufgespachtelt werden. Versetzen Sie also das Anmachwasser mit Verzögerer, damit Sie gleich eine größere Menge Gips zur Verfügung haben und rascher vorankommen.

Nach Erhärten der ersten Mantelhälfte wiederholt sich alles in bereits geschilderter Weise: Entfernen der Trennstreifen, Einschneiden der Paßmarken, Isolieren der Trennfläche, auch der des Kautschuks. Für diese verwenden Sie am besten Vaseline, aufzutragen mit einem kleinen Borstenpinsel. Außerdem müssen Sie einen Auffangstreifen für die zweite Kautschukhälfte auf die Gips-Trennfläche heften.

Der zweite Kautschukteil wird ebenso gegossen und nachbehandelt wie der erste. Mit dem zweiten Gipsmantel verhält es sich ähnlich, nur werden diesmal keine Tonkeile, sondern dünne Platten angebracht: sie dienen zum Einsetzen breiter Spachtel, die jedoch nicht bis zum Kautschuk vordringen dürfen.

Mit ihnen hebeln Sie dann die Gipsmäntel vorsichtig auseinander, die Nähte müssen natürlich vorher von allen übergelaufenen Gipsbrücken befreit und ein wenig mit Wasser berieselt werden, damit der isolierende Tonschlick zu einer deutlich sichtbaren Spur aufquillt. Klafft beim einseitigen Hebeln die Naht etwas auseinander, so klemmen Sie ein paar Streichhölzer ein und verfahren mit der Gegenseite ebenso. Allmählich werden

11

12

die Streichhölzer durch immer stärkere Holzspäne ersetzt, bis Ihre Finger beiderseits Halt zum Abziehen einer Mantelhälfte finden. Am besten gelingt Ihnen das mit einem Helfer, der die Grundplatte festhält, ebenso beim Abziehen der zweiten Mantelhälfte.

Das Abziehen des Kautschuk-Negativs macht keinerlei Mühe: rollen Sie von der Trennaht her eine Hälfte mit leichtem Zug zurück, langsam und vorsichtig vor allem im Bereich der untergriffigen Stellen am Modell. Nach kaum einer Minute ist es unversehrt freigelegt und Sie könnten das Abformen wiederholen, wenn ein Kautschukteil mißraten oder wegen zu dünnem Auftrag total zerrissen ist. Größere Risse lassen sich mit aufgestrichenem Härter verkleben. Teilrisse sind bedeutungslos, sie schließen völlig dicht, wenn Sie die Negativteile wieder in die Gipsschalen betten. So sollen sie auch aufbewahrt werden.

Zum Ausgießen – sei es als Voll- oder Hohlguß – ist nichts weiter zu tun, als die beiden Gipsmäntel samt Kautschukeinlagen fest miteinander zu verbinden. Unter Umständen kann es genügen, nur eine Anzahl Drahtreifen umzulegen und straff anzuziehen. Nehmen Sie in diesem Fall etwa 1 mm starken Kupfer oder Messingdraht, er ist schmiegsamer als Plastikdraht. Dieser bleibt jedoch immer das sicherste, zumal bei größeren Formen, und er muß natürlich verkeilt und vergipst werden.

Beim Zusammenfügen der Form wollen die Kautschukteile aufgrund ihrer Weichheit zuweilen nicht überall dicht an den Gipsschalen haften. Gegebenenfalls müssen Sie hier und da unterhalb der Ränder kleine Stücke doppelseitig beschichtetes Klebeband anheften. Es verursacht jedoch Schwierigkeiten beim Abziehen der Gipsschalen nach dem Guß. Ist die Form so groß, daß Sie mit der Hand ins Innere gelangen, ist es nicht schwer, den Kautschuk im Bereich der Naht an die Gipsschalen zu drücken. Kontrollieren Sie mit Hilfe einer Taschenlampe und eventuell eines Mundspiegels, ob alles ordentlich sitzt. Bei engen Gießöffnungen kann das Andrücken auch mit einem gepolsterten Haken geschehen, den Sie aus dickem Plastikdraht zurechtbiegen. Das Ausgießen geht ebenso vor sich wie es im Zusammenhang mit der verlorenen Form geschildert wurde, das Entfernen der Form in gleicher Weise wie bei ihrer Herstellung.

Von Kautschukformen lassen sich – theoretisch – beliebig viele Abgüsse herstellen. Jedoch neigen die Innenflächen des Negativs oft schon beim dritten Ausgießen dazu, eine winzig dünne Gipsschicht an sich zu binden, so daß die Gußoberfläche nicht mehr völlig originalgetreu ausfällt. Um dem vorzubeugen, haben die Hersteller von Siliconkautschuk ein das Vulkanisat regenerierendes Trennmittel entwickelt, das in einer Sprühdose geliefert wird. Damit wird die Negativ-Innenseite von Zeit zu Zeit nach Vorschrift behandelt.

Wesentlich schneller werden die Gipsschalen unbrauchbar, vor allem, wenn man sie jedesmal verkeilt und vergipst. Gegebenenfalls müssen sie erneuert werden. Das geschieht am einfachsten über einem Guß vor Entfernung der betreffenden Kautschukhälfte. Deren neuer Gipsmantel wird an den anderen, alten, angegossen und dieser dann beim nächsten Guß in gleicher Weise erneuert. Sind die Gipsmäntel jedoch von vornherein sehr stark ausgebildet und mit zu Handgriffen aufgebogenen, zentimeterstarken Stabeisen »moniert«, dann halten sie viele Güsse aus, vorausgesetzt, daß für den Zusammenhalt unvergipste Drähte oder Metallbänder genügen. Bei Serienfabrikation verwendet die Industrie anstelle von Gips weniger bruchgefährdete Materialien wie Gießharz oder gar Metall.

Die Keilform

Ähnlich wie Formen aus Siliconkautschuk dienen auch sogenannte »Keilformen« der Herstellung einer Vielzahl von originalgetreuen Abgüssen oder Abdrücken. Die einfache Keilform besteht aus – im Querschnitt betrachtet – im Prinzip keilförmig aneinandergepaßten Teilen, eingefügt in einen meist zweiteiligen Stützmantel, alles hergestellt aus Gips. Keilformen kommen heutzutage praktisch nur noch für keramische Wiedergaben des Originals in Betracht, die stets ein Gipsnegativ voraussetzen, wie bereits beim Relief auf Seite 95 erläutert. Für Abgüsse aus unter Luftabschluß erhärtendem Material (Gips oder zementgebundene Gußsteinmassen) eignet sich eher die Kautschukform, weil sie weit weniger Umstände macht. Handelt es sich freilich um kompliziertere Figuren, etwa solche mit gespreizten Gliedmaßen oder Durchbrechungen, so ist jedesmal zu überlegen, mit welcher Formart man am besten zurechtkommt.

Das Ausformen geschieht folgendermaßen: Die Stützmantelhälften, versehen mit den jeweiligen Formteilen, legen Sie waagerecht hin und drücken je eine mindestens fingerdicke Schicht aus brennbarem Ton in modellierfähigem Zustand dicht hinein. (Die Schichtstärke richtet sich natürlich auch nach der Objektgröße!) Die Ränder des Toneintrages schließen zunächst glatt und bündig mit den Formrändern ab, werden dann mittels einer Gabel kreuzweise aufgerauht und mit »Schlicker« bestrichen. Schlicker besteht aus mit Wasser streichfähig angerührtem Tonpulver (am besten) oder entsprechend verdünntem Ausformton. Diese Prozedur dient der innigen Verbindung beider Tonschalen, wenn Sie anschließend die Formhälften so fest aufeinander pressen, daß sie nirgends auseinanderklaffen. Danach trocknet das Ganze – einmal durch Luftzutritt von der Sockelöffnung her, zum andern saugt der Gips dem Ton Wasser ab, bis dieser »lederhart« geworden ist, man die Form aufstellen und ihre Teile vom bereits ein wenig geschrumpften Abdruck vorsichtig abziehen kann. Sie sehen dann, daß die Zusammenstöße der Formteile feine hervorstehende Grate hinterließen – ähnlich wie auf der Abbildung Seite 107. Diese »Nähte« werden sogleich mit der Modellierschlinge behutsam beseitigt, wobei die Gesamtstruktur der Oberfläche zu wahren ist. Anschließend trocknet die Figur bis zur Brennreife. Sehr langsam soll das geschehen, damit das oberflächig verdunstende Wasser durch die Kapillarwirkung des Tones ständig »Nachschub« von innen her erhalten kann. Bei zu rascher Trocknung besteht die Gefahr oberflächiger Rißbildungen oder gar der Abtrennung vorstehender Teile. Um dem vorzubeugen, überhängt man bei zu warmer Lufteinwirkung die Figur zunächst mit dünner Plastikfolie. Je nach Objektgröße und Tondicke wird die Brennreife schließlich nach etwa zwei bis drei Wochen erreicht.

Einfacher ist unter Umständen das Ausgießen der Keilform mit flüssig angemachtem »Gießton« – lieferbar als trockenes Pulver einer Zusammensetzung, die bei der Vermengung mit Wasser nicht sogleich »absetzt«. Das geschieht meist bei der Verwendung üblichen Brenntones aus Bestandteilen unterschiedlichen spezifischen Gewichts. Zum Ausgießen werden die Stützmantelhälften samt den eingepaßten Formteilen zusammengefügt und mit Draht oder Bandeisen verschnürt. Zwischengetriebene flache Holzkeile sorgen obendrein für den dichten Schluß des Mantels. Die mit der Sockelöffnung nach oben aufgestellte Form gießen Sie nun randvoll mit flüssigem Ton und warten – Stunden oder Tage –, bis die Gipsform dem Ton im Bereich der Wandungen so viel Wasser entzogen hat, daß er dort in ausreichender Dicke als weiche Kruste anbackt. Danach wird der restliche, noch flüssige Ton ausgekippt, damit die

Die Teile der Keilform, angefertigt von einem erfahrenen Gipsformer. Die Figur wird von acht Einzelstükken umschlossen, von denen zwei gleichzeitig Teile des Stützmantels bilden – eine praktische Lösung, die aber nicht immer gangbar ist. Die Stützmantelhälften stehen links und rechts außen und zeigen an ihren Kanten fünf eckig eingeschnittene beziehungsweise erhaben ausgegossene »Nasen« zur präzisen Zusammenpassung, nachdem die inneren Teile eingefügt und die somit kompletten Formhälften mit Ton ausgedrückt sind. Die einzulegenden Teile weisen negative, die entsprechenden Stützmantel-Partien positive Trichter-Paßmarken auf. Daraus geht hervor, daß die Einlegestücke zuerst entstanden.

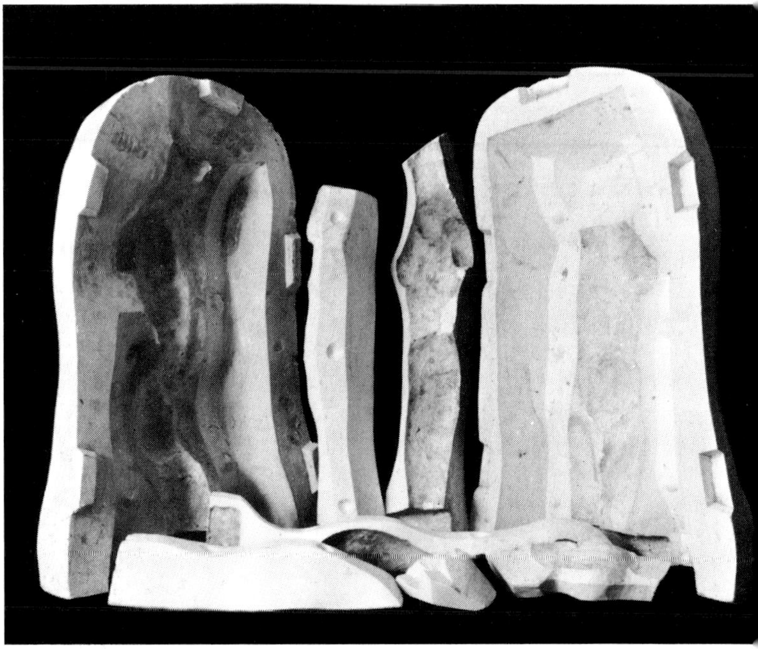

Kruste bis zur Lederhärte austrocknen und schrumpfen kann. Das weitere vollzieht sich ebenso, wie zuvor beschrieben.
Freilich dürfte es Ihnen kaum gelingen, die bisherigen Informationen auf Anhieb in brauchbare Taten umzusetzen. Erstens sind Sie auf eine gute Keramikwerkstatt angewiesen, zum andern rate ich, zunächst bei einem Gipsformer (auch »Formator« genannt) ein wenig in die Lehre zu gehen, zum Beispiel, indem Sie dort von einer Ihrer in Gips gegossenen Figuren eine Keilform herstellen lassen und dabei zuschauen oder gar zur Hand gehen. (Adressen erfahren Sie bei Gipsgroßhändlern oder aus dem Branchen-Telefonbuch.) Auf diese Weise lernen Sie noch manches, was allein mit Worten und Abbildungen kaum zu vermitteln ist. Gleichzeitig gewinnen Sie eine klare Vorstellung, wie eine zur keramischen Ausformung vorgesehene Figur möglichst praxisgerecht aufzubauen wäre, ohne Ihre künstlerischen Absichten zu beeinträchtigen, etwa nach dem Motto: In der Beschränkung zeigt sich erst der »Meister«. Daran knüpfte bereits Goethe interessante Gedanken über die Abhängigkeit des Künstlers von seinem Material. Muten Sie den Beschränkungen des Materials zuviel zu, so wird man womöglich nur die virtuose Technik als »Kunststück« würdigen und Ihre künstlerische Absicht gar nicht recht wahrnehmen.
Bevor der Gipsformer ans Werk geht, sieht er sich die Plastik genau an und überlegt mit Bedacht, wie eine wohlfunktionierende Keilform herzustellen ist: je weniger Teile, um so besser und um so geringer der Arbeitsaufwand bei allen Gußphasen. Eventuell zeichnet man eine Skizze und markiert danach die Teilgrenzen auf der Gipsfigur. Ihrer Oberfläche wird zuvor durch

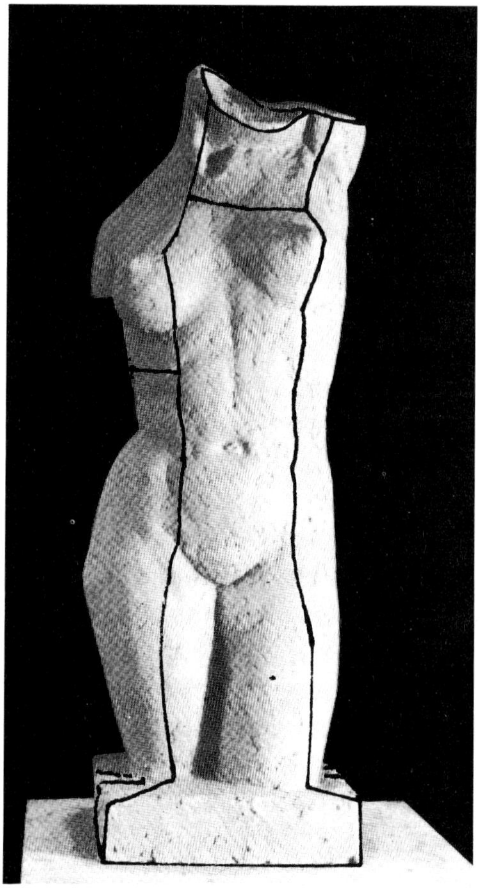

Frontalansicht des Torsos (siehe Seiten 40/41) mit angezeichneten Grenzen der Formteile. Das Mittelstück wurde abschließend mit der entsprechenden Stützmantelhälfte in einem gegossen.

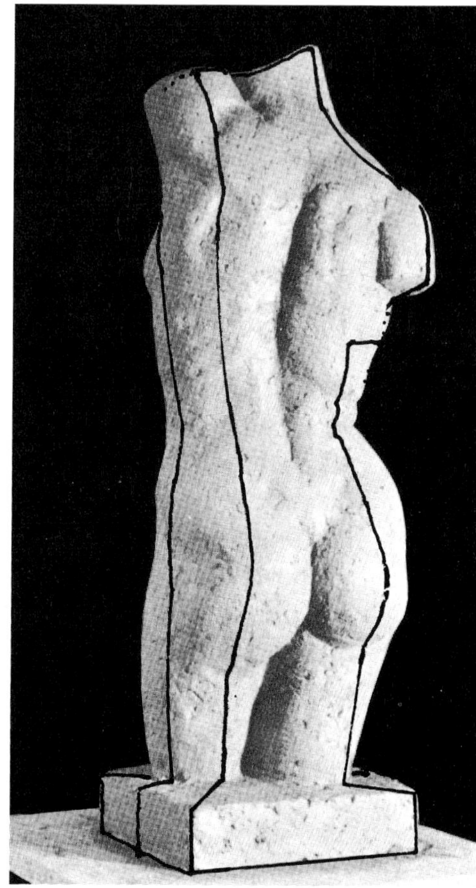

Rückansicht des Torsos, ebenfalls mit angezeichneten Grenzen der Formteile. Das Mittelstück ist Teil der zweiten Stützmantelhälfte.

Schellacklösung oder einen Sprühfirnis die Saugfähigkeit genommen und anschließend noch ein Trennmittel aufgebracht (Pottasche- oder Seifenlösung, im Fachhandel gibt es zudem geeignete Trenn-Emulsionen für jeden genau anzugebenden Verwendungszweck). Dann grenzt man das erste Teilstück ringsum mit Plastilin- oder Tonstreifen ein und gießt es aus. Nach Erhärten und Abnahme schneidet der Former mit dem Messer die Außen- und Seitenflächen glatt und in eine von ihnen zwei bis drei flache, trichterförmige Vertiefungen ein. Nach gehöriger Isolierung der Außen- und Seitenflächen (die innere muß davon absolut unberührt bleiben, um ihre Saugfähigkeit zur Aufnahme des Ton-Wassers zu erhalten!) setzt er das Teilstück wieder an seine Stelle, umgrenzt das anschließende abermals mit Ton und gießt es aus. Das geht so ringsum fort, bis die Figur von den erforderlichen Teilstücken ganz umschlossen ist, gehalten von den negativ eingeschnittenen Paßmarken sowie den positiven, die bei den Anschluß-Güssen von selbst entstehen. Dieser eigentliche Gußmantel muß so angelegt sein, daß sich seine Teile etwa radial nach außen ohne Klemmung abheben lassen und insgesamt eine glatt gewölbte Außenfläche ergeben.

Das Hauptproblem beim Anpassen der Teilstücke verursachen »untergriffige« Furchen am Original. Da solche Partien sehr viel mehr Formteile erfordern, sollten Sie also bereits beim Aufbau einer für keramische Wiedergaben bestimmten Plastik untergriffige Stellen tunlichst vermeiden!

Nach Fertigstellung des eigentlichen Gußmantels geschieht das Aufbringen des Stützmantels nach im Prinzip gleichem Verfahren wie zuvor, doch nur in zwei Teilen, in die sich die Gußmantelteile trenngerecht einfügen. Die erste Stützmantelhälfte erhält größere, eckig eingeschnittene Vertiefungen, in denen beim zweiten Mantelstück-Guß entsprechende positive »Nasen« von selbst zustande kommen. Nach äußerem Glattschnitt und gehöriger Austrocknung ist die Keilform zur keramischen Ausformung bereit.

Für Abgüsse in Gips oder Zementmischungen müssen die Form-Innenseiten ebenso gründlich isoliert werden wie zuvor die Seiten- und Außenflächen. Danach ist die Form für keramische Abdrücke allerdings nicht mehr zu gebrauchen, weil sie dem Ton kein Wasser mehr entziehen kann.

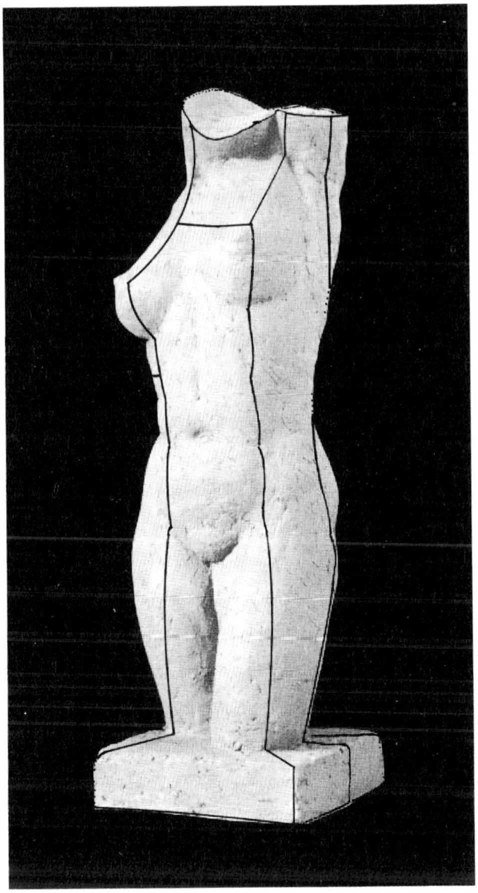

Halbprofil des Torsos mit Markierung der Formteilgrenzen, deren Mittelstück ein Ganzes mit der vorderen Stützmantelhälfte bildet.

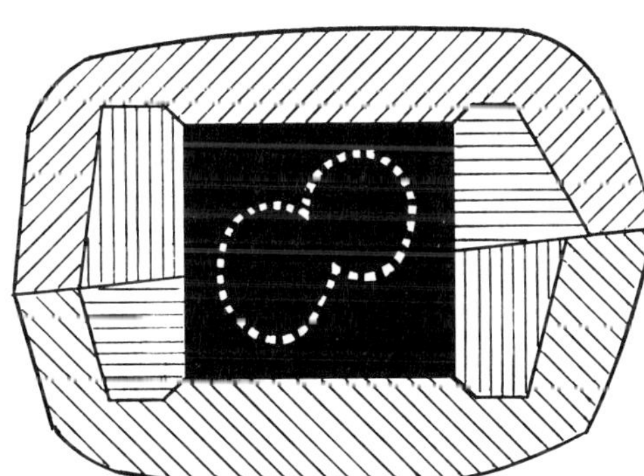

Ansicht der Form-Standfläche mit eingefügtem Gipsabguß des auf dem Rücken liegenden Torsos. Dessen Sockel-Unterseite ist schwarz angelegt, die weiße Punktierung deutet an, wo auf der Sockel-Oberfläche die Schenkel der Figur ansetzen. Soweit von unten sichtbar, ist die Zusammensetzung der Stützmantel- und eingepaßten Formteile durch Fugenstriche und gegenläufige Schraffuren markiert. Beachten Sie, daß auf das Sockelrechteck diagonale Fugen zulaufen. Sie steigen zur Sockeloberfläche senkrecht an und setzen sich dann in gleicher Diagonalflucht bis zur Figur fort. Der querlaufend durchgehende Fugenschluß der Formhälften findet ebenfalls seine Fortsetzung in entsprechenden Kanten der eingelegten Formteile.

Plastische Anatomie

Der menschliche Körper

Der Begriff »plastische Anatomie« meint die Maßverhältnisse (Proportionen), den Knochenbau und die Skelettmuskulatur bei Menschen und Tieren. Die Maßverhältnisse richten sich in erster Linie nach denen des Knochengerüstes, beim Menschen bestimmt es unabänderlich die Längen sowohl der ganzen Figur wie ihrer einzelnen Glieder. Dagegen hängen die Breitenmaße und Umfänge auch weitestgehend von der Stärke der Muskulatur und des Fettansatzes ab. Geht beispielsweise ein erwachsener junger Mensch allmählich »in die Breite«, so verändert sich dabei sein Skelett praktisch überhaupt nicht. Daraus erklärt sich unter anderem, daß etwa die Schulterpartie eines sehr dicken Menschen völlig anders aussieht als die eines Mageren mit gleichen Skelettproportionen.

Bereits im frühen Altertum entdeckte man die im großen und ganzen heute noch gültigen Gesetzmäßigkeiten des menschlichen Körperbaues. Sie beruhen auf dem »Goldenen Schnitt« und dieser wiederum auf der »stetigen Teilung« einer gegebenen Strecke (G), hier gleichzusetzen mit der Länge eines Menschen bei aufrechtem Stand. Die Teilung nach dem Goldenen Schnitt geschieht so, daß sich die Gesamtlänge G zum ersten, größeren Teilstück T ebenso verhält wie T zum restlichen, kleineren Teilstück t. Diese Art der Teilung ist unendlich fortsetzbar und führt stets zu gleichen Streckenproportionen. Exakt gelingt sie nur konstruktiv mit Lineal und Zirkel, rechnerisch ergibt sich daraus aber auch ein relativ genauer Näherungskoeffizient von 0,618. Dazu ein Beispiel: Ist G = 176 cm, so ergibt die Multiplikation mit 0,618 = 108,768 cm. Diese Länge entspricht dem Maß von der Standfläche bis zum Nabel. Noch einfacher – und für die Darstellung menschlicher Körper völlig ausreichend – sind die Proportionen nach der »Lameschen Reihe«. Sie entsteht durch fortlaufende Addition benachbarter Ziffern, beginnend mit Null: 0 + 1 = 1, 1 + 1 = 2, 1 + 2 = 3, 2 + 3 = 5, 3 + 5 = 8, 5 + 8 = 13 – und so fort. Je höher die Zahlenwerte ansteigen, um so mehr nähern sie sich den konstruktiven Längenverhältnissen des Goldenen Schnittes.

Für die Praxis figürlicher Darstellungen genügt bereits das Verhältnis 8 : 5, als Teilstück von 176 cm ergibt dann die Multiplikation mit 5/8 = 110 cm. Die Differenz zum früheren Resultat beträgt also nur rund 1,2 cm, und da menschliche Figuren höchst selten der konstruktiven Durchschnittsnorm exakt entsprechen, muß man sowieso meist nach individuell beobachteten Maßverhältnissen korrigieren, oder man tut es im Hinblick auf Steigerungen des Ausdrucks, zu dem die Norm oder ein natürliches Vorbild anregt. Im übrigen entsteht aus dem Verhältnis 8 : 5 ein ebenso einfaches wie praktisch bewährtes Proportionsgerüst, das auch den folgenden anatomischen Darstellungen zugrunde liegt. Es kommt zunächst durch Achtelteilung von G zustande, die skizzierend ohne weiteres nach Augenmaß gelingt, indem Sie fortlaufend halbieren: erst G/2, dann G/4 und G/8. Weiter erhalten Sie aus 2 × G/8 die Gerüstbreite für Frontalansichten, also ein Schema mit 16 Quadraten oder – dreidimensional – von 16 Würfeln. Außerdem umschließt ein solcher in die Mitte gesetzter Würfel die Schädelform. Ferner bietet das Gerüst die Möglichkeit, diagonale Hilfslinien einzusetzen, die wiederum zu markanten Skelettpunkten führen.

Wie Sie bemerken, habe ich die Kopfhöhe der männlichen Figur (von Kinn bis Scheitel, ohne Haarwuchs und frontalflächig gesehen) geringfügig größer als $^1/_8$ eingetragen. So entspricht es meist einem mitteleuropäischen Durchschnitt. Rundschädel sind jedoch niedriger, sehr schmale manchmal noch höher. Die Kopfproportionen (und oft auch die Halslänge) bestimmen im übrigen weitgehend den optischen Eindruck der Statur. Ein im Verhältnis zur Gesamtlänge kleiner Kopf auf schlankem Hals verursacht den Eindruck einer hochgewachsenen Person; ein relativ großer Kopf auf kurzem, breitem Hals läßt die Gestalt unwillkürlich gedrungen erscheinen – oder kindlich, zumal wenn der Hals dünn ist und die Beine relativ kurz sind. Denn der Kopf hat bei der Geburt schon fast die Hälfte seiner endgültigen Höhe, während die Beine allmählich etwa das Vierfache ihrer ursprünglichen Länge erreichen. Das Proportionsgerüst ist also für Kinder und Jugendliche nicht zutreffend, es gibt für keine Altersstufe halbwegs gültige Normen, weil das Wachstum zu individuell abläuft.

Wenn Sie in alten Anatomien und Proportionsabhandlungen blättern, werden Sie feststellen, daß frühere Angaben, insbesondere hinsichtlich des weiblichen Körpers, nicht mehr zutreffen. Seine schmalen, stark abgerundeten Schultern, breiten Hüften, kurzen Arme und Beine – wie es einst hieß und wie es auch noch auf Bildern des 19. Jahrhunderts zu sehen ist –, haben sich seither zunehmend den Formen und Maßen der männlichen Figur genähert. Wahrscheinlich ist das ein Resultat der einheitlichen, sportlichen Erziehung und Lebensweise. Die damit verbundene häufige Einwirkung des Sonnenlichts auf den nahezu unbekleideten Körper hat offenbar auch das allgemeine Größerwerden verursacht. Es hängt vor allem vom Längenwachstum der Beine ab. Ihr Ansatz liegt daher bei großen Gestalten meist etwas höher als die Mitte des Proportionsgerüstes.

Normalerweise stehen alle Teile des menschlichen Körpers in formaler Harmonie zur Gesamterscheinung. Ein hohes, schmales Skelett setzt sich aus relativ schlanken Knochen zusammen. Bei den Wirbeln wirkt sich das beispielsweise in einem auffallend langen Hals aus, Hände und Füße haben schmale Formen, die Gelenke wirken relativ zart. Bei untersetzten Gestalten sehen Sie in allem das Gegenteil und oft beginnt bei ihnen der Beinansatz erst unterhalb der Körpermitte. Gewöhnlich harmoniert mit der Skelettanlage auch die Weichteilplastik, falls es nicht durch extreme Lebensweise zu übermäßiger Muskelausbildung oder starkem Fettansatz gekommen ist. Asketische Magerkeit wirkt meist nur bei untersetzter Skelettanlage disharmonisch.

Während die Ausbildung der Muskeln und des Fettansatzes im Lauf des Lebens in hohem Maß variabel bleibt, weil sie von den jeweiligen Daseinsbedingungen abhängt, trifft das, wie gesagt, für das Skelett eines Erwachsenen nicht zu. Anders verhält es sich, wenn schon im Kindesalter durch einseitige, drastische Überbeanspruchung Teilveränderungen entstehen, die zu einer bleibenden Disharmonie führen.

Von allen Körperteilen ist die Hand zu den weitaus stärksten Formveränderungen fähig – kein Wunder, denn ihr Skelett besteht aus 27 Knochen, die alle mehr oder weniger beweglich miteinander verbunden sind (im Gegensatz zu den in ein Ganzes verwachsenen Knochen des Schädels und Beckens), gesteuert durch einen höchst komplizierten Muskel- und

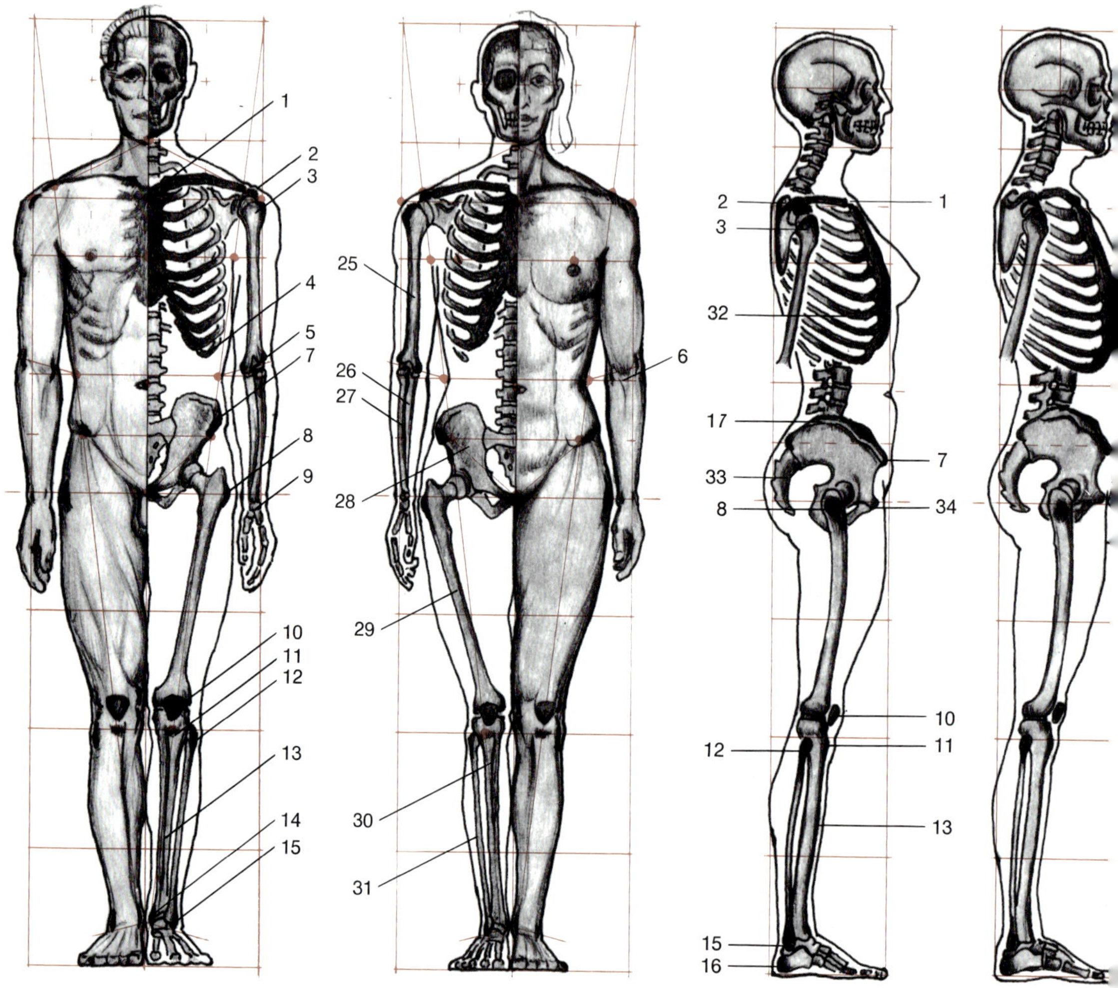

Übersicht über das männliche und weibliche Skelett und dessen am Lebenden sichtbare oder fühlbare Teile.

1 Halsgrube, Ansatz des Schlüssel- und Brustbeins, dieses oft in ganzer Länge sichtbar, darunter die Magengrube
2 Schulterhöhe, Oberarm-Gelenkpfannen-Fortsatz des Schulterblattes
1–2 Schlüsselbein
3 Oberarmbeinkopf
4 unterer Rippenbogen des Brustkorbes
5 innerer und äußerer Höcker des Ellengelenks, die Verbindungslinie steigt nach außen an
6 Ellengelenk-Grube
7 vorderer Darmbeinhöcker
8 Rollhügel des Oberschenkelbeins
9 Handwurzel
10 Kniescheibe
11 Schienbeinhöcker
12 Wadenbeinkopf
13 Schienbeinkante
14 Schienbein-Knöchel
15 Wadenbein-Knöchel

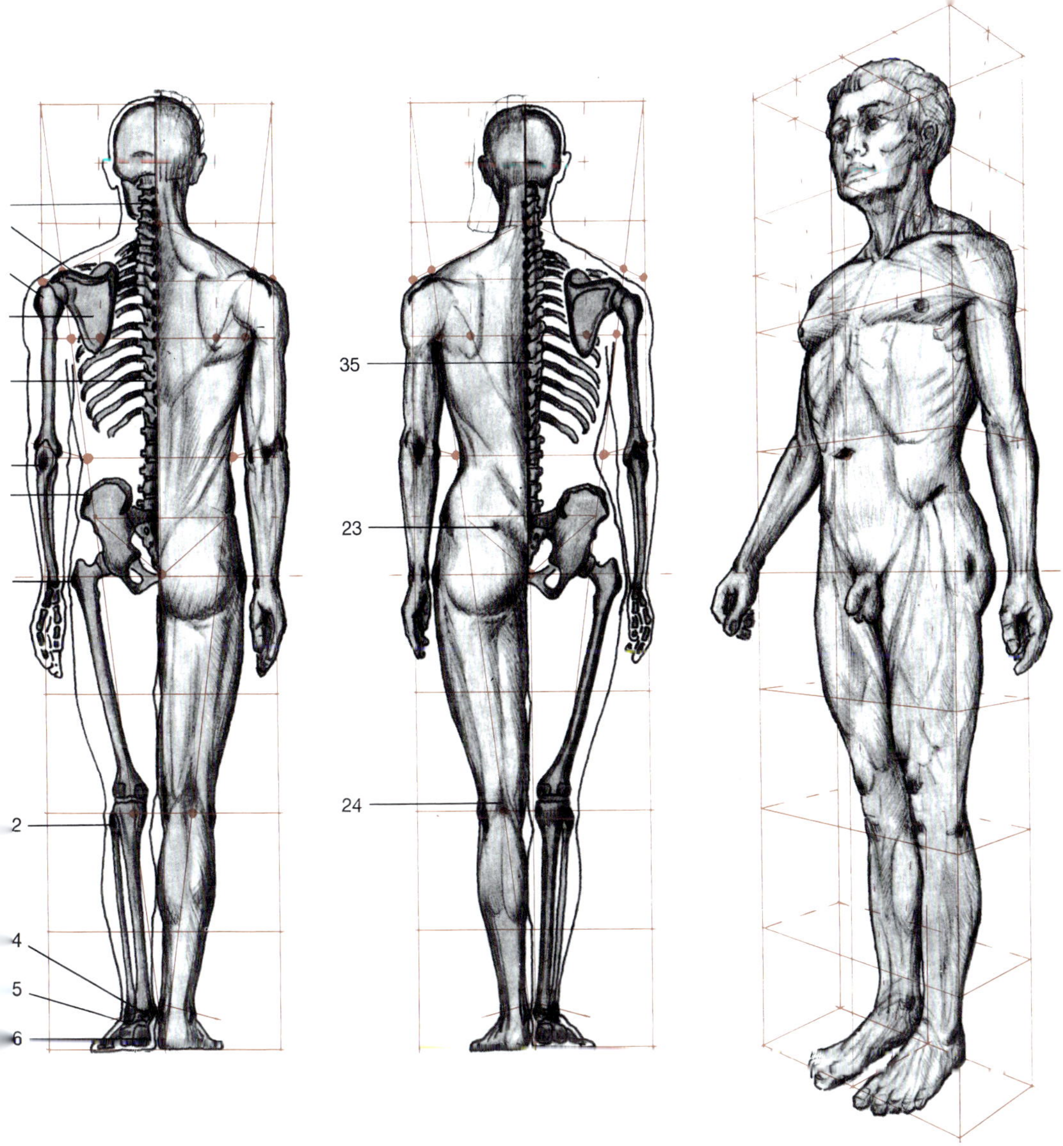

Rechts: Perspektivische Darstellung des männlichen Körpers, einbeschrieben in die 16 Proportionswürfel.

14–15 Verbindungslinie fällt schräg nach außen ab
16 Ferse, Fersenbein
17 seitlicher Beckenrand, darüber die Taille
18 Halswirbelfortsätze (7)
19 Gräte des Schulterblattes
20 Schulterblatt, zeichnet sich oft vollständig ab
21 Brust- und Lendenwirbelfortsätze (12 und 5)
22 Ellenbogenhöcker
23 Kreuzbeingrübchen
24 Kniekehle
25 Oberarmbein
26 Elle
27 Speiche
28 Becken
29 Oberschenkelbein
30 Schienbein
31 Wadenbein
32 Brustkorb 33 Kreuzbein 34 Schambein
35 Wirbelsäule, bestehend aus Hals-, Brust-, Lenden- und Kreuzbeinwirbeln

Oberflächen-Muskulatur

	Name	Funktion	Plastische Erscheinung bei Anspannung des Muskels
1	Kopfnicker	hebt, neigt und dreht den Kopf. Die einzelnen Teile der Muskelpartien funktionieren ebenso als Antagonisten wie die beiden symmetrisch angeordneten Komplexe	deutlich sichtbare, zur Halsgrube in Sehnen übergehende Stränge
2	Kapuzenmuskel	hebt den Schultergürtel (Schlüsselbein mit Schulterblatt), den Arm, dreht Kopf und Schulterblatt	Aufbuckelung der oberen Schulterpartie
3	Brustmuskeln	ziehen den Arm nach unten vorn	Wölbungen der Brustfläche, besonders beim Mann
4	Sägemuskeln	ziehen das Schulterblatt nach außen, heben den Arm vorwärts	sägezahnartige Ansätze seitlich an den Rippen
5	Zweiköpfiger Oberarmmuskel (biceps)	beugt den Unterarm	kräftige Aufwölbung der Oberarm-Vorderseite
6	Äußerer schiefer Bauchmuskel	Rumpfbeugung und -drehung (symmetrische Antagonisten)	an der Rumpfseite stufenweise erscheinende Wülste
7	Gerader Bauchmuskel	beugt den Rumpf oder hebt das Becken	brettartig hervortretende, in der Mitte längsgeteilte Platte, die meist auch mehrere Querteilungen zeigt
8	Masse der Unterarmdreher und Fingerbeuger	wie der Name	Unterarmrundung vorn und seitlich, dazwischen die Ellengelenkgrube, zur Handwurzel hin deutlich sichtbare Stränge der Fingersehnen
9	Faszienspanner	Helfer beim Strecken des Unterschenkels, beim Beugen und Abspreizen des Oberschenkels	kleine Aufwölbung an der Hüfte, Abflachung der Oberschenkel-Außenseite (Sehnenplatte)
10	Masse der Oberschenkel-Einwärtszieher	zieht und dreht den Oberschenkel einwärts, hilft den Unterschenkel beugen	mehrere Buckel am oberen inneren Oberschenkel
11	Schneidermuskel	beugt, spreizt und rotiert den Ober- und Unterschenkel einwärts, bei diesem auch Beugehilfe	flacher spiraliger Strang, sichtbar u. a. beim »Schneidersitz«
12	Vierköpfiger Schenkelmuskel	streckt den Unterschenkel, beugt die Hüfte	meist treten drei der Muskeln zwischen Schneidermuskel und Kniescheibe hervor, die mit ihren Bändern deutlicher sichtbar wird
13	Zwillings-Wadenmuskel mit Schollenmuskel und Achillessehne (22)	Unterschenkelbeuger und Fersenheber	Wade als zweigeteilte Buckelung (innen stets tiefer herabreichend), der Schollenmuskel erscheint als seitlicher Strang, die Achillessehne tritt deutlich hervor
14	Schienbeinmuskel	beugt und verkantet den Fuß, streckt die große Zehe	äußere Aufwölbung am Schienbein
15	Deltamuskel, dreiteilig	Vorderteil rotiert den Arm einwärts, zieht ihn brustwärts. Mittelteil = Armheber. Hinterer Teil = Antagonist des Vorderteils	unterteilte Buckel zwischen Schulterhöhe und Oberarm-Außenseite
16	Schulterblatt-Muskel	Anzieher des Oberarmes	Wulst zwischen Kapuzen- und breitestem Rückenmuskel

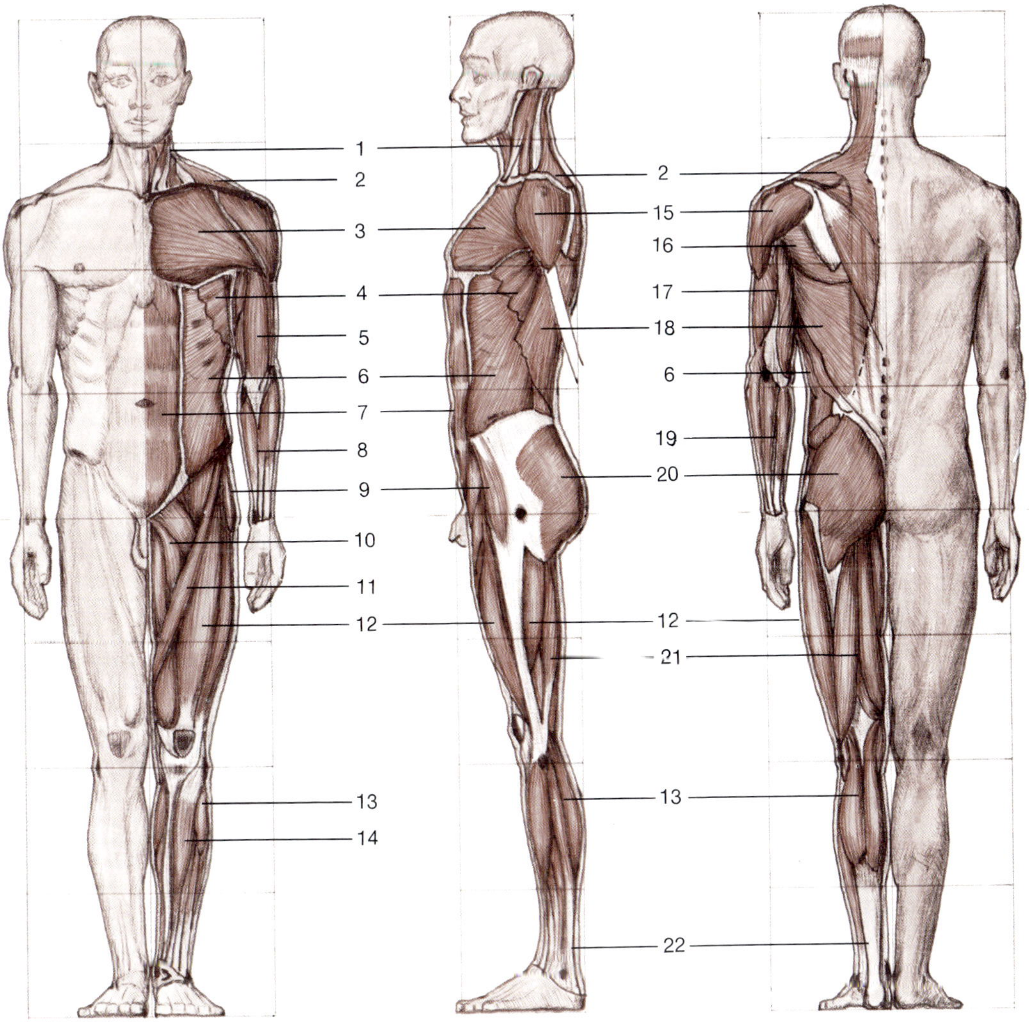

	Name	Funktion	Plastische Erscheinung bei Anspannung des Muskels
17	Dreiköpfiger Oberarm-muskel	streckt den Unterarm	geteilte Wülste auf der Oberarm-Rück- und -Innenseite
18	Breitester Rückenmuskel	Anzieher und Senker des Armes, zieht ihn rückwärts und rotiert ihn brustwärts	Hervortreten der oberen und unteren Grenzen (besonders beim Reckturnen und Wasserskilauf)
19	Unterarm- und Hand-strecker	wie der Name	mehrere Stränge auf der Unterarm-Rückseite
20	Großer Gesäßmuskel	hält den Rumpf aufrecht, streckt das Hüftgelenk, spreizt das Bein rückwärts und rotiert es auswärts	die Gesäßrundung wird zu einer fast S-förmigen Buckelung
21	Zweiköpfiger Schenkel-muskel	Beuger und Auswärtsdreher des Unterschenkels	geteilte Wülste auf der Oberschenkel-Rückseite

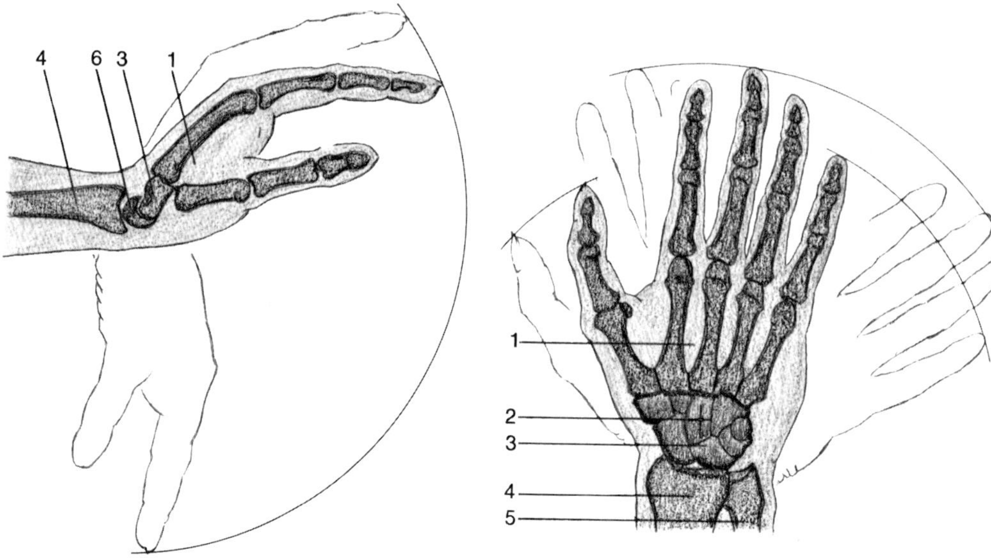

Bewegungsspielräume der Hand. 1 = Mittelhand, 2 = Drehpunkt der seitlichen Bewegung, 3 = Handwurzel (8 Knochen), 4 = Speiche, 5 = Elle, 6 = Drehpunkt der Auf- und Abwärtsbewegungen.

Studien nach meiner linken Hand. Die Skizze rechts unten zeigt, wie die Fingerglieder als Kegelstümpfe aufgefaßt werden können, während die Mittelhand eine elastische, leicht nach innen einzuwölbende Platte bildet. Die Handwurzel kann als starres Gebilde angesehen werden.

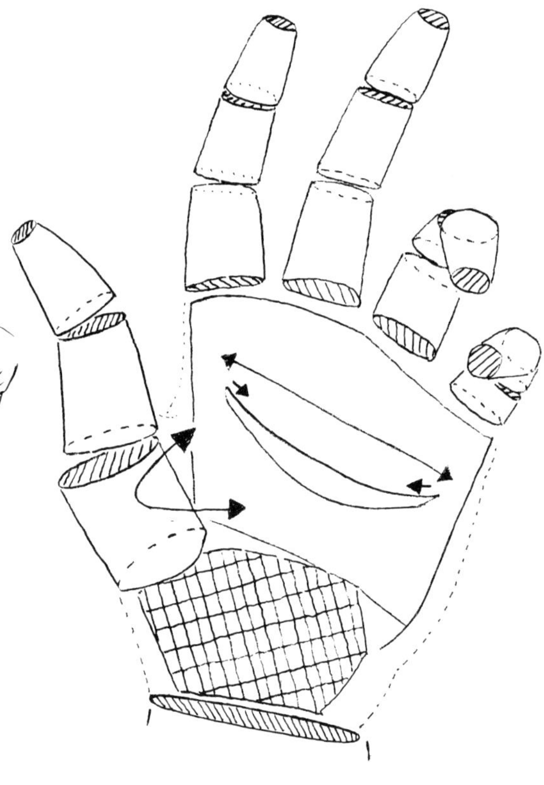

Sehnenapparat. Eingehende anatomische Kenntnisse helfen bei der Wiedergabe von Handbewegungen jedoch wenig, um so wichtiger ist die genaue Beobachtung der äußeren Erscheinungsformen. Seltsamerweise drücken sich davor viele, insbesondere moderne Künstler. Achten Sie gelegentlich darauf: So manche Hand wirkt, als habe eine alberne Schaufensterpuppe Modell gestanden. Dabei bietet sich ein ständig greifbares lebendes Modell, nämlich Ihre linke Hand! Und wenn Sie auf Transparentpapier zeichnen, haben Sie – von der Rückseite betrachtet – das Bild der rechten.

Zum Verständnis der so unendlich fein nuancierbaren Handbewegungen gelangen Sie auch dadurch, daß Sie versuchen, die einzelnen Teile als geometrische Formen aufzufassen, die lediglich eine technische Funktion erfüllen. Wenn es auch nicht immer notwendig ist, Hände bis ins letzte Detail durchzuarbeiten, zum Beispiel bei einer Aktstudie, sollten doch wenigstens die Proportionen und die Gestik treffsicher angedeutet werden.

Ähnliches gilt für die Füße. Äußerlich betrachtet, scheinen sie einfacher gebildet als die Hände, und gerade das verführt zu unverzeihlicher Nachlässigkeit. Versuchen Sie zunächst, Ihre eigenen Füße nach einem geschickt aufgestellten Spiegel zu zeichnen. Haben Sie das erst ein paarmal getan, bringen Sie es nie mehr über sich, ebenso zu pfuschen wie manch anderer. Doch zurück zu allgemeineren Betrachtungen!

Die als starre Gebilde aufzufassenden Knochen des Skeletts sind größtenteils durch verschiedenartige Gelenke beweglich miteinander verbunden. Für bildliche Darstellungen des Körpers ist allein die Funktionsart der Gelenke wichtig, ihre Formen sind äußerlich nicht zu erkennen. Am präzisesten ausgebildet sind die Scharnier- und Kugelgelenke. Scharniergelenke – ähnlich denen einer Tür – erlauben Bewegungen in nur einer Ebene (Ellbogen, Knie, äußere Finger- und Zehenglieder). Kugelgelenke (Schulter, Hüfte) lassen einen Kegel beschreibende Rotation zu. Außerdem gibt es noch zahlreiche Fasergelenke, die ähnlich rotieren können wie Kugelgelenke, allerdings in wesentlich beschränkterem Umfang. Bei der Wirbelsäule addiert sich indessen die Beweglichkeit der vielen einzelnen, faserig verbundenen Knochenteile und elastischen Knorpelscheiben derart, daß weit ausladende Rotationen, Verwindungen und Biegungen des Rückgrats möglich werden. Daran beteiligt sind die Wirbel des Halses, der Brust mit ihrem elastischen Rippenkorb und die Lendenwirbel. Bei starken Wendungen, zum Beispiel allein schon des Kopfes, dreht sich nicht nur der Hals, sondern unwillkürlich auch die Schulterpartie beziehungsweise die Brust- und Lendenwirbelsäule. Überhaupt wird bei den meisten Bewegungen nicht nur ein einziges Gelenk in Tätigkeit gesetzt. Häufig kommt es zu Kettenreaktionen, um den nötigen Gewichtsausgleich für eine sichere Statik oder fließende Bewegungen zu erreichen.

Gelenke werden durch Muskeln bewegt, die mit festen Sehnen an den Knochen angewachsen sind. Ein Muskel kann immer nur ziehen, indem er sich verkürzt und seine Masse dabei aufbuckelt. Aktive, Kraft entwickelnde Ausdehnung gibt es nicht. Druck oder Stoß, zum Beispiel der Arme und Beine, entsteht allein durch Zug: stößt die Faust eines Boxers zu, so geschieht das durch Verkürzung hauptsächlich des dreiköpfigen Muskels (Trizeps) auf der Oberarmrückseite; wird der Arm wieder angewinkelt, so besorgt das vornehmlich der zweiköpfige Muskel (Bizeps) auf der Oberarmvorderseite. Die beiden Muskelpartien sind also Gegenspieler (Antagonisten) und ebenso verhält es sich mit allen anderen Muskeln: jeder hat einen oder auch mehrere Gegenspieler. Erst durch ihre wechselseitige Wirkung kommt es zu aktiver Kraftentwicklung und wiederholbarer Bewegung. Bei einigen Muskeln treten im angespannten Zustand die dazugehörigen, manchmal sehr langen Sehnen deutlich hervor. Sie fühlen sich dann »knochenhart« an (Halsvorderseite, innerer Unterarm, Fuß) und der Anfänger verwechselt sie manchmal mit Skeletteilen, die jedoch bei Menschen mit nicht übermäßigem Unterhautfettgewebe stets, also unabhängig von der Muskeltätigkeit in Erscheinung treten.

Bei wachen Menschen und Tieren befinden sich fast alle Muskeln, auch wenn sie nicht aktiv tätig sind, in einer unwillkürlichen, leicht vibrierenden Spannung. Man nennt diesen Zustand »Tonus«. Es kostet einige Willenskraft, diese Spannung willkürlich abzustellen, zum Beispiel bei gymnastischen Lockerungsübungen (Baumeln der Arme und Beine, des Kopfes). Der Tonus bestimmt wesentlich die gesamte äußere Erscheinung: je aktiver er ist, desto lebhafter und tatkräftiger wirkt der Mensch. Bei sehr alten oder kranken Menschen und Tieren läßt er nach, sie wirken schlaff und müde. Nur bei Ohnmacht und tiefem Schlaf hört der Tonus praktisch ganz auf und selbst ein sehr muskulöser, jugendlicher Körper wirkt dann relativ weich. Ein nach der Natur dargestellter »schlafender Akt« wird also nur dann überzeugend gelingen, wenn Sie das Modell dazu bringen, sich völlig zu entspannen.

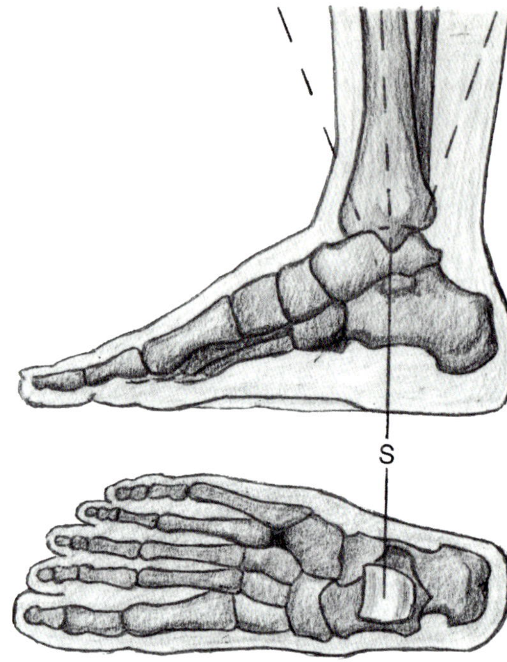

Oben: Skelett des rechten Fußes, Profil der Innenseite und Draufsicht (S = Sprunggelenk).

Unten: 1 = Neigung des Unterschenkels nach außen, die Querwölbung des Fußes steigt an, 2 = Situation bei normalem aufrechtem Stand, 3 = Neigung des Unterschenkels nach innen, die Querwölbung des Fußes flacht sich ab, 4 = Abflachung der Längswölbung bei nach vorn geneigtem Unterschenkel, 5 = Ansteigen der Längswölbung bei nach hinten geneigtem Unterschenkel.

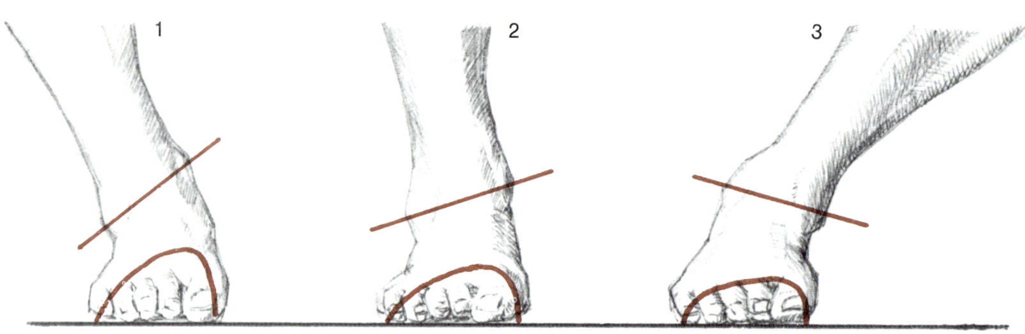

Die Oberflächenplastik des menschlichen Körpers setzt sich also aus Muskeln, hier und da zutage tretenden Skeletteilen und Sehnensträngen zusammen. Die Haut umspannt dies alles und nivelliert die einzelnen plastischen Buckel und Vertiefungen mehr oder weniger zu größeren, zusammenfließenden Rundungen – je nachdem, ob die Muskulatur stark oder schwach, ob geringes oder üppiges Fettgewebe vor-
135 handen ist. Die Abbildungen bedeuten lediglich ein allgemeingültiges Schema, deshalb ist die Plastik etwas übertrieben dargestellt, gewissermaßen ohne Haut und Fettablagerungen.

Da die plastische Anatomie des männlichen wie weiblichen Körpers gleichartig angelegt ist, konnte die Darstellung des männlichen genügen, zumal sich bei ihm plastische Einzelheiten meist leichter identifizieren lassen. Proportionale Unterschiede wurden bereits behandelt, die formalen beruhen vornehmlich auf dem normalerweise stärkeren Unterhautfettgewebe des weiblichen Körpers, sie lassen ihn glatter, runder, weicher erscheinen. Dadurch und im Zusammenhang mit funktionalen Eigenarten, ergeben sich einige plastische, spezifisch weibliche Merkmale: die Bauchwölbung beginnt unterhalb des Nabels mit einer kleinen Welle; an der Gesäßpartie mit ihrem besonders ausgeprägten Fettgewebe erscheinen »Kreuzbeingrübchen«, die bei Männern selten zu sehen sind. Die Brüste bestehen hauptsächlich aus Drüsengewebe von so individuellen Formen, daß eine Norm schwerlich anzugeben ist – es sei denn, man richtet sich nach dem gerade gängigen Schönheitsideal. In den zwanziger Jahren unseres Jahrhunderts war es die flache »Uhrglaswölbung«, seither wird meist ein übertrieben üppiger Busen bewundert – ähnlich wie in der Barockzeit. Gotische Statuen zeigen durchweg kleine, spitze Jungmädchenbrüste, die biologische Idealform der weiblichen Brust ist wohl am ehesten bei antiken Frauenplastiken zu sehen.

Am lebenden Modell sind einzelne Muskelpartien meist nur dann klar zu identifizieren, wenn sie aktiv tätig sind. Das geschieht gewöhnlich einseitig. Gleichzeitig werden Antagonisten jedoch angespannt, um Gelenke mitten im möglichen Bewegungsraum zu fixieren: beim Stehen müssen beispielsweise nicht nur die Hüftbeuger und -strecker gleichzeitig arbeiten, um die aufrechte Haltung zu sichern, auch ein großer Teil der beiderseitigen Bein- und Rumpfmuskulatur hat daran Anteil. Allerdings ist die gesamte Muskeltätigkeit bei solch ruhender Pose noch relativ gering, nur wenig stärker als die des Tonus bei entspanntem Sitzen oder Liegen. Am kräftigsten wird die gleichzeitige Anspannung von Antagonisten sichtbar beim Auffangen einer schwankenden Bewegung.

4

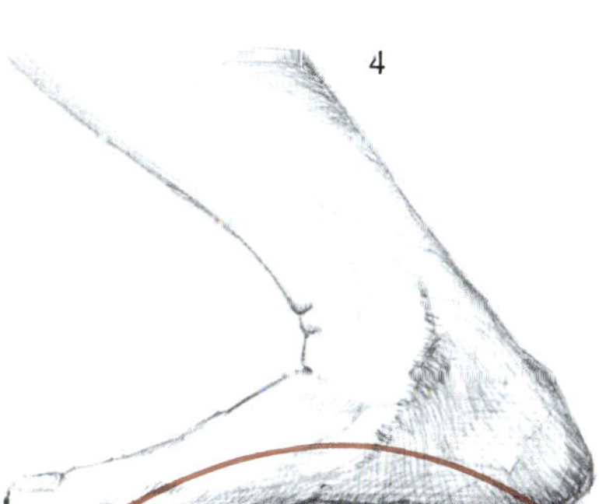

5

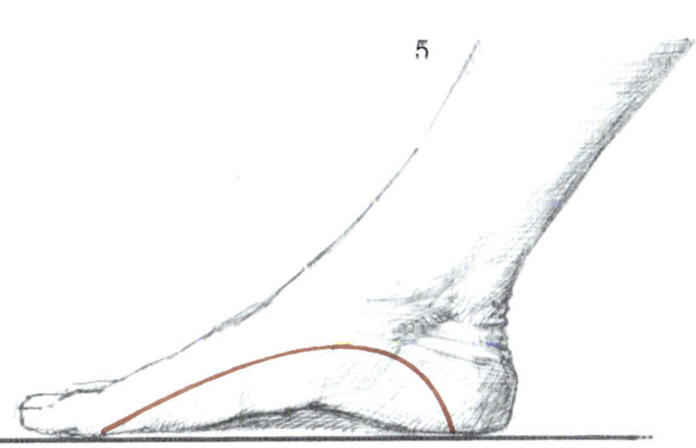

Der Kopf des Menschen

Nach dem Proportionsschema des menschlichen Körpers beträgt die Kopfhöhe – von der Kinnspitze bis zum Kopfhautscheitel lotrecht gemessen – $^1/_8$ der ganzen Figur. Dieses Achtel ist die Kantenlänge eines Würfels, in den der Kopf hineinzudenken wäre. Alles Weitere erläutern die drei nebenstehenden Zeichnungen. Deren planimetrische Einteilungen entsprechen zwar einer europäischen Durchschnittsnorm, sie können jedoch weit stärker variieren als allgemeine Körperproportionen. So ist ein ausgesprochener Rundschädel merklich breiter als $^5/_7$ seiner Höhe, ein typischer Langschädel kann erheblich schmaler sein und sein Hinterkopf weniger ausladend – es ginge ins Uferlose mit weiteren Beispielen. Infolgedessen bleibt nur die intensive Betrachtung, nicht zuletzt im Hinblick auf die Harmonie der gesamten Körperbildung.

Von all dem abgesehen verursachen oft Haarwuchs oder Haartracht erhebliche Täuschungen, so daß man bei der Wiedergabe eines Porträts möglichst versuchen sollte, das Antlitz separat zu studieren, etwa durch straffes Zurücknehmen der Frisur, Abdecken des Bartes oder dergleichen. Dabei erleben Sie stets frappanteste Überraschungen und entdecken oft erst das Wesentliche der Physiognomie.

Unter diesem Begriff sind die bleibenden Gesichtsformen und -linien zu verstehen, entstanden aus Erbanlagen und Lebensschicksal. Angeboren und beim Erwachsenen praktisch unveränderlich ist das Schädelskelett. Auch die Gesichtsmuskulatur und das Unterhaut-Fettgewebe entwickeln sich zunächst nach Erbanlagen. Sie bilden die individuellen Typformen der Weichteilplastik, insbesondere der Augenpartie, der Wangen, des Mundes und Kinns. Diese Typformen können jedoch bedeutsame Abwandlungen erfahren, am stärksten die des Mundes. Altersstufe, Ernährung, Gesundheitszustand und Lebensgewohnheiten spielen dabei ebenso eine Rolle wie das seelische Schicksal. Es kann die Grundstimmung des Gemüts mehr oder weniger umprägen, manchmal bis zum vollständigen Wandel und fürs ganze Leben.

Gemütsbewegungen verursachen unwillkürliche Reaktionen der Gesichtsmuskulatur: die Mimik. Offenes Lachen, hemmungsloses Weinen, schäumende Wut, verbissene Anstrengung, ergeben mimische Bilder, die jeder versteht – sogar Tiere, die ständig in unserer Nähe sind, vor allem Hunde. Solche starken mimischen Ausdrücke gehen gewöhnlich rasch vorüber und hinterlassen keine bleibenden Spuren. Anders ist es bei Mienen, die sich häufig wiederholen oder längere Zeit beibehalten werden, weil sie auf bleibenden Gemütszuständen beruhen (Pessimismus, Lebensverbitterung), oder mit einer regelmäßigen Tätigkeit zusammenhängen (das ewig blinzelnde Seemannsauge, der kritisch prüfende Malermund). Solche mimischen Reaktionen sind zwar nie sehr stark, aber eben von Dauer, und die fortwährende, gleichartige Muskelanspannung verursacht Linien und Falten in der Haut beziehungsweise im darunter liegenden Fettgewebe. Diese »Züge« sind auch im entspannten Gesicht noch deutlich zu erkennen und verändern, wie gesagt, physiognomische Anlagen oft erheblich. Zu Rückbildungen kommt es nur bei vollständigem Wandel der Gemütsgrundstimmung und wenn der Mensch noch nicht gar zu alt ist.

Da die Gesichtsmuskulatur bei allen Menschen gleichartig angelegt ist, geschieht die Faltenbildung zunächst nach bestimmten Tendenzen, die sich mit wenigen Linien charakterisieren lassen. Diese Tendenzen treffen jedoch auf sehr individuelle formale und konstitutionelle Anlagen, manchmal spielen sogar die des Geistes eine Rolle. So können beispielsweise Frohsinn

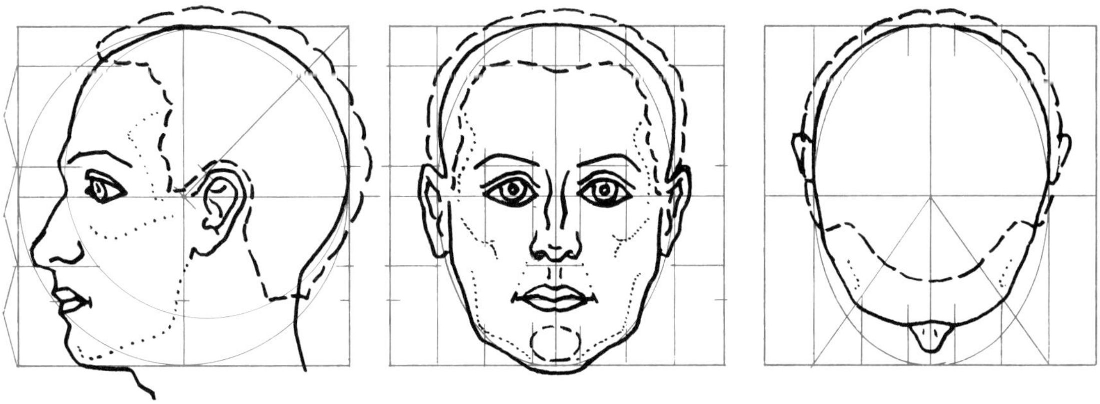

Normalproportionen des Kopfes. Frontalansicnt und Draufsicht zeigen, daß die Aufteilung des Proportionswürfels (Kantenlänge gleich 1/8 der Figurengröße) in Siebentel sowohl die Schädelbreite als auch die Lidwinkel-Abstände markiert. Gleich sind normalerweise ferner die lotrechten Abstände Kinnspitze–Nasenspitze–Nasenwurzel–Stirnhaaransatz.

und innere Ausgeglichenheit sowohl ein glattes, als auch ein mit unzähligen Heiterkeitsfalten übersponnenes Gesicht hervorbringen. Allerdings verlaufen diese feinen Linien völlig anders als die gröberen ewiger Sorgen, der Verbitterung oder dauernder Schwermut. Indessen gibt es aber auch tief eingekerbte Falten, die immer gleichartig aussehen, und doch ganz verschiedene Ursachen haben können: die Querfalten der Stirn. Bei dem einen sind sie Zeichen von Wichtigtuerei (so mancher Playboy hat sie), beim anderen deuten sie auf so geringen Verstand oder gar Blödheit, daß selbst einfachste Denkprobleme äußerste Anstrengung erfordern. Und dieselben Falten bilden sich, wenn ein ungewöhnlich intelligenter Mensch ständig schwerste Denkarbeit leistet (Schopenhauer, Einstein), oder bei jemandem mit grüblerischem Gemüt und innerem Hader. Treten die Falten schon in früher Jugend auf, so wollen die Stirnmuskeln eine angeborene Schwäche der Lidheber ausgleichen. Im allgemeinen aber sind Querfalten der Stirn stets Merkmale geistiger Anstrengung, und das gilt auch für ihr nur vorübergehendes, mimisches Erscheinen beim Erstaunen, Erschrecken, Entsetzen: im ersten Moment bedeuten sie unbewältigte Probleme.

Auf körperliche Anstrengungen können dagegen die ebenfalls oft tief eingegrabenen Nasen-Mundwinkelfalten deuten, aber auch auf unbeherrschte animalische Leidenschaften, vor allem wenn die Falten sehr gerade ausgebildet sind. Verlaufen sie jedoch weniger primitiv, so handelt es sich meistens um rassisch bedingte Erbanlagen und ein Hinweis auf die Wesensart des Menschen ist nicht ohne weiteres gegeben.

Plastisch zu erfassen ist dies alles nur durch genaue Beobachtung, wobei das Proportionsgerüst die einzige konstruktive Hilfe bietet. Entscheidend ist ferner eine gewisse Intuition bei der Auswahl zwischen dem, was zur Charakterisierung notwendig ist, und dem, was unnötig erscheint und weggelassen werden kann. Sicherlich ist diese Intuition nicht jedem gegeben, aber sie ist auch nicht von ungefähr da, sondern wächst mit der Übung.

Diese gilt vor allem dem genauen Studium von Einzelheiten: keine Mund- oder Nasenform wiederholt sich unter Tausenden von Menschen völlig gleichartig, es gibt nicht einmal eine vollendete Symmetrie beider

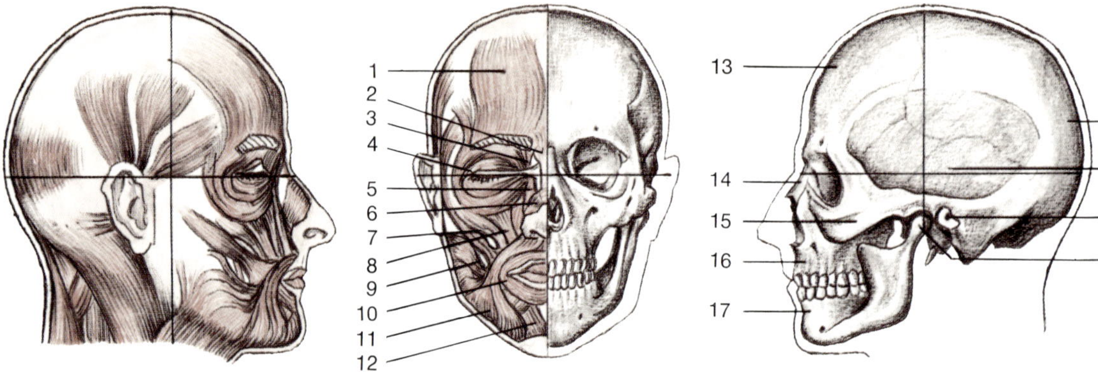

Wichtigste Gesichtsmuskeln

	Bezeichnung	Funktion/Ausdruck
1	Stirnmuskel	bildet die Querfalten der Stirnhaut, hebt die Brauen (Erstaunen, Schreck)
2	Kämpfermuskel	bildet die Querfalte an der Nasenwurzel (Ausdruck von Energie und Entschlossenheit)
3	Brauenrunzler	zieht die Brauen nach innen, dadurch Bildung der senkrechten Stirnfalten (Nachdenken, Zorn)
4	Augen-Ringmuskel	alle Bewegungen der Augenlider
5	Nasenheber	Naserümpfen (Kritik, Ekel)
6	Nasenspitzen-Senker	wie der Name (Energie, Ironie)
7	Lachmuskeln	ziehen die Mundwinkel nach außen und oben (Lachen, Weinen, Ekel)
8	Oberlippenheber	wie der Name (Weinen, Ekel)
9	Muskel des Lächelns	ähnlich, jedoch schwächer als 7 (Lächeln, schmerzliche Empfindungen)
10	Mund-Schließmuskel	wie der Name (Beherrschung, Energie, Resignation)
11	Triangelmuskel	zieht die Mundwinkel abwärts (Weinen, Leid, Bitterkeit)
12	Kinnheber	hebt die Kinnhaut (Schmollen, Drohen, Verachtung)

13 = Stirnbein, 14 = Nasenbein, 15 = Jochbein, 16 = Oberkiefer, 17 = Unterkiefer (Kinnlade), 18 = Hinterhauptbein, 19 = Schläfenbein, 20 = Gehöreingang, 21 = Unterkiefergelenk.

Gesichtshälften. Zudem neigen Anfänger beim Porträt mehr als bei allen anderen Darstellungen dazu, vorgefaßte Formvorstellungen für die wirklichen zu setzen, besonders bei Augen und Mund. Davon abgesehen begehen Anfänger durchweg den äußerst hemmenden Fehler, fortgesetzt an die »Ähnlichkeit« zu denken. Je weniger man das tut, um so eher wächst sie von selbst. Solange Ihre Hand arbeitet, sollten Sie nur zusehen, daß die angesetzten Wölbungen formgetreu geraten – nichts weiter.

In häufigen, kritisch vergleichenden Pausen gewinnen Sie dann den nötigen Abstand und Überblick. Es hat auch wenig Sinn, endlos zu korrigieren: Scheint allzuviel mißraten oder gar die Anlage insgesamt verfehlt, fangen Sie lieber noch einmal von vorn an, ohne jedoch das bereits Vorhandene zu vernichten! Zumal durch den Vergleich verschiedener Versionen kommen Sie am ehesten auf die treffendste Lösung.

Im Prinzip wird sie vornehmlich darauf ab-

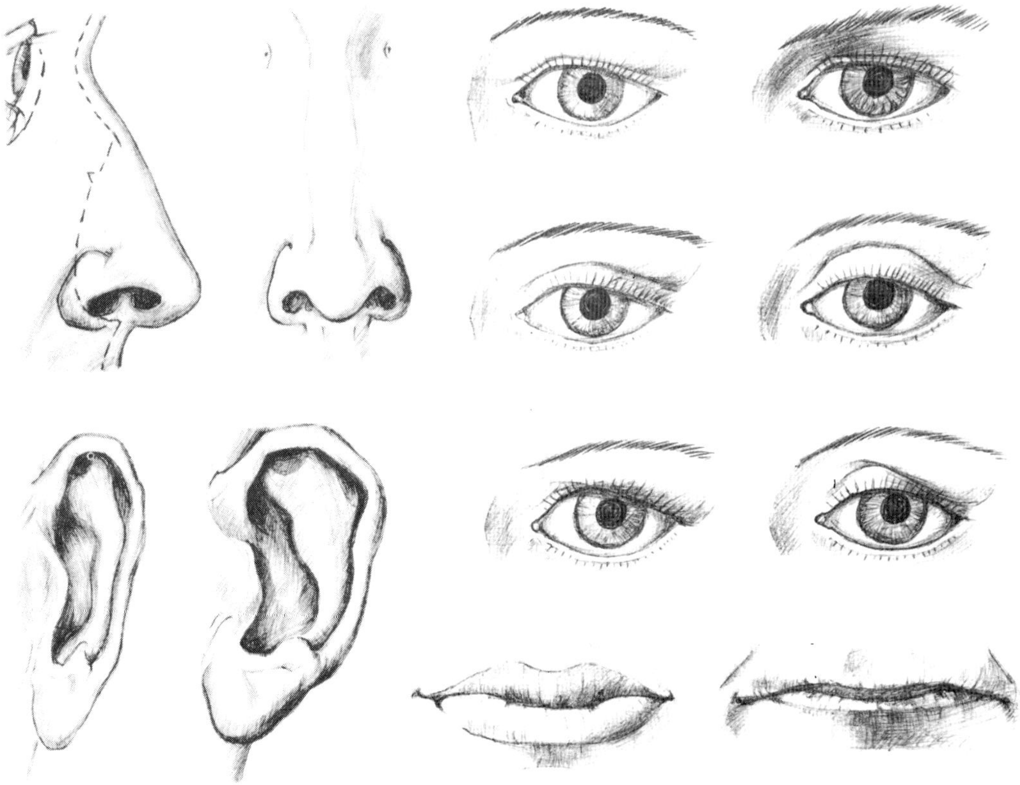

Das Studium von Nase und Ohr ist beim Porträt sehr wichtig. Von der formgetreuen Wiedergabe der Nase hängt zum großen Teil die »Ähnlichkeit« ab, die jeweilige Ohrform ist geradezu ein Identitätsmerkmal – obwohl der Betrachter das meist erst merkt, wenn Ohr- und Gesichtsbildung nicht zusammenpassen wollen.

Der Orthopäde Prof. F. Lange klassifizierte 6 typische Grundformen der oberen Augenpartie bis zu den Brauen, die eine ausgezeichnete Ausgangshilfe beim Porträtzeichnen bilden. Linke Reihe von oben: Pfirsich-Lid; Pfirsich-Tarsal-Lid (beide gelten als klassisch-schöne Oberlidformen bei Frauen, oft zu sehen auf Pastellbildern des 18. Jahrhunderts, die Wölbung zwischen Oberlid und Braue gleicht einer Pfirsich-Spelte). Keulen-Lid. Rechte Reihe von oben: schmales Oberlid – typisch für »tief« liegende Augen. Tarsal-Lid – sehr ausdrucksvoll und häufig bei Gesichtern von Heiligen. Keulen-Tarsal-Lid. (Tarsus = Oberlidknorpel.)

Mundformen: links: üppiger, »sinnlicher« Frauenmund, rechts: schmaler Mund eines älteren Mannes.

zielen, mit sparsamen mimischen Nuancen die typische Wesensart oder Gemütsverfassung zu interpretieren – durch die Andeutung eines Lächelns oder leiser Trauer, von konzentrierter Energie, Nachdenklichkeit oder ernster Zurückhaltung. Diese mimischen Andeutungen können noch unterstützt werden durch die Kopfhaltung. So wird sich beispielsweise Anmut oft in einer geschmeidigen Bewegung ausdrücken, an der dann auch Hals und Schulteransatz teilhaben. Ernst und Würde verlangen meist eine gerade, aufrechte Haltung, Trauer und Nachdenklichkeit eher eine leicht geneigte Bewegung. Beim wirklichen Porträt kann der Bildhauer ebensowenig etwas »wollen« wie der Maler oder Zeichner. Intensives Hineinsehen in das lebende Vorbild ist das einzige, was zu einer künstlerischen Leistung führt, die mehr gibt als etwa eine noch so gute Fotografie. In der unwillkürlichen Auswahl und Verdichtung, mehr intuitiv als logisch begründet, liegt das ganze Geheimnis.

Vierbeiner

Die plastische Tieranatomie begreifen Sie am besten durch Vergleiche mit dem Menschen. Bitten Sie jemanden, »auf allen vieren« herumzukriechen, so bemerken Sie vor allem, daß sein Rückgrat nicht mehr in normaler S-Krümmung verharrt, sondern sich aufbuckelt. Bei allen Vierbeinern ist das der mehr oder weniger ausgeprägte Dauerzustand: Rücken- und Lendenwirbel müssen zwischen der Vorder- und Hinterhand eine stabile Brücke bilden, sonst würde das Tier längeres Stehen und Laufen gar nicht aushalten. Erreicht wird die Stabilität durch entsprechende Bauformen der einzelnen Wirbel und durch Sehnenverspannungen. Läßt deren Straffheit bei alten, kranken oder ständig überanstrengten Tieren nach, dann sind sie nur noch mühsam zu größeren Laufleistungen fähig – der abgearbeitete Fiaker-Gaul mit tiefem Senkrücken gab einst ein jammervolles Beispiel dafür. Auch sein Nacken war meist trostlos niedergebeugt: der vorgestreckte Hals der Vierbeiner wird praktisch nur von einem starken, elastischen Sehnengebilde getragen, dem Nackenband. Es bestimmt die Nackenkontur auch dann noch, wenn es sich beim Niederbeugen des Halses durch aktive Muskelkraft dehnt. Die Halswirbel sind nämlich niemals zu sehen oder zu fühlen (wie etwa beim Menschen). Wirbelfortsätze bilden erst vom Widerrist an bis zur Schwanzspitze eine sichtbare Kontur. Da diese Fortsätze unterschiedlich lang sind – am längsten in Höhe des Widerrists –, erscheint der Rücken häufig ein wenig eingesattelt, am stärksten bei Pferden, kaum jedoch bei Katzentieren. Dennoch fügen sich die Wirbelringe bei sämtlichen Vierbeinern normalerweise zu einem leicht aufgewölbten Brückenbogen zusammen.

Vorder- und Hinterhand haben sehr verschiedene Funktionen, obwohl beide am Stehen und Laufen beteiligt sind. Auf der Vorderhand ruhen etwa zwei Drittel des Körpergewichts. Sie ist vornehmlich federnde Stütze, bei Katzen und Bären fungieren beide Gliedmaßen auch als Schlag- und Haltewerkzeuge. Die Hinterhand liefert den Antrieb zum Laufen und Springen. Becken-, Ober- und Unterschenkelknochen sowie die Einheit der Fußknochen fügen sich niemals gestreckt, sondern stets mehr oder weniger winkelig aneinander, gekoppelt durch einrastende Schnappgelenke. Sie sichern die Winkelstellung ohne ermüdende Muskelspannung. Auf diese Weise sind die Tiere bis zu einem gewissen Grad immer »auf dem Sprung«, das heißt, sie können unmittelbar aus dem Stand vorschnellen (der Mensch muß dazu bekanntlich erst in Hockstellung gehen). Wenn Sie sich zunächst die Lage der Beinknochen vergegenwärtigen, vermeiden Sie von vornherein die groben Fehler, die ein Laie und Anfänger beim Ansetzen der Beine fast immer begeht. Das gilt auch für die Vorderhand.

Dort tritt die Winkelstellung der Knochen nur zwischen Schulterblatt, Ober- und Unterarm in Erscheinung. Sie dient jedoch weniger der Vorwärtsbewegung als der erwähnten Abfederung. Ihre Elastizität wird noch erhöht durch den Wegfall der Schlüsselbeine. Das Vorderhandskelett ist bei den meisten Vierbeinern nur mit Sehnen am Rückgrat und Brustkorb aufgehängt und mit Muskeln, die durch aktive Spannung stoßdämpfend wirken können. Trotzdem treten beim Aufsprung die Schulterblätter über die Kontur des Widerrists hinaus, bei
Katzen sogar schon überraschend deutlich 14
beim langsamen Dahinschreiten. Schlüsselbeine, die wie beim Menschen eine unmittelbare, wenn auch gelenkige Verbindung des Arm- beziehungsweise Vorderhandskeletts mit dem des Rumpfes herstellen, finden sich nur bei Vierbeinern, deren Vordergliedmaßen gleichzeitig als kräftige Werkzeuge gebraucht werden, zum Beispiel vom kletternden Affen oder grabenden Maulwurf.

Die Schulter- und Hüftkugelgelenke der Vierbeiner sind bei weitem nicht so rotierfähig wie beim Menschen. Anders würden sie die Sicherheit des Geradeauslaufens beeinträchtigen. Oberarm und Oberschenkel stecken zudem größtenteils unter der Rumpfhaut. Daher beurteilen Anfänger die Zusammensetzung der Gliedmaßen so oft nicht richtig und geben sie falsch eingelenkt wieder, zumal die Mittelhand und der Mittelfuß der Vierbeiner – abgesehen von Affen und Bären – zu einem einheitlichen, relativ langen Knochengebilde zusammenwuchsen. Sie werden meist mit Unterarm und Unterschenkel verwechselt, die Zehen und Finger aber mit Füßen und Händen verglichen. Bei Huftieren verschmolzen auch die Finger und Zehen zu einem oder zwei Knochen. Hunde und Katzen haben indessen noch regelrechte Zehen und Finger, deren Nägel zu Krallen wurden. Bei Katzentieren verschwinden sie gewöhnlich in dicken Ballen und werden nur bei Angriff oder Abwehr als nadelscharfe Dolche hervorgestreckt. Alle diese Vierbeiner sind »Zehengänger«, Ausnahmen machen beispielsweise Affen: sie setzen – ähnlich wie der Mensch – die Füße mit ganzer Fläche auf, Bären auch ihre »Hände«.

Der Tierschädel beherbergt nicht nur wie der des Menschen das Gehirn, die Sinnesorgane und die Kauwerkzeuge, er ist gleichzeitig auch Greifwerkzeug zur Nahrungsaufnahme. Daraus und aus der Tatsache, daß die Gehirnmasse relativ klein ist, ergibt sich ein Skelettprofil, das dem einer Kombizange gleicht. Im Prinzip läßt sich der Tierschädel mit einem Kegelstumpf umschreiben. Er ist relativ spitz bei Hochwild und Pferden, stumpfer bei Rindern und Hunden, am gedrungensten und manchmal fast zylindrisch bei Katzentieren. Aber diese recht grobe Umschreibung ist bei jeder Tierart charakteristisch abgewandelt und muß jedesmal genau studiert werden. Wichtigste Momente sind der Verlauf des Hirnschädel-Nasen-Maul-Profils und die Stellung der Augen: bei Raubtieren sind sie ähnlich nach vorn gerichtet wie beim Menschen, bei den weniger aggressiven Pflanzenfressern stehen die Augen seitlicher. Dadurch wird der Wahrnehmungsbereich größer, aufgerichtete Hasen und Kaninchen bemerken verdächtige Bewegungen nahezu rundum (ebenso viele Vogelarten).

Sehr individuell ausgebildet sind Einzelheiten wie Ohren und Gehörn, vor allem aber die Schnauze mit Nasenendung und Maul. Diese Formen sollten bei jeder darzustellenden Tierart zunächst zeichnerisch eingehend studiert werden, und das gilt auch für die Pfoten. Denn solch charakteristische, bis zur letzten Feinheit wiedergegebene Einzelheiten machen immer den besonderen Reiz von Tierdarstellungen aus. Niemand hat das nach den vorgeschichtlichen Höhlenzeichnern eindringlicher erfaßt als die alten Ägypter: sie gaben den Körper durchweg in einer monumentalen Formzusammenfassung wieder und erreichten die überraschende Lebendigkeit durch höchst subtile Details.

Die Konturen von Kehle, Brust und Lenden bleiben bei vielen Tieren verschwommen durch zottig herabhängende Fellhaare. Um sie dennoch nicht ganz zufällig erscheinen zu lassen, studieren Sie zunächst die glatteren Linienverläufe an kurzhaarigen Tieren. Danach erst gelte Ihre Aufmerksamkeit der unterschiedlichen Behaarung. Meist ist sie allein schon durch eine entsprechende Struktur des Tonantrages wiederzugeben, beobachten Sie aber den Richtungswechsel: er folgt durchaus nicht immer sinnfällig den plastischen Rundungen, das Haarkleid soll nicht nur schützen, es muß auch eine geschmeidige Vorwärtsbewegung gestatten, etwa im Gestrüpp, und außerdem den Regen gut ableiten. Bei kurzhaarigen Tieren, beispielsweise bei Pferden und Rindern, werden Sie an den Seiten des Leibes und an den Beinen Grate aus gegeneinandergestellten Haaren entdecken, an denen

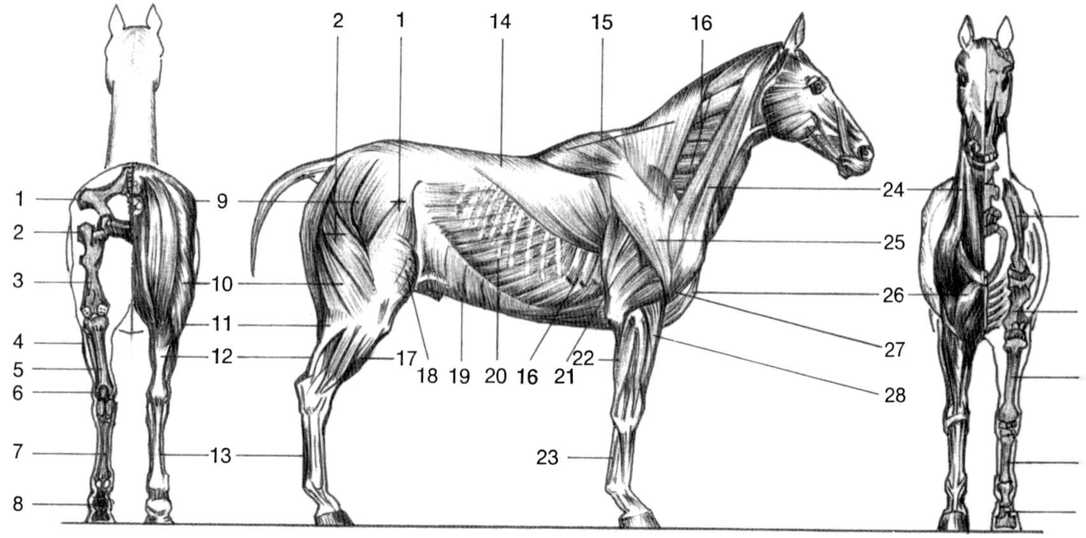

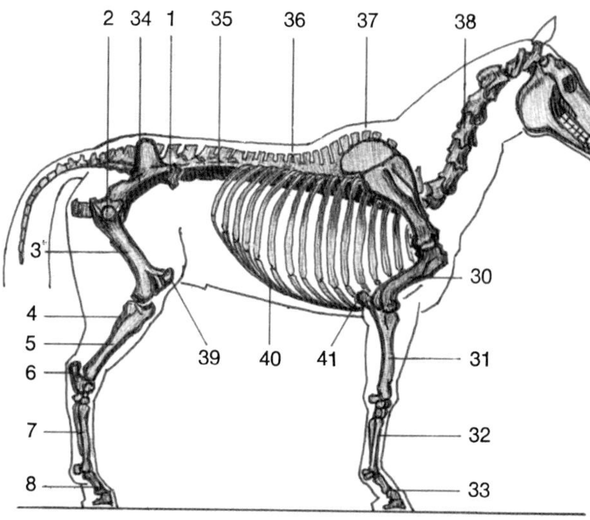

1 Hüfthöcker
2 Rollhügel des Hüftgelenks
3 Oberschenkelbein
4 Wadenbein
5 Schienbein
6 Fersenbein
7 Mittelfuß
8 Huf (= Zehen)
9 Gesäßmuskeln
10 Oberschenkelstrecker
11 Wadenmuskeln
12 Achillessehne
13 Hufbeuger
14 breitester Rückenmuskel
15 Kapuzenmuskel
16 Sägemuskeln
17 Fußbeuger
18 vierfacher Unterschenkelstrecker
19 gerader Bauchmuskel
20 schiefer Bauchmuskel

dreifacher Oberarmstrecker 21
Handbeuger 22
Hufbeuger (Vorderhand) 23
Kopfnicker 24
Deltamuskeln 25
Brustmuskeln 26
zweifacher Unterarmbeuger 27
Handstrecker 28
Schulterblatt 29
Oberarmbein 30
Elle mit Speiche 31
Mittelhand 32
Huf (= Finger) 33
Becken 34
»Brückenbogen« der Rückenwirbel 35
Wirbelfortsätze 36
Widerrist 37
Halswirbel 38
Kniescheibe 39
Brustkorb 40
Ellenbogen 41

das Wasser zusammenläuft und abtropft, so daß die Haut trocken bleibt.
Das Fell überdeckt auch mehr oder weniger die Plastik der Muskulatur. Deshalb hat es nicht viel Sinn, sich mit ihren einzelnen Formen und Funktionen abzuplagen. Prägen Sie sich die oberflächliche Muskulatur eines Pferdes nach meiner vereinfachten Darstellung ein und versuchen Sie, die einzelnen Partien bei der Betrachtung lebender Objekte wiederzufinden. Das dürfte im großen und ganzen genügen für die künstlerisch aufgefaßte Wiedergabe aller Vierbeinerarten. Der Glanz einer kurzen, ebenso aber auch die Stumpfheit einer längeren Behaarung täuschen oft genug eine andere als die tatsächlich vorhandene Plastik vor. Ein allgemeines Orientierungsbild

Trabendes Pferd: Die Beinbewegung geschieht – ähnlich wie die der Arme und Beine eines Menschen beim Gehen – wechselseitig zugleich. Dabei bilden die schematischen Bewegungsachsen scherenartig sich verschiebende Rauten. Ebenso verhält es sich bei nahezu sämtlichen Vierbeinern in trabartiger Bewegung.

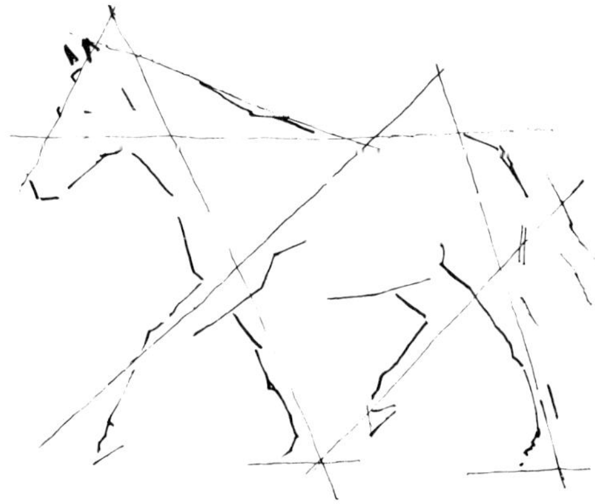

kann Ihnen dann helfen, nicht an falscher Stelle Licht oder Dunkelheit zu übertreiben. Genauer zu erkennen und präzis wiederzugeben ist die Plastik der Läufe. Wenn es irgend geht, begnügen Sie sich nicht nur mit dem Anblick – tasten Sie bei einem Kurzhaarhund die Muskeln, Sehnen und Knochen auch mit den Fingern und der Handfläche ab.

Sobald sich ein Vierbeiner in Bewegung setzt, werden – ähnlich wei beim Menschen – statisch ausgleichende Gewichtsverlagerungen notwendig: Becken- und Schultergurtel wiegen seitlich auf und ab, das Rückgrat macht leichte Schlängelbewegungen, der Hals nickt auf und nieder, der Kopf pendelt seitlich hin und her, besonders bei Huftieren.

Studie vom Kopf
eines Boxers.

Gemütsbewegungen sind bei Tieren zwar nicht so augenfällig zu erkennen wie beim Menschen. Anzeichen gibt es jedoch immer: die Stellung der meist sehr beweglichen Ohren, der Verlauf der Maulspalte (Zähnefletschen!), der hoch aufgereckte oder weit vorgestreckte Hals, der aufgestellte oder eingezogene Schwanz, Niederducken oder steifbeiniges Verharren, gesträubte Haare – all diese Gesten sind viel aufschlußreicher als etwa die formal kaum veränderliche Mimik. Im eigentlichen Sinn gibt es sie bei Tieren gar nicht, wir sehen sie meist nur ins Tierantlitz hinein und vergleichen dann mit menschlicher Mimik – besonders bei Tierkarikaturen. Trotzdem lesen wir auch ohne formal faßbares Mienenspiel aus dem Antlitz, daß ein Hund vergnügt gelaunt, eine Katze verbiestert ist oder ob ein Pferd die schmeichelnde Hand erwartet. All das läßt sich aber weniger mit mimischen Details ausdrücken, sondern eher durch die Haltung, die Gestik des ganzen Körpers – ein Hauptanliegen bei jeder Tierdarstellung.

Zeichnerische Skizzen und Studien sind besonders für den Tierbildhauer unverzichtbare Hilfen: Ein Tier »posiert« ja nie nach Wunsch, infolgedessen muß man oft erst über zahlreiche Skizzen zur typischen und plastisch realisierbaren Haltung hinfinden. Aus solchen Zeichnungen ergibt sich meist auch gleich das jeweilige Aufbauschema für das Modelliergerüst.
Oben: Schreitender afrikanischer Elefant. Unten: Verharrender Eisbär (Skizzen aus dem Zoo).

A

B

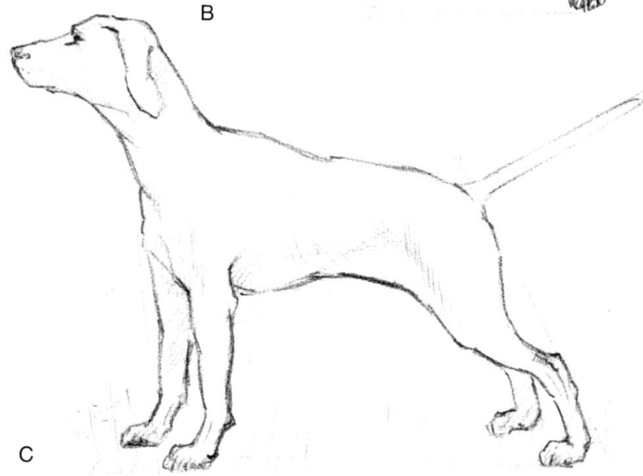

C

Bewegungsgestik bei Hunden: A = Schäferhund »interessiert und freundlich«, B = Schäferhund »kneifend«, C = Vorstehhund (Pointer) wittert Rebhühner.

Unten: Schreitender Leopard. Typisch für alle Katzentiere sind die zur Rükkenmitte gegeneinander gerichteten Wirbelfortsätze (idealer Ansatz für die wie eine Sprungfeder funktionierende Rückenmuskulatur) sowie das auffällige Hervortreten der sehr elastisch aufgehängten Schulterblätter (siehe auch S. 51).

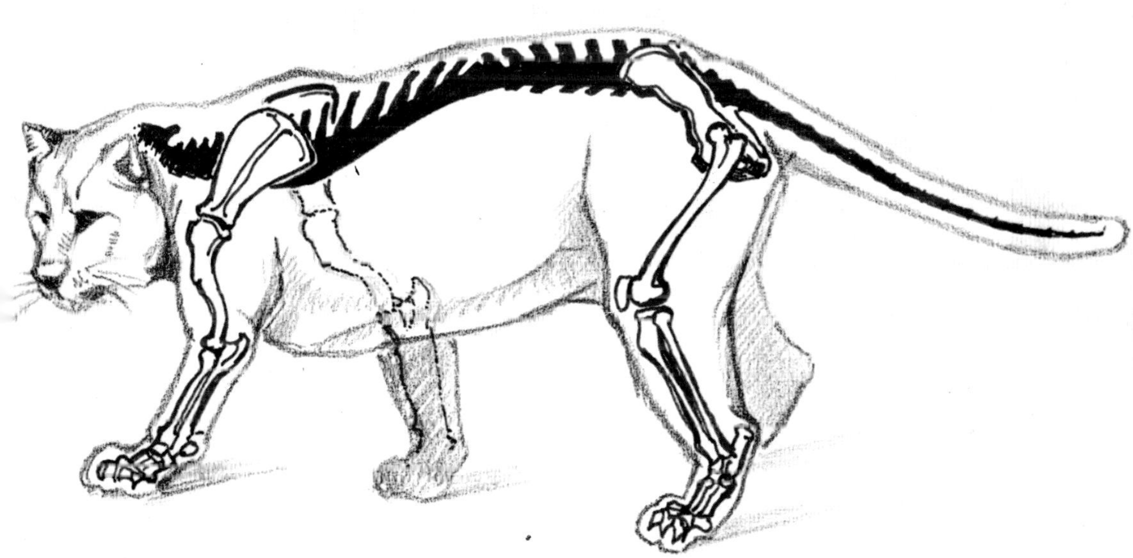

Impressionistisch aufgefaßte Skizze ziehender Kraniche.

Vögel

Fliegen ist zwar das eigentliche Lebenselement der Vögel, als künstlerisches Motiv bleibt es jedoch immer fragwürdig. Ein im Flug dargestellter Vogel wirkt unerträglich erstarrt oder wie ein ausgestopfter, irgendwo aufgehängter Balg. Allenfalls gewinnt die Wiedergabe einer ganzen Reihe dahinziehender Vögel einen gewissen Reiz: das Auge des Betrachters gleitet von einer Schwingenbewegung zur andern und empfindet das ruhelose Flattern ebenso wie das Vorwärtsstreben. Plastisch ließe sich das allenfalls in einem Relief wiedergeben, wobei eine lockere, sozusagen impressionistische Modellierweise das Flüchtige wohl am besten interpretieren würde. Ebenso wären auch zeichnerische Skizzen auszuführen, die mehr noch als bei anderen Tierbewegungen die einzig brauchbare Grundlage liefern können.
Beim Vogelflug finden zwei Bewegungsvorgänge statt: das Auf und Ab der Schwingen sowie das Vorwärtsgleiten des ganzen Körpers. Innerhalb der Flügelbewegungen ist kein augenfälliger Totpunkt zu entdecken, keine einzige Bewegungsphase läßt sich als Ganzes erfassen, man kann sie lediglich aus vielen Detailbeobachtungen zusammensetzen. Schließlich besteht beim Fliegen auch keinerlei Verbindung mehr zu etwas Ruhendem, wie sie etwa Vierbeiner oder Menschen mit der Erde haben, seien sie auch in noch so heftiger Bewegung begriffen. Augenscheinlich ist es also die Doppelbewegung, die den Vogel im Flug darstellerisch so schwierig erfaßbar macht.
Um so faszinierender ist der Anblick des ruhenden oder auch dahinschreitenden Vogels – unwillkürlich spürt man noch stärker das Geheimnisvolle eines fremden Wesens als bei einem ständig auf der Erde lebenden Tier. Auch dafür lassen sich ein paar sachliche Anlässe nennen: der Vogel hat kein Gesicht, also auch nicht die geringste Mimik, voll zu sehen ist zudem immer nur eins der seitlich gestellten Augen (Ausnahmen machen hauptsächlich Eulen), sie sind rund, weit offen, starr – der Augapfel ist unbeweglich, zur Blickänderung muß das Tier den ganzen Kopf drehen, und das geschieht immer seltsam ruckartig. Der Schnabel öffnet sich lediglich zur Nahrungsaufnahme, zum Schrei oder Gesang, gelegentlich auch, um über die Zunge Feuchtigkeit zu verdunsten und Wärme loszuwerden.
Das den Rumpf umschließende Federkleid mit Flügeldecken und zusammengelegtem Schwanzfächer bildet eine sehr geschlossene, auch beim Lauf unveränderte bleibende plastische Form. Der gefiederte Hals gleicht in der Ruhe bei Greifen und Hühnern, aber auch bei vielen Sing-

vögeln, einem präzisen Kegelstumpf, abgeschlossen von der Ei- oder Kugelform des Kopfes. Von den Beinen sind meist nur die schuppigen, bei Greifen auch teilweise oder ganz befiederte »Läufe« zu sehen: es sind die jeweils zu einem einzigen Knochen verschmolzenen Mittelfüße. Meist setzen vier Zehen an, von denen eine nach hinten gerichtet ist, jedoch gibt es Ausnahmen hinsichtlich Zahl und Stellung. Die Krallen dienen zum Scharren, Festklammern und auch als Waffe: die Greife haben gewaltige Dolche, mit denen sie ihre Beute durchbohren und festhalten, um sie mit dem Reißhaken des Schnabels zu zerlegen.

Bei sehr vielen Vögeln wirkt das Gesamtbild in der Ruhe unstatisch, die Masse rückwärts vom Fußpunkt beziehungsweise von dessen Lotlinie erscheint größer als die Masse des Vorderrumpfes mit Hals und Kopf. Die rückwärtige Überlänge kommt jedoch nur durch die Flügel- und Schwanzfedern zustande, die – wie alle Federn – von wesentlich geringerem spezifischen Gewicht sind als die Masse des unbefiederten Körpers. Er ist kaum halb so groß und von überraschend anderer Gestalt, vergleicht man ihn mit der äußeren Erscheinung des lebenden Vogels. Der Rumpf hat im allgemeinen die Form eines Eies mit nach hinten gerichteter Spitze und ist starr-elastisch. Alle Rückenwirbel, die Rippen und das Beckenrudiment sind fest verwachsen, nur einige Wirbel des Steißes blieben beweglich und somit auch die an ihm ansetzende Schwanzbefiederung als Ganzes. Die einzelne Feder – und das gilt für nahezu jede des gesamten Kleides – kann außerdem noch durch Hautmuskeln bewegt werden.

Zu unterscheiden sind drei Arten von Federn. Die Flaumfedern sind klein, weich und kräuselig, sie dienen dem Kälteschutz und bedecken – äußerlich nicht sichtbar – den ganzen Körper mit Ausnahme von Schnabel und Läufen. Die Deckfedern sind schon wesentlich größer, platt und relativ hart. Sie bilden das sichtbare Federkleid und liegen dachziegelartig übereinander. Wie alle anderen Federn kommen sie schräg aus der Haut und erscheinen beim Flug nach unten und nach rückwärts gerichtet, so daß Luft und Regen gut abgleiten können. Sie bilden im allgemeinen eine formbeschreibende Dachziegelstruktur, die teilweise in plastisch aufgebuckelte Felder gegliedert ist. Die Schwung- und Steuerfedern sind lang, schmal und sehr fest.

Die zum Steuern dienenden Schwanzfedern haben symmetrisch ausgebildete Fahnen, die aber nur bei der mittleren oberen ganz zu sehen sind, die übrigen sind darunter und nach beiden Seiten treppenartig angeordnet. Ähnlich, jedoch entsprechend einseitig, ruhen die Schwungfedern der Flügel übereinander. Sie sind asymmetrisch gebaut, die schmale Fahne weist immer nach außen. Bei zusammengelegten Flügeln ergibt sich eine streifige, ebenfalls in einzelne Felder gegliederte Treppenstruktur. Ausgebreitet, vergrößern sie den Körperumriß des Vogels um ein Vielfaches, und die großen, gegen die Luft schlagenden Flächen machen das Tier erst flugfähig. Dabei werden die Federn dicht aneinandergepreßt, während sie sich beim Anheben der Flügel jalousieartig öffnen, um möglichst wenig Luftwiderstand zu finden. Seit dem Altertum bis in unsere Zeit haben Tierbildhauer zuweilen Federstrukturen hier und da (also niemals durchgehend!) nachträglich in die fertige Plastik quasi eingraviert. Das darf aber nicht einfach »ritzend« geschehen, etwa mit dem spitzen Modellierholz, sondern eher im Sinne geringster Vertiefungen in einem extrem flachen Relief.

Es erübrigt sich, auf die Bauform des Vogelrumpfes und seiner Muskulatur näher einzugehen, für die äußere Erscheinung des lebenden Tieres ist sie unwichtig. Es mag aber vielleicht interessant sein zu wissen, daß die Schlüsselbeine zu einem merkwürdigen, starr-elastischen Gebilde verwuchsen, dem Gabelknochen, der zusammen mit den sehr langen, schmalen Schulterblättern fast unbeweglich am Rumpfskelett befestigt ist. Auf diese Weise entstand ein sehr fester Ansatz für die »Arme«, die mit ihrer raffiniert ausgebildeten Flügelbefiederung die enorme Flugarbeit leisten. Die notwendige Muskulatur sitzt an einem aus dem Brustbein aufstehenden »Kamm« und wiegt bei hervorragenden Fliegern etwa ebensoviel wie das Gesamt der übrigen Muskeln.

Die Statik des Vogels, die Balance seines Rumpfes mit Hals und Kopf, wird durch die ungefähr einen rechten Winkel bildende Knickung zwischen Ober- und Unterschenkel erreicht sowie durch den stumpfwinkeligen Ansatz des Laufes. Diese Knickung läßt eine sehr fein dosierte, unwillkürliche Gewichtsverlagerung zu. Das Hüftkugelgelenk ist in seiner Funktion derart eingeschränkt, daß man sie etwa mit der des menschlichen Kniegelenks im gebeugten Zustand vergleichen kann: beim Schreiten wird der Rumpf um das angewinkelte Hüftgelenk des »Standbeines« seitlich gedreht, so daß es aussieht, als setze der Vogel die Zehen einwärts, am auffälligsten zu beobachten beim sprichwörtlichen Watschelgang der Enten. Bei schmaler gebauten Laufvögeln mit langen Läufen und rasch aufeinanderfolgenden Schritten ist von einer Rumpfdrehung kaum etwas zu bemerken, andere Vögel – wie Sperlinge und Amseln – hüpfen mit beiden Läufen zugleich.

All diese und die folgenden Beschreibungen dienen eigentlich nur Ihrer Information und der Anregung, genau zu beobachten. Denn Sie sollten immer darauf bedacht sein, einen Vogel nur in einer Pose wiederzugeben, die dem bleibenden Erinnerungsbild entspricht. Beispielsweise also nicht im Moment einer ausladenden Nickbewegung, die er mit Hals und Kopf zum statischen Ausgleich beim Laufen macht. Etwas anderes ist es, wenn solche und andere Bewegungen eine emotionale Geste bedeuten: der Hahn reckt seinen Hals hoch auf, wenn Gefahr droht, oder

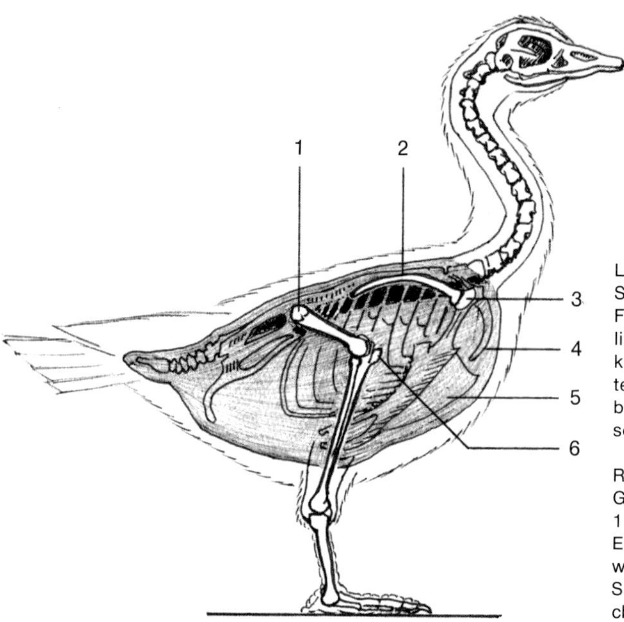

Links:
Schwimmvogel in Laufposition (Gans), dargestellt ohne Flügelskelett. Greifvögel bewegen sich »zu Fuß« in ähnlicher Haltung. 1 Rollhügel und Ansatz des Oberschenkelbeines / 2 das säbelförmige Schulterblatt / 3 Schultergelenk ohne »Arm« / 4 Gabelknochen / 5 Brustbeinkamm (Ansatz der großen Flugmuskeln) / 6 Kniescheibe.

Rechte Seite unten:
Greifvogel (Adler), aufgebaumt.
1 Masse des Rumpfes / 2 Rollhügel des Hüftgelenks / 3 Ellbogen / 4 Elle mit Speiche / 5 Oberarmbein / 6 Handwurzel / 7 Daumen / 8 Mittelhand / 9 Kniescheibe / 10 Schien- und Wadenbein / 11 Mittelfuß / 12 Gabelknochen / 13 Finger.

wenn er krähen will, er streckt ihn mit gespreizten Federn weit vor, um dem Nebenbuhler zu begegnen. Es überrascht dann die Länge des Halses: bei vielen Vögeln verbirgt sich unter dem glatten Kegelstumpf des Halsgefieders die ausgeprägte S-Schwingung des nackten Halses, der durchweg aus mehr Wirbeln zusammengesetzt ist als beim Menschen. Mindestens finden sich 12, Schwäne haben sogar bis zu 25. Bei ihnen wie bei vielen Schwimmvögeln, die ihre Nahrung gründelnd unter Wasser suchen, ist die wirkliche Halsform ohne weiteres unter dem feinen, dicht anliegenden Gefieder zu erkennen. Ähnlich verhält es sich bei Straußen und Stelzvögeln.

Alle Tiere suchen ihre Gestalt größer erscheinen zu lassen, wenn sie drohen oder imponieren wollen. Vögel bewerkstelligen das vornehmlich durch Spreizen ihres Deckgefieders, durch Auseinanderfächern von Flügeln und Schwanz. Die kleine Meise am Futterplatz tut das ebenso wie der Pfau, der seine meterlangen Schwanzfedern zu einem mächtigen, mit »Augen« besetzten Rad aufstellt. Imponierend wirken auch die dekorativen Schläfen- und Kehllappen mancher Hühnervögel. Beim Truthahn ist der größte Teil des Halses von solchen Gebilden umschlossen, die ebenso wie der lange Nasenlappen im Zorn lebhaft rot und blau anlaufen. Man kann ihn übrigens durch schrilles Pfeifen derart aufregen, daß er meist für eine ganze Weile radschlagend als dekoratives Modell posiert. 56 ff.

Die von uns als majestätisch empfundene Haltung der Greife kommt nur zustande, wenn sie auf einem Ast sitzen: zur statischen Sicherung verkleinern sie die Längenausladung, indem sie ihren Körper steil aufrichten und den »Stoß« fast senkrecht herabhängen lassen. Um so überraschender ist es, etwa einen Bussard im Freien oder einen Adler im Zoo auf der Erde dahinschreiten zu sehen: unbeholfen, mit fast waagerecht gehaltenem Leib und Fluggefieder. Welch ein Gegensatz, ihn dann wieder in seinem wahren Element zu beobachten, hoch über Berggipfeln in weiten Kreisen dahinschwebend!

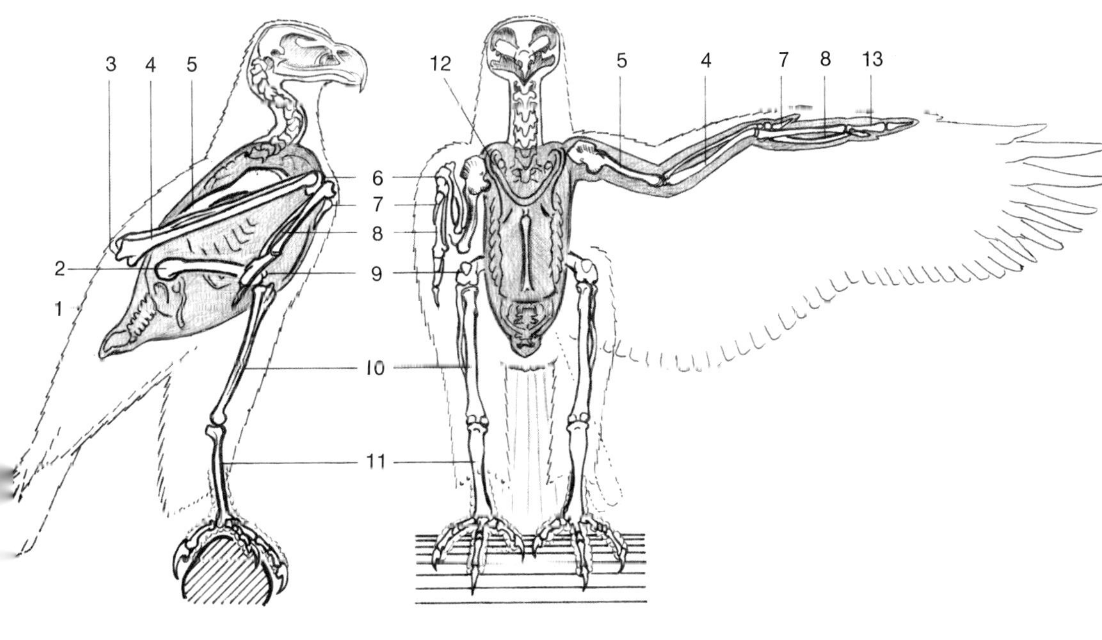

Kleines Lexikon der Fachbegriffe

die im Text nicht vorkommen oder dort nicht näher erläutert sind.

Alabaster = natürlicher, feinkristalliner Gipsstein. Relativ leicht zu bearbeitendes, weiches, halbtransparentes Material, bereits im Altertum beliebt für Reliefs, Kleinplastiken, Ziergefäße, Lampen. (Seit Erfindung des Porzellans nur noch selten verwendet.)

Avers = Bild- oder »Schauseite« von Medaillen und Münzen (Rückseite = »Revers«).

Baukeramik = Wand- und Bodenfliesen; Platten mit ornamentalen oder figürlichen Reliefs. Seit dem frühen Altertum bis zur Renaissance häufig als Fassaden- und Raumschmuck verwendet.

Bauplastik = Skulpturen in Verbindung mit Architektur, aber auch die gesamte plastische, nur aus Baugliedern gebildete Erscheinung der Fassade.

Bildhauerei = Sammelbegriff für plastisches Gestalten in allen dazu geeigneten Materialien wie Gips, Holz, Kunststein, Metall, Naturstein, Stuck, Ton, Wachs.

Bozzetto (ital.) = kleiner, stets vom Künstler selbst ausgeführter Entwurf (meist in Ton oder Wachs) für eine größere, dann oft auch von anderen auszuarbeitende Plastik.

Bronze = Legierung von neun Teilen Kupfer mit einem Teil Zinn.

Bronzeguß = in jeder Hinsicht wertvollste Abgußart für Modellierarbeiten (seit etwa 600 v. Chr.). Zum direkten Abguß wird die Plastik über einem Kern aus Ton mit Wachs modelliert, das – von einer »Sandform« umschlossen – beim Einguß der flüssig erhitzten Bronze verbrennt und so den Raum für die alsbald erstarrende Metallschale freigibt. Heutzutage stellt man meist lediglich ein Gipspositiv her und überläßt alles weitere (Formherstellung, Guß, Nachbehandlung und evtl. Montage auf einem Steinsockel) einer Bronzegießerei. Sie erteilt auch ggf. vor Arbeitsbeginn technische Ratschläge – nebst Auskunft über die entstehenden Kosten.

Büste (ital. »busto«) = landläufiger Ausdruck für eine Kopfplastik – meist mit Schulter- bis Brustansatz.

Craquelé (franz., eingedeutscht: Krakelee) = haarfeine Risse in keramischen Glasuren. Sie entstehen, wenn die bei einem zweiten Brand aufgeschmolzene Glasur – je nach Zusammensetzung – früher oder später etwas »schwindet«. Durch Einlagerung von Staub werden die feinen Fugen allmählich deutlich sichtbar – oder sogleich durch Überreiben mit verdünnter Ausziehtusche, die auf der Glasur selbst nicht haftet. Craqueluren können ähnlich einer natürlichen Alterspatina sehr reizvoll wirken.

Eisenguß = ähnlich wie → Bronzeguß. Etwa seit Beginn des 16. Jhs. häufig angewendet, besonders für Reliefplatten an Zimmeröfen und offenen Kaminen, ab dem 19. Jh. auch für rundplastische Figuren öffentlicher Denkmäler.

Faßmalerei = farbige Behandlung, »Fassung« von Plastiken. Im Altertum war das vermutlich bei allen Steinfiguren und -reliefs üblich. Später, besonders im Barock, schmückte man vornehmlich sakrale Holzfiguren so aus: Sie erhielten zunächst eine glattgeschliffene »Grundierung« aus Leim und Kreide oder Gips, auf die dann Eitempera-Farben und Blattgold aufgetragen wurden – zum Schluß überzogen mit einem wachshaltigen Schutzfirnis.

Fayence (franz., nach dem ital. Ort Faenza) = farbig glasierte Keramik, auch »Majolika« genannt. Meist dekoratives Geschirr, aber auch größere Figuren, vornehmlich aus der Hand des ital. Bildhauers Lucca della Robbia, Florenz (1399-1482). Ähnliche Auffassungen und Techniken gab es bereits im alten Ägypten. Um Beginn des 16. Jhs. waren sie allenthalben im südwestlichen Europa bekannt, wohl ausgehend von Mallorca, daher die Bezeichnung Majolika für Fayencen ähnliche Erzeugnisse.

Felsbilder = vor- oder frühgeschichtliche Konturen- oder Flächengravuren auf Felsen im Freien.

Gemme = kleines, oft in Schmuckstein negativ eingeschnittenes Relief, bestimmt für positive Abdrücke in Wachs oder Ton, seit dem frühen Altertum benutzt zur »Siegelung« von Urkunden und Briefen – wie heute noch Ringe oder Petschafte mit negativ eingravierten Familienwappen oder Monogrammen, abzudrücken in geschmolzenen Siegellack.

Glasur = glasartiger Überzug, der Keramiken im Ofen aufgeschmolzen wird. Er schließt die Poren des »Scherbens«, macht ihn glatter und (meist) glänzend. Glasuren sind durchsichtig oder halbtransparent, aber auch deckend und dann weiß, schwarz oder farbig, es kommt auf die Zusammensetzung des Grundstoffes an. Dazu gehören Kiesel- und Tonerde, Alkalien, Metallsalze und -oxyde.

Glyptothek (gr.) = Benennung der Sammlungen antiker Skulpturen (vielfach handelt es sich nur um Gipsabgüsse) in München und Kopenhagen.

Gußstein = aus mit Zementmörtel vermengtem Natursteinsplitt gegossener Block, der ähnlich wie ein Natursteinquader bildhauerisch bearbeitet werden kann.

Hüttenplastik = Skulpturen, die von anonym gebliebenen Mitgliedern der mittelalterlichen Bauhütten stammen, darunter die hervorragendsten Figuren der Gotik (Königskathedrale in Reims, Straßburger Münster, Naumburger Dom u. a.).

Kacheln = Einzelstücke bestimmter Größenordnungen aus gebranntem und glasiertem Ton, aus denen die Außenwände von Kachelöfen zusammengesetzt werden (zuweilen auch Bezeichnung für Wand- und Bodenfliesen). Die Herstellung von Kacheln, z. B. auch als Verkleidung für separate Heizaggregate oder offene Kamine, kann ein ebenso reizvolles wie praktisch verwertbares Hobby sein für jeden, der einige Übung im Modellieren hat und den beträchtlichen Aufwand an Geduld und Arbeit nicht scheut. Die Voraussetzungen: 1. eingehende Beratung durch einen tüchtigen Ofensetzer, der nach gemeinsam festgelegtem Bauplan entsprechende Muster zur Verfügung stellt für Tafel- und Eckkacheln oder andere Formen. 2. Verbindung zu einer größeren Keramik-Werkstatt, die geeigneten Ton liefert und den Roh- wie Glasurbrand ausführt. Die Kachelgestaltung (Grundform, Reliefdarstellungen, farbige Behandlung u. a.) hängt dann nur noch vom persönlichen Geschmack und Können ab.

Kamee = im Gegensatz zur → Gemme positiv herausgearbeitetes Relief. Als Material bevorzugte man Schmucksteine mit verschiedenfarbigen Schichten. Häufigste Verwendung: In Edelmetall gefaßte Broschen, es sind aber auch Schaustücke von nahezu 30 cm Durchmesser überliefert.

Krakelee → Craquelé

Kunststein = Sammelbegriff im Zusammenhang mit → Gußstein und → Steinguß.

Majolika → Fayence

Marmor = natürlicher körnig-kristalliner Kalkstein in Weiß, Schwarz, zahlreichen Farbtönen und Aderungen (»marmoriert«). Im Altertum war weißer Marmor das fast ausschließlich verwendete Bildhauer- und Baumaterial für Tempel, Paläste und andere monumentale Architekturen. Im Mittelalter schätzte man Marmor wenig, dagegen wieder seit der Renaissance bis zum Klassizismus. Danach ging seine Bedeutung als Bildhauermaterial ständig zurück.

Medaille = Ehrenzeichen oder Schaumünze ohne Geldeigenschaft, mit Flachrelief-Darstellungen. Ursprünglich wurden M. stets gegossen (künstlerisch die beste Art der Wiedergabe), ab dem 16. Jh. immer häufiger geprägt, seit dem 19. Jh. auch galvanoplastisch hergestellt. Das Material: Blei, Bronze, Silber, Gold.

Münze = Geldstück mit Reliefdarstellungen verschiedenster Art, stets geprägt, zuerst auf unregelmäßig rundliche Metallstücke. Vermutlich im 7. Jh. v. Chr. in Lydien erfunden. Ursprüngliches Material: Gold-Silber-Legierung, später auch Kupfer- und Nickellegierungen.

Patina = oberflächige Alterungserscheinung. Bei Metallen entsteht sie durch Oxydation und Säureeinwirkungen, Kupferlegierungen nehmen dabei eine braune bis schwarze und schließlich grüne Färbung an, die chemisch beschleunigt werden kann, z. B. bei eben entstandenen Bronzegüssen. Bei Steinmaterial entsteht eine meist schwärzliche P. durch Verwitterung verschiedenster Ursachen, wobei sich dünne Schichten fortlaufend ablösen. In neuerer Zeit haben Verbrennungsgase von Kohle und Öl insbesondere historische Bauten sowie Plastiken im Freien hier und da bis zur totalen Zerstörung angegriffen, wogegen bislang noch kein zuverlässiges Mittel gefunden wurde.

Plakette → Medaille

Porzellan = weißes Gußmaterial aus Kaolin, Feldspat, Quarz und Wasser, in China seit dem 7. Jh., in Europa seit 1708 bekannt (Vorläufer: rotes ähnliches Material, benannt nach J. F. Böttger, 1682–1719). Im Bereich der figürlichen Kleinplastik wurde P. als Gußmaterial alsbald äußerst beliebt, und so blieb aus dem 18. Jh. eine beträchtliche Anzahl künstlerisch hervorragender Arbeiten erhalten (Seite 11). Die mittels oft recht komplizierter Keilformen abzugießenden Modelle mußten etwa um die Hälfte größer gearbeitet werden als die beabsichtigten Resultate, da die Porzellanmasse beim Trocknen und scharfen Brennen um rd. 30 % schwindet. Meistens wurden solche Kleinplastiken farbig behandelt und glasiert, es gibt aber auch größere unglasierte Stücke (besonders Büsten) aus schwächer gebranntem »Biskuitporzellan«.

Punktieren = mechanisches Verfahren bei der Ausarbeitung eines plastischen Modells in anderem Material sowie in anderen Größenverhältnissen. Es gibt dafür mehrere Geräte. Bei gleichbleibender Größe geht man von drei auf dem Modell wie dem Nachbildungsmaterial fixierten Punkten aus und setzt dort drei Zirkel an, deren gemeinsame Bogenschnittpunkte exakt die Lage beziehungsweise das Niveau anderer gesuchter Punkte bestimmen. Die Andenkenindustrie verwendet Punktiermaschinen mit Bohrern und Fräsen, mit denen sich auch proportionsgerechte Verkleinerungen ausführen lassen.

Sandstein = Sammelbegriff für hauptsächlich aus Quarzsand bestehenden Natursteinsorten. Je nach dem naturgegebenen Bindemittel, von dem die jeweilige Härte abhängt, unterscheidet man u. a. Glimmer-, Kalk-, Kaolin-, Mergel-, Schiefer-, Tonsandstein. Sie alle zählen zu den bildhauerisch relativ leicht zu bearbeitenden Natursteinarten.

Skulpturen = Begriff für Plastiken, die mittels Schneidewerkzeug aus Holz geschnitzt oder mit Meißeln aus Stein gehauen wurden. Die Anwendung des Begriffs auf im Original modellierend entstandene Bildhauerarbeiten (Keramik, Stein- und Bronzeguß) entspricht nicht den lateinischen Ursprungswörtern scalpere oder sculpere = schneiden, meißeln, und ist also nicht fachgerecht.

Speckstein (Steatit) = weiches, für Kleinplastiken häufig verwendetes Mineral in matten Farbtönen. Zur Bearbeitung (schneiden, schaben) genügt schon ein Küchen- oder Taschenmesser. Überliefert sind Arbeiten aus dem Altertum des Mittelmeerraumes und Ostasiens, sowie mitteleuropäische des 16. und 17. Jhs.

Standbild, Statue (lat.) = rundplastische, aufrechte Darstellung eines einzelnen Menschen oder Tieres.

Steinguß = Abguß einer entsprechend glatt modellierten Figur in meist mit Natursteinsplit versetztem Zementmörtel (Seite 10); früher nahm man Kalkmörtel. In der Regel wird der erhärtete Guß nachträglich mit dem Meißel überarbeitet, vor allem, um die millimeterdünn aufliegende, »charakterlos« wirkende Zementhaut zu beseitigen. Das Steingußmaterial wird auch »Kunststein« genannt. Siehe auch → Gußstein.

Stuck = Gemenge aus gelöschtem Kalk, Gips und feinem Sand oder Marmormehl (dieses für besonders kleine, feine Arbeiten). Stuckmörtel dient dazu, direkt auf einer bereits mit Kalkputz versehenen Gebäudemauer ornamentale oder figürliche Reliefs zu modellieren, wobei eingeschlagene Kupfernägel Halt geben und ein Abrutschen der frischen Massen von der Konsistenz sehr weichen Tones verhindern. Voraussetzungen: 1. Eine wohlausgewogene Zusammensetzung der Stuckmasse aus dem in 10 bis 15 Minuten erhärtenden Gips und dem dazu mehrere Tage brauchenden Kalk – je nach Temperatur und Feuchtigkeitsgehalt der Luft. 2. Eine sichere Vorstellung von dem, was entstehen soll, da man sich allenfalls nur an zuvor aufgepauste Außenkonturen halten kann. 3. Souveränes Können im Modellieren nebst einiger Erfahrung im Umgang mit der Materie Stuck und der ihr entsprechenden Technik. Sie besteht darin, mit speziellen, großen wie zierlichen, lorbeerblattähnlichen Spachteln die Masse anzutragen und zu verstreichen ohne zu »schmieren«. (Namen und Adressen von Fachleuten, denen Sie bei der Arbeit zusehen und von denen Sie Informationen bekommen können, erfahren Sie beim nächsten Landesamt für Denkmalpflege.) Wegnehmen ist nur möglich, solange die Masse noch weich ist, Antragen auch noch nach begonnener Erhärtung. Dennoch soll die Arbeit tunlichst in einem Zug, d. h. in ein bis zwei Tagen vollendet sein. Amateuren rate ich zu Versuchen auf einer bauüblichen, bereits mit Kalkputz versehenen »Dämmplatte«, erhältlich in jedem Baugeschäft. Die Platte läßt sich samt der erhärteten Stuckarbeit auch nachträglich in eine entsprechende Wandnische einsetzen. Figürliche wie ornamentale Stuckarbeiten gab es seit der Antike bis zur Zeit des Jugendstils. Heutzutage werden sie meist nur noch im Zusammenhang mit der Restaurierung historischer Bauten ausgeführt.

Tanagrafiguren = menschliche oder tierische Einzelfiguren (Keramiken) aus der antiken Stadt Tanagra in Böotien (Seite 17). Die künstlerisch meist reizvollen, etwa 15 bis 20 cm großen Darstellungen wurden hohl aufgebaut und weisen als eigentümliches Charakteristikum rückwärtig eine meist rechteckige Öffnung auf, um auch von innen her eine gehörige Trocknung des Modelliertones vor dem Brand zu gewährleisten. Obwohl man Tausende solcher Figuren ausgrub, ist doch jede eine Einzelleistung, sei es auch nur als Kopie, sofern sie tatsächlich aus dem Tanagra des 4. Jhs. v. Chr. stammt. Damals dienten sie einesteils als häuslicher Zierat, zum andern als Kinderspielzeug. Die historischen Funde verleiteten später zu massenhaften Nachgüssen für Touristen und wenig sachkundige Sammler.

Terrakotta (ital.) = Sammelbezeichnung für alles, was aus gebranntem Ton besteht.

Wachsbildnerei = Modellieren mit Bienenwachs, dem Öle und Fette nach verschiedenen Rezepten zugesetzt sind. Gebrauchsfertige Mischungen gibt es gelegentlich auch noch im Handel als »Bossierwachs«. Besondere Bedeutung hatte die W. einst bei der Herstellung von Modellen zum unmittelbaren → Bronze(ab)guß. Im übrigen benutzte man Wachs gern für kleinere plastische Entwürfe, weil das Material nicht der ständigen Feuchthaltung und Pflege bedarf wie Modellierton, bis es in jüngster Zeit vom wesentlich einfacher zu handhabenden Plastilin verdrängt wurde.

Anregungen zur Weiterbildung und beruflichen Auswertung

Nach den bisherigen Anleitungen dürften Ihnen Modellierarbeiten jeder Art und Größe ohne weiteres gelingen. Technische Schwierigkeiten ergeben sich jedoch beim Gerüstbau für Figuren, die beträchtliche und dementsprechend schwergewichtige Ton- oder Plastilinmengen erfordern, etwa für monumentale, später in Kunststein abzuformende Gartenplastiken. Für solche Modelle brauchen Sie nicht nur eine solide Boden-Drehscheibe, sondern meist auch ein Gerüst aus verschweißtem Stabstahl. Beides fertigt ein erfahrener Schlosser an, wobei ihm für das Gerüst ein Drahtgestell als Vorbild dient, wie Sie es zuvor beim Modellieren eines erheblich verkleinerten Entwurfs benutzt haben. Ein solcher, wenn auch nur skizzenhaft angelegter Entwurf ist nach alter Bildhauer-Erfahrung die beste Voraussetzung für die Ausführung einer mehr oder weniger monumentalen Plastik, zumindest geht dann die Arbeit in endgültiger Größe zielstrebiger und rascher von der Hand.

Verkleinerte Figurenskizzen helfen auch bei der Vorausplanung großer Gußformen. Während Sie kleinere, nur aus zwei Teilen bestehende Formen sicherlich gleich auf Anhieb bewältigen, müssen Sie für mehrteilige von komplizierten und ebenso von großen Figuren wohl stets einen Gipsformer heranziehen, der meist auch noch einen Helfer benötigt. Am besten sprechen Sie mit dem Fachmann schon vor Beginn Ihrer Arbeit, um zu klären, wie und unter welchen räumlichen Voraussetzungen der Abguß überhaupt möglich ist, wenn Sie aufgrund Ihrer Skizze die endgültigen Größenverhältnisse festgelegt haben.

Wie bereits im Zusammenhang mit dem Relief erläutert, lassen sich modellierte Originale nur dann dauerhaft konservieren, wenn keine Gerüste nötig waren, brennbarer Ton verwendet wurde und massivere Stücke nachträglich aushöhlbar sind. Zwar kann man kleinere Figuren wie etwa lebensgroße Köpfe ähnlich freien Töpferarbeiten eventuell hohl aufbauen, ich halte jedoch nicht viel davon: Das Antragen der Tonbrocken müßte dann so behutsam geschehen, daß eine freie temperamentvolle Gestaltung kaum noch möglich ist. Im Vergleich zu solch heikler Mühsal fällt der Umweg über den Keilform-Abdruck oder -Abguß kaum ins Gewicht, außerdem ist er in jedem Fall sicherer.

Natürlich wünscht sich jeder Bildhauer, gleich in »edlem«, beständigem Material zu arbeiten. Gips gehört nicht dazu, auch der Abguß damit bleibt immer eine provisorische Zwischenstufe vor der Abformung in Keramik, Kunststein oder gar in Bronze. In den letzten Jahrzehnten wurde eine Reihe von neuartigen Werkstoffen entwickelt, die sich zur unmittelbaren Bearbeitung eignen. Etliche sind trotz guter Beständigkeit so weich, daß als Werkzeug schon ein Küchen- oder Taschenmesser genügt. Aber es widerstrebt einem, diese Werkstoffe als edles Material zu werten. Dazu rechnet der Bildhauer seit eh und je nur die verschiedenen Naturstein- und Holzarten. Meißeln wie Schnitzen setzen jedoch einige praktische Anleitungen voraus. Wer mit den Eigenheiten des jeweiligen Materials nicht hinreichend vertraut ist, die Handhabung und Instandsetzung der Werkzeuge nicht einigermaßen beherrscht, bringt nichts Ordentliches zuwege. Die Grundbegriffe sind von Fall zu Fall zwar rasch erfaßt, wenn Sie öfter unter Anleitung eines tüchtigen Meisters arbeiten und ihm zusehen, souveränes Können ist jedoch nur durch unablässiges Üben zu erreichen, das Sie auch allein und zu Hause betreiben können. Der Meister sollte aber von Zeit zu Zeit Ihre Arbeitsweise und die Ergebnisse begutachten, bis eines Tages jeder Handgriff so sicher »sitzt«, daß Ihnen sogar das Meißeln in hartem Stein leicht von der Hand geht.

Dennoch bleibt fachgerechtes Modellieren Anfang und Ende aller Bildhauerkunst, weil man dabei aus dem Nichts aufbauen, beliebig wieder abtragen und abermals ansetzen kann. Allein dabei entwickeln Sie Ihr Empfinden für wahrhaft plastische Formen. Selbst beim Arbeiten in Holz oder Stein denkt der Bildhauer nicht eigentlich an das, was er wegnimmt, sondern an die Aufwölbung, die er gewissermaßen nur freilegt.

Modellieren, zu dem im weiteren auch die an fast jeder Volkshochschule betriebene Töpferei in freier Aufbautechnik gehört, bildet schließlich die sicherste Grundlage für einen Beruf, ohne den die moderne Technik längst nicht mehr auskommt: den des Formgestalters. Wie beim Modellieren geht es dem Formgestalter im wesentlichen um Plastik, um straff zusammengefaßte, klar gegeneinander abgesetzte Wölbungen oder glatte Übergänge von Ein- und Ausbuchtungen mit dem Ziel, die vom Gebrauchszweck bestimmten Konstruktionsformen mit ästhetischen Ansprüchen in Einklang zu bringen. Dabei wird die Natur stets Vorbild und bester Lehrmeister bleiben. So zeigen beispielsweise Muschelschalen für unser Empfinden nicht nur reizvolle Formen, sie bieten den Weichtieren auch wirksamsten Schutz durch hohe Stabilität bei geringstem Materialaufwand. Ähnliches erreichte unter anderem Luigi Nervi mit der Dachschale des Sportpalastes in Rom. Den aerodynamischen Zusammenschluß der Federkleider von Greifvögeln, Tauben und anderen hervorragenden Fliegern versucht man im Rahmen des konstruktiv Möglichen unter anderem bei Flugzeugen und Autokarosserien nachzuahmen. Die oft Originalgröße erreichenden Modelle zur Erprobung im Windkanal sind vorwiegend aus Plastilin, sie werden modelliert.

Namen- und Sachregister

Fettgedruckte Ziffern verweisen auf das Hauptkapitel des jeweiligen Begriffes, Ziffern mit * kennzeichnen die Bildlegenden.

Bildnachweis: Bayerisches Nationalmuseum München 11 (2); Bildarchiv Marburg, Marburg/Lahn 48 (links), 61 (unten), 75 (links); British Council, London 50 (unten); Galerie des 20. Jahrhunderts, Berlin 90 (rechts oben); Galerie Maeght, Paris 90 (unten); Iraq Museum, Bagdad 50 (oben); Kestner-Museum, Hannover 96 und 97; Kunsthalle Bielefeld 10; Kunsthalle Bremen 9; Kunsthistorisches Museum Antwerpen 48 (rechts); Musée des Antiquités Nationales, St.-Germain-en-Lay 8 (3); Musée National d'Art Moderne, Paris 90 (links oben), 94 (rechts oben); Museum Kairo 55; Museum of Modern Art, New York 54 (2), 91; Nationalmuseum Athen 75 (rechts); Nationalmuseum Florenz 27; Rodinmuseum, Paris 46, 47 (2), 107; Seeger-Müller, Frankfurt/Main 61 (oben); Staatliche Antikensammlungen, München 17 (3), 42 (5); Staatliche Museen Berlin 54 (oben); Staatliches Museum für Völkerkunde, München 77 (2), 80 (4); Stadtmuseum München 84 (2), 85 (4).
Bei folgenden Abbildungen stammen die Fotos vom jeweiligen Künstler: 65 (4), 92, 93 (2), 94 (links oben).
Alle übrigen, hier nicht aufgeführten Abbildungen stammen vom Autor.